吴智深 刘建勋 陈兴芬 编著

连续玄武岩纤维工艺学

Continuous Basalt Fiber Technology

 化学工业出版社

·北 京·

内 容 简 介

本书全面介绍了连续玄武岩纤维生产工艺各流程的基本原理、方法及关键技术，以"多元均配混配技术及理论体系"的原料均质化、熔体均质化控制为主线，按玄武岩纤维生产工艺流程分章节详细介绍了连续玄武岩纤维的矿石原料均配与多元混配、无硅酸盐生成阶段矿石熔制、纤维成形、性能设计及高性能化、表面处理、制品制造等理论、方法、工艺，以及玄武岩纤维产品应用等内容。

本书可供大专院校、科研院所从事玄武岩纤维制备技术研究的科研人员以及连续玄武岩纤维生产企业从事生产实践的技术人员阅读。也可作为纤维增强树脂基复合材料领域研发人员的参考资料。

图书在版编目（CIP）数据

连续玄武岩纤维工艺学 / 吴智深，刘建勋，陈兴芬编著 . —北京：化学工业出版社，2017.7 (2022.1重印)
 ISBN 978-7-122-29194-3

Ⅰ.①连… Ⅱ.①吴… ②刘… ③陈… Ⅲ.①玄武岩–纤维增强材料–工艺学 Ⅳ.①TB39

中国版本图书馆CIP数据核字（2017）第040921号

责任编辑：赵卫娟　　　　　　　　　　　　文字编辑：刘 璐 陈小滔
责任校对：宋 玮　　　　　　　　　　　　装帧设计：史利平

出版发行：化学工业出版社（北京市东城区青年湖南街 13 号　邮政编码 100011）
印　　装：北京建宏印刷有限公司
710mm×1000mm　1/16　印张 15½　字数 275 千字　2022 年 1 月北京第 1 版第 2 次印刷

购书咨询：010-64518888　　　　　　　　售后服务：010-64518899
网　　址：http://www.cip.com.cn
凡购买本书，如有缺损质量问题，本社销售中心负责调换。

定　　价：128.00元　　　　　　　　　　　　　　　版权所有　违者必究

前　言

连续玄武岩纤维是高技术纤维之一，是先进的工业及工程用基础材料，也是典型的军民两用新材料。连续玄武岩纤维具有优异的力学性能及物理化学性能，用途广泛，可为土建交通、汽车船舶、能源环境、石油化工、海洋工程、国防军工等国民经济和军工领域的产品升级换代提供新材料的支撑和保障，是实现战略新兴产业创新驱动发展的重要物质基础。

连续玄武岩纤维是以天然玄武岩作为原料，高温（1500℃以上）熔融后，通过铂铑漏板成形为纤维并由拉丝机高速拉制而成的连续纤维。生产连续玄武岩纤维的矿石原料，是广义的玄武岩，是包括玄武岩、玄武安山岩、安山岩、辉绿岩等能够生产连续玄武岩纤维的火山岩的通称。

由火山岩形成的纤维，最初源于火山喷发之后形成的丝缕状质地柔软的岩石纤维。19世纪中期英国初次研发生产了岩棉，纤维呈不连续状，力学性能及理化性能低。连续玄武岩纤维的概念于1922年提出，之后久未引起学界和产业界重视，直到20世纪50～60年代，美国和苏联基于军事工业发展的需要，开始研发连续玄武岩纤维制备工艺。苏联在20世纪80年代，开发了年产百吨级的200～400孔漏板火焰坩埚炉生产技术，但由于长期受玄武岩纤维产品性能稳定问题的困扰，未形成规模化生产。苏联解体后，玄武岩纤维生产技术经过解密由军用转向民用领域，俄罗斯、乌克兰、德国、比利时、奥地利、日本等国着力开展稳定量产化技术开发，并逐渐开发成功了年产千吨级池窑生产工艺，形成了Kamenny Vek等多家企业。进入21年世纪后，包括美国、加拿大等在内不少国家也开始加大对连续玄武岩纤维生产和应用的研发力度。

我国连续玄武岩纤维的发展经历了3个阶段：早期是在20世纪70年代至20世纪末，采用单孔或多孔以及100孔漏板坩埚拉丝进行探索性研发，由于当时对玄武岩矿石原料均质化及熔体均质化等认识不足，未形成有效的生产工艺；

中期是 21 世纪初的十多年间，通过"引进—吸收"和"自主创新"两条路径实现了小型坩埚炉工业化生产；近期是 2015 年后，攻克了池窑化生产工艺上的技术难题，开发了各具特色的高性能玄武岩纤维，同时产品在土建、交通领域应用技术上积累了大量的经验，形成了世界范围连续玄武岩纤维的生产及应用技术率先在我国形成迅猛发展的局面。

为实现连续玄武岩纤维产品的稳定化、量产化、规模化，鉴于玄武岩矿石原料是天然火山岩的特点，笔者团队经过多年的研发，凝练了"多元均配混配技术及理论体系"，在"矿石原料均配混配、控制矿物成分和化学成分、混配技术—熔制技术—纤维成形技术"等三个维度实现了天然玄武岩矿石原料均质化。其核心理念是将矿石原料进行系统的混合和均配，使不同矿石混配后发挥取长补短作用并在性能提升方面产生双乘效应，可有效控制玄武岩矿石原料的波动性，并根据不同要求进行相关原料的混配均配，生产高端化、特色化纤维产品。在此基础上，通过原料、熔制、纤维成形等多项原理和技术创新，进一步提高熔体的均质度，从而进一步保障玄武岩纤维产品质量和性能。

本书是关于连续玄武岩纤维生产工艺的专业书籍，详细介绍了连续玄武岩纤维的矿石原料、熔制工艺、纤维成形工艺、性能设计及高性能化工艺、表面处理工艺，以及连续玄武岩纤维的制品制造工艺及产品主要应用等相关内容，以期对推动我国连续玄武岩纤维产业发展发挥积极作用。

本书在编著过程中得到了作者研究团队汪昕、蒋鸣、崔瀛、王连波、常忠臣、马铂程、郭凤宇、苏畅等人的大力协助，在此一并表示感谢。

本书编著历经数载，对章节架构和具体内容几易其稿，多次推敲，逐步更新补充，力求完善，但仍限于作者团队现有知识水平，书中尚有不足之处，欢迎读者批评指正。

编著者
2020 年冬

目　录

3 玄武岩矿石熔制工艺及装备 —————————— **064**

1 ▶▶

连续玄武岩纤维概述

连续玄武岩纤维（continuous basalt fibers，简称玄武岩纤维或 BF）是以天然玄武岩（玄武岩、玄武安山岩、安山岩、辉绿岩等）作为原料，经高温（1500℃以上）熔融后，通过拉丝漏板制成的连续纤维，属于无机非金属材料。连续玄武岩纤维外观为金褐色，其生产过程被人们形象地称为"点石成金"。图 1-1 为从玄武岩矿石形成到连续玄武岩纤维产品的主要过程。

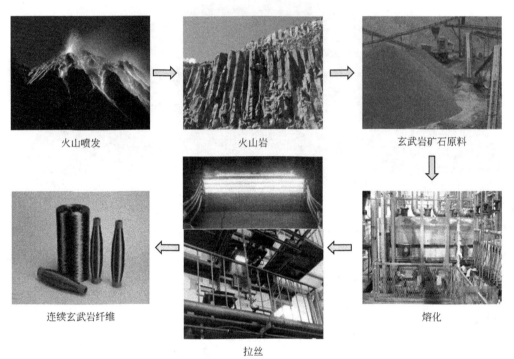

火山喷发　　　　　　　　火山岩　　　　　　　　玄武岩矿石原料

连续玄武岩纤维　　　　　　拉丝　　　　　　　　熔化

图 1-1　玄武岩矿石与连续玄武岩纤维

在连续玄武岩纤维工业中，生产连续玄武岩纤维的原料玄武岩，是广义的玄武岩，包括玄武岩、玄武安山岩、安山岩、辉绿岩等能够生产连续玄武岩纤维的火山岩的通称。

连续玄武岩纤维具有高强度、高模量、耐高温和低温、耐腐蚀、抗氧化、隔声绝热、电绝缘等优异性能。稳定化生产的连续玄武岩纤维的力学性能大幅度超过通用的玻璃纤维；强度、刚度及耐久性能达到或超过芳纶纤维；在多方面可代替普通的碳纤维，其耐高温性能甚至超过碳纤维；是综合性能较高的一种连续纤维材料[1-3]。它可与碳纤维（CF）、芳纶纤维（AF）、超高分子量聚乙烯纤维（UHMWPEF）、聚对亚苯基苯并双噁唑纤维（PBO）、聚苯硫醚纤维（PPS）、聚芳酯纤维（PAR）等并称为高技术纤维。

连续玄武岩纤维的原料是玄武岩，源于火山喷发，火山喷发前的岩浆在地壳内部的高温高压作用下发生高温硅酸盐反应，形成了硅酸盐熔体。生产连续玄武岩纤维时，玄武岩高温熔融主要发生的是物理变化，因此生产过程中几乎无废气产生；再者，连续玄武岩纤维生产原料利用率高，产生的废弃物极少。因此，连续玄武岩纤维可实现绿色生产，是一种对生态和环境无毒无害、资源和能源消耗较少、可再生循环的环境友好型材料，被誉为 21 世纪的新型绿色材料，它是高技术纤维中绿色环保性能最高的高性能材料，符合国家绿色经济发展趋势[4]。

连续玄武岩纤维的品质保证：首先其矿石原料必须是天然的火山岩矿石，不应该加任何添加剂，否则难以保证连续玄武岩纤维自有的综合性能优势，也难以保证连续玄武岩纤维生产过程的绿色环保特性。

连续玄武岩纤维是先进的工业及工程用基础材料和典型的军民两用新材料，也是世界性的关键战略性新材料。连续玄武岩纤维具有优异的物理化学性能、广泛的用途，是实现战略新兴产业创新驱动发展的重要物质基础，可为土建交通、汽车船舶、能源环境、石油化工、海洋工程、国防军工等国民经济和军工领域的产品升级换代提供新材料的支撑和保障。在我国，连续玄武岩纤维的发展得到了国家及地方政府悉力支持，也顺应了经济发展需求：2015 年被《中国制造 2025》列入关键战略材料中的高性能纤维及复合材料，进行重点发展；2017 年被国家发改委的 2017 年第 1 号公告《战略性新兴产业重点产品和服务指导目录 (2017 版)》列为重点发展的高性能纤维及复合材料。2017 ~ 2019 年，连续 3 年被工信部列入《重点新材料首批次应用示范指导目录》。中国制造业重点领域技术创新绿皮书技术路线图（2019）[5] 也给出了高性能连续玄武岩纤维制造的技术路线图。国家及地方政府的大力支持，有力地推动了连续玄武岩纤维产业有序健康发展。

1.1 连续玄武岩纤维发展历程

玄武岩（basalt）一词，最早引自日文，在日本兵库县玄武洞发现黑色橄榄玄武岩，由此得名。1546 年，G. 阿格里科拉首次在地质文献中，用 basalt 这个词描述德国萨克森的黑色岩石。玄武岩是地球洋壳和月球月海的最主要组成物质，也是地球陆壳和月球月陆的重要组成物质，属基性火山岩。将玄武岩高温熔融成岩浆后呈现高黏度状态，具有可纺性，可形成火山岩纤维，其中纤维长度较短并形成棉絮状的材料为岩棉；纤维长度为连续不断的纱线即连续纤维。人类认知最早的火山岩纤维源于夏威夷，夏威夷岛一次火山喷发之后，岛上的居民在地上发现了一缕一缕的、质地柔软的岩石纤维，这就是岩浆在火山喷发时形成的纤维，也是最初认知的岩棉。国外关于火山岩纤维的生产技术要从生产玄武岩岩棉开始。19世纪中期英国首次成功生产出以玄武岩为原材料的岩棉，20世纪中期岩棉进入工业生产时代。

1922年由法国人Paul Dhe首先提出火山岩熔融拉丝成为连续纤维的最初概念，20世纪30～40年代一直未引起学术界和产业界的重视，连续玄武岩纤维的研究和开发未取得实质性进展。直到20世纪50～60年代，美国和苏联基于军事工业发展的需要，开始研发连续玄武岩纤维制备工艺，其主要目的是利用连续玄武岩纤维解决军工领域所需的耐热、绝热、隔音问题。1991年以后，随着苏联的解体，连续玄武岩纤维的生产技术被解密，连续玄武岩纤维开始面向民用领域。随后，俄罗斯、乌克兰、美国、德国、比利时、奥地利、日本等国着力开展连续玄武岩纤维稳定量产化技术开发，以解决长期困惑的玄武岩纤维产品稳定性差的关键问题。经过不断努力，对矿石原料均化技术、熔制技术、纤维成形技术进行攻关，玄武岩纤维产品稳定性问题得到了较有效的控制，国际上形成了Kamenny Vek等多家企业。近20多年来国际上着力开发大池窑生产工艺，部分企业以采用年产千吨级池窑及大漏板工艺生产高性能玄武岩纤维。

20世纪70年代，美国欧文斯康宁公司等玻璃纤维公司对连续玄武岩纤维进行了大量的研究工作。然而高强度玻璃纤维出现后，这些公司几乎都间断了连续玄武岩纤维生产开发项目。21世纪后，随着其他国家的发展势头，美国、加拿大等北美国家又开始陆续开展玄武岩纤维生产技术，相关领域开始探讨使用连续玄武岩纤维材料，再次加大了对连续玄武岩纤维生产和应用技术的研发力度，但现阶段美国市场上的连续玄武岩纤维绝大部分是从国外进口。

日本一直在开展连续玄武岩纤维矿石原料、生产制备技术、浸润剂的研究工作，拥有大量生产连续玄武岩纤维的技术专利，掌握连续玄武岩纤维的生产技术，但日本出于发展碳纤维的国家战略考虑，重点聚焦碳纤维和高性能玻璃纤维，因此本国没有规模化生产连续玄武岩纤维，21世纪初，日本在乌克兰基辅成立乌日（TOYOTA）合资企业，生产的连续玄武岩纤维产品全部供日本用作汽车消音器的材料[6]。另一方面，日本国内对连续玄武岩纤维的应用市场十分关注，对连续玄武岩纤维在土建结构加固、汽车领域、化工、耐高温领域等的应用技术一直在进行研究和探索。

目前，俄罗斯、乌克兰、中国、格鲁吉亚、德国、比利时、奥地利等国家都有连续玄武岩纤维的生产厂家，但产能主要集中在俄罗斯、乌克兰和中国。

我国的连续玄武岩纤维的研究开发和产业发展历程，经历了早期、中期、近期三个阶段。

（1）早期

20世纪70年代至20世纪末，这一阶段是对连续玄武岩纤维生产工艺和产品应用研发探索阶段，南京玻璃纤维研究设计院、中国建筑材料科学院、东南大学等研究机构[7]对玄武岩矿石原料、熔化、纤维成形及产品应用进行了探索，最初采用单孔或多孔以及100孔漏板的坩埚炉熔融工艺拉丝，但是由于当时对玄武岩矿石原料筛选均质化及熔体均质化等认识不足，导致熔制工艺、纤维成形工艺控制壁垒高，再加上对连续玄武岩纤维的发展没有足够的信心，没有开展深入系统的研发和攻关，未能形成连续玄武岩纤维生产技术体系。

（2）中期

21世纪初的十多年间，是连续玄武岩纤维产业起步阶段，国家和地方政府对连续玄武岩纤维产业给予大力支持：国家科技部立项"863计划"、十一五"国家科技支撑计划"、十二五"国家科技支撑计划"等科研项目支持连续玄武岩纤维的技术研发；国家发改委批准建设玄武岩纤维生产及应用技术国家地方联合工程研究中心，针对连续玄武岩纤维生产与应用各关键技术进行攻关。随后，中国化学纤维工业协会组建玄武岩纤维分会，以玄武岩纤维生产及应用技术国家地方联合工程研究中心为平台，集聚全国10多家连续玄武岩纤维生产企业进行政产学研合作，共同进行技术研发攻关，经各方的努力，连续玄武岩纤维产业在基础研究、产业化生产、市场应用各方面取得了长足的发展。这一阶段在我国形成的连续玄武岩纤维生产工艺主要源于两种类型，一种是"引进—吸收—改造"，引进的主要是乌克兰、俄罗斯早期传统的坩埚炉生产技术；另一种是"自主创新"，面对国外先进技术封锁，在借鉴国外先进技术基础上进行的自主研发创新生产工艺。其中引进的乌克兰、俄罗斯的坩埚炉生产技术，由于技术传统，国内外玄武岩矿石原料差异较大、生产所用能源不同等因素，最初在国内发展并不顺利。相关企业在科研单位大力支持下，对矿石原料进行筛选、均化，并改造坩埚炉结构，逐渐调整拉丝工艺参数使之达到连续生产状态。同时，国内最早投资玄武岩纤维生产的企业与科研单位共同自力更生、自主创新研发，对玄武岩矿石的化学成分、矿物组分提出具体要求，通过对原料筛选均化工艺、熔制工艺的创新，实现了连续玄武岩纤维的小规模化工业生产。这段时期，东南大学玄武岩纤维工程研究中心收集了国内外2000多个玄武岩矿石样品，对玄武岩矿石的化学成分、矿物相特点、均化控制要求、熔体均质化开展了大量研究，形成了玄武岩矿石原料均质、熔体均质化技术[8-10]。这些成果对连续玄武岩纤维生产技术的稳定量产工作中发挥了重要作用。

与此同时，连续玄武岩纤维的应用开发随之而起，国内连续玄武岩纤维的应用和市场主要是土建、交通领域，如连续玄武岩纤维单向布和复合板的结构加固，连续玄武岩纤维复合筋在高速公路、地震台的应用，连续玄武岩纤维短切纱增强沥青路面等。伴随着连续玄武岩纤维的应用和市场推广，连续玄武岩纤维的相关标准也开始制定。

这一阶段连续玄武岩纤维生产采用电熔融、火焰熔融的坩埚炉，漏板孔数多为200孔和400孔，部分开始使用800孔，经过10多年的努力，由最初的生产规模小、生产成本高、产品性能波动大，基本实现了产品性能稳定、批量化生产、产品应用量增多的状态，连续玄武岩纤维产业初具规模。但产品高性能化技术还有待于发展。

（3）近期

2015年以后，是连续玄武岩纤维产业高质量发展阶段。玄武岩纤维生产及应用技术国家地方联合工程研究中心联合行业企业承担了国家科技部的十三五"重点专项"项目、江苏省重大载体项目等重大研发项目，共同进行研发，取得了系列成绩，极大推动了连续玄武岩纤维创新工艺的发展。

① 生产工艺方面。开发了玄武岩矿石原料多元均配混配技术，实现玄武岩矿石原料成分和质量波动的有效控制。窑炉的寿命也从最初的3~6个月延长到了1~3年，实现了800孔、1200孔、2400孔的大漏板稳定拉丝技术，连续玄武岩纤维逐渐实现稳定化生产。窑炉由坩埚炉向池窑方向发展，尤其以玄武岩纤维生产及应用技术国家地方联合工程研究中心研发的"深液面全电熔玄武岩纤维池窑"[11]为代表的池窑技术，具有液面深度可控、温度均匀性高、熔化效率高、能耗低、产品性能稳定等特点，解决了坩埚炉的生产效率低、能耗高等问题。

② 产品方面。连续玄武岩纤维的质量和性能稳定性得到大大提升。连续玄武岩纤维产品种类也在扩大，如立体织物、纤维毡、纤维复合型材和板材、套管、绳、复合网格、电缆芯、纤维增强热塑料复合材料等制品层出不穷。

③ 应用和市场方面。连续玄武岩纤维的应用主要仍是土建、交通领域，但其它应用领域的市场份额也在增多，如汽车领域、能源环保领域、化工领域等。风力叶片、飞机、船舶、雷达、电子电磁等领域的应用技术开发愈来愈热。

④ 研究方面。研发方向多样化，除了连续玄武岩纤维在土建、交通领域的研发，还有玄武岩矿石、纤维表面处理、纤维生产工艺及设备、窑炉、纤维改性、制品加工工艺及应用技术、复合材料加工工艺及应用技术等方面的研究，以

及连续玄武岩纤维及复合材料在水质净化、风力叶片、汽车、舰船、飞机、武器装备、海洋牧场、电力设施、能源环保、化工、航天航空等国民经济的各个领域的应用技术研究。

这一时期，连续玄武岩纤维的相关标准也陆续颁布，有近 20 部相关标准和规范已颁布。中国化学纤维工业协会玄武岩纤维分会、中国公路学会玄武岩纤维公路产业协同创新共同体、国际玄武岩纤维及复合材料协会等组织也陆续成立。连续玄武岩纤维行业的发展逐步开启了有组织性、规范化发展模式。

据不完全统计，世界范围生产连续玄武岩纤维生产厂家累计超过 40 家，我国生产厂家近 20 家。2018 年，全球连续玄武岩纤维产量 5 万多吨，我国的产量占了将近一半。随着连续玄武岩纤维市场应用的扩展，纤维产量亦逐年增加，我国连续玄武岩纤维的生产企业总数和总产量已经超过国外总量，从企业数量和纤维产量都可以看出，连续玄武岩纤维行业已呈现出蓬勃发展的趋势。

在这个阶段，创立了天然矿石多元混配均配技术理论体系，构建了玄武岩熔制机理和玄武岩纤维结构体系，发展了三维网络结构紧密度、熔体均质化提升技术，大池窑熔融技术等实现了连续玄武岩纤维高性能化生产，开发出了高强、高弹模、耐高温、高耐碱系列高端制品，多项技术领先国际，中国连续玄武岩纤维成果作为国际领先成果全面载入权威的国际《天然纤维》技术手册。产品出口欧、美、日、澳等 10 多个国家和地区，走向国际先进行业，部分处于领跑地位。同时，在核心技术专利方面实现了自主可控。

1.2 连续玄武岩纤维生产工艺特点

连续玄武岩纤维生产工艺分为矿石原料选料与均化工艺、熔制工艺、纤维成形工艺、纤维表面改性工艺。连续玄武岩纤维生产工艺示意图见图 1-2。

（1）矿石原料选料与均化工艺

生产连续玄武岩纤维的玄武岩矿石原料有以下特点。

① 玄武岩矿石原料是天然的，玄武岩矿石是天然硅酸盐岩浆硬化的多组分的原料产物，生产连续玄武岩纤维的玄武岩矿石原料不需配料，不添加任何添加剂；即使混料，也是两种或两种以上不同成分的玄武岩矿石来混合，这样保证了连续玄武岩纤维独有的天然性能。而玻璃纤维的原料虽然也是天然性矿石，但原料中的几种矿石，在高温条件下发生硅酸盐化学反应。

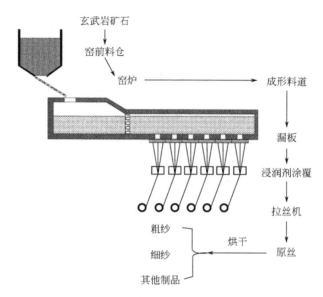

图1-2 连续玄武岩纤维生产工艺示意图

② 不是所有的玄武岩都能生产连续玄武岩纤维，只有特定的化学成分、矿物组分以及熔制性能和物理化学性能的玄武岩，才能生产连续玄武岩纤维。在生产连续玄武岩纤维之前，要对玄武岩矿石进行选料。玄武岩矿石的选料方法分为初选和精选。生产连续玄武岩纤维的选料方法及准则将在本书第2章中做了具体介绍。

③ 生产连续玄武岩纤维的玄武岩矿石原料的成分和质量要稳定，然而天然玄武岩矿石原料成分和质量存在波动，因此玄武岩矿石原料要经过均化，使玄武岩矿石的成分和质量稳定以满足生产要求。通过连续玄武岩纤维的多元均配混配技术对玄武岩多次均化处理，使其满足化学成分和矿物成分的波动要求，不仅能实现原料的质量稳定，还能优化连续玄武岩纤维的熔制性能和拉丝性能（黏度、析晶温度、拉丝温度、纤维成形温度范围等），甚至能提高连续玄武岩纤维的某些力学性能。

④ 玄武岩的成分分为矿物成分和化学成分。矿物成分主要为石英、正长石、斜长石、透辉石、紫苏辉石、刚玉、赤铁矿、磁铁矿、钛铁矿、楣石等。化学成分主要为氧化物 SiO_2、Al_2O_3、Fe_2O_3、FeO、MgO、CaO、Na_2O、K_2O、TiO_2 等。矿物是岩石的组成单位，玄武岩的矿物成分决定了连续玄武岩纤维的熔制性能（玄武岩矿石原料熔化难易程度、熔体的均质性、析晶性能等）、拉丝性能、生产工艺特性及部分物理化学性能；在玄武岩玻璃熔化均质的情况下，化学成分决定了连续玄武岩纤维的物理和化学性能。最新研究表明利用全天然玄武岩矿石原

料及其多元均配混配原料生产的玄武岩纤维具有高度的抗蠕变疲劳、耐久性等长期稳定性能[12]。

对生产连续玄武岩纤维的玄武岩矿石原料进行选料、混料和均化，不仅能制备出合乎物化性能要求的连续玄武岩纤维，还可以优化连续玄武岩纤维生产工艺，降低全过程生产成本。

（2）熔制工艺

玄武岩玻璃的熔制进行着固相反应向液相的转化、玄武岩玻璃熔体趋于均质的过程，这些过程又是分阶段交叉进行的。因此，玄武岩玻璃的熔制是一个非常复杂的过程。玄武岩矿石原料的熔制工艺有以下特点。

① 玄武岩矿石是岩浆喷发到地表并冷却的产物，岩浆在地球内部的高温高压下已经进行了化学反应（主要是硅酸盐反应）。因此，玄武岩矿石原料的熔化过程主要是物理反应。与玻璃纤维熔制过程相比，玄武岩的熔化过程没有硅酸盐形成阶段。连续玄武岩纤维的熔制过程分为四个阶段：玄武岩矿石的粉碎和均化、玄武岩玻璃形成、玄武岩玻璃澄清和均化阶段、玄武岩玻璃的冷却阶段。

② 玄武岩玻璃的熔制本质是玄武岩矿石原料中的矿物成分（晶体）的晶格被打开，形成由硅氧四面体、铝氧四面体、硅氧六面体等多面体组成的架状或链状结构，这些由多面体构成的架状或链状的结构通过顶点（桥氧）彼此连接，形成无规则的三维网络结构。而且，熔化温度愈高，熔化时间愈长，矿物晶格的破坏就愈强烈，因而玄武岩玻璃中原子有序排列的区域就愈少，无序结构的数量增多，即玄武岩玻璃的无定形度增大。也就是说玄武岩玻璃的均质性大大增加。因为矿物熔化需要更多的热量，玄武岩的熔化温度比较高，一般在1500℃以上。玄武岩矿石从出现液相到剧烈熔化的熔化温度区间窄、时间短，因此要提高玄武岩玻璃熔体的均质性，必须提高熔化温度或延长熔化时间。

③ 玄武岩玻璃熔体的三维网络结构的紧密度由玄武岩矿石原料中的矿物成分决定，玄武岩中的架状硅酸盐矿物和链状硅酸盐矿物越多，则玄武岩玻璃熔体的三维网络结构越紧密，因而玄武岩玻璃熔体的黏度高，析晶温度低，连续玄武岩纤维的拉伸强度高等。

④ 玄武岩矿石原料中铁离子含量高（7%~16%），铁离子的导热性差，玄武岩玻璃熔体颜色深，黑度系数高，造成玄武岩玻璃液热传导速度慢、透热性差，上下温差大。如果在玄武岩玻璃熔体表面加热，则熔体的上下温差大，造成玄武岩玻璃熔体的均质性差。因此，生产连续玄武岩纤维的窑炉采用侧插电极的电熔炉，使窑炉内的温度由玄武岩熔体内部和中部熔化向上下传递，减小窑炉内

的上下温差；或者是火电结合炉，炉内上面用气作为热源，向下传递热量，底部用电作为热源，向上传递热量，从而减小窑炉内的上下温差。

⑤ FeO 还可能被还原成单质铁，单质铁与铂铑漏板发生反应生成低温共熔物，易造成漏板"中毒"。FeO 对玄武岩玻璃液的硬化速度影响很大，会使玄武岩玻璃熔体外层硬化速度大大增快而内层硬化速度减小，造成玄武岩玻璃熔体"料性"短，即纤维成形温度范围窄。因此，生产连续玄武岩纤维的窑炉内的气氛为中性或氧化气氛，阻止 FeO 的还原。

⑥ 岩石具有所谓的记忆性，当矿石熔化后，在降温过程后中，矿物会按照其矿物记忆再结晶，因此玄武岩玻璃易析晶。如果建立一定条件，矿物记忆性可以改变，如提高玄武岩矿石原料的熔制温度，或是延长熔制时间，或是改变熔体的冷却速度。

⑦ 玄武岩矿石中如有难熔矿物，这些难熔矿物不利于玄武岩玻璃熔体的均质化，且在降温过程中又容易析晶。因此，玄武岩矿石原料要避免含有难熔矿物，或者改变玄武岩矿石原料的熔制制度。

连续玄武岩纤维的熔制设备主要是窑炉，窑炉分为坩埚窑和池窑。坩埚窑（即一个窑炉带一个漏板）的生产效率低（年产 100 ~ 300 吨 / 台），具有能耗高、生产成本高等缺点，但也具有单台炉投资小、启动或停止比较灵活等优点。池窑具有生产效率高（每台年产量千吨级甚至万吨级）、能耗低、成本低等优点，但也具有一次性投资大，技术要求高，不能灵活停产等缺点。目前，连续玄武岩纤维行业生产所用窑炉以坩埚窑为主，池窑法生产工艺［一个大型窑炉带多块漏板（≥ 3 台）］是行业发展的趋势，已有厂家在尝试用池窑生产连续玄武岩纤维。

根据熔融热工技术特点，生产连续玄武岩纤维的窑炉又分为火焰炉、电熔炉、火电结合炉。火焰炉是用天然气燃烧提供热源，特点为表面加热；由于玄武岩熔体透热性差，熔体纵向温差大，易造成熔体的不均质。电熔炉是以电极加热提供热源，特点是在玄武岩熔体内部和中部熔化温度高，热量能够向窑炉的上部和下部传递，散热小，热量损失少，窑炉的热利用率高；缺点是电极容易被侵蚀而消耗，电极的水冷保护技术难点高，水冷保护处易被损坏。火电结合炉是以电能和天然气燃烧相结合提供热源，融合了全电熔炉和火焰炉各自的优点，是生产连续玄武岩纤维窑炉技术发展的趋势。

连续玄武岩纤维的窑炉主要使用的定型耐火材料有锆质耐火材料、铬质耐火材料和硅铝质耐火材料三大类。

（3）纤维成形工艺

连续玄武岩纤维成形过程是高温具有黏性的玄武岩玻璃熔体在重力作用

下，呈滴状从漏嘴流出后，被拉丝机以设定的速度牵伸并固化成一定直径的连续纤维。

影响连续玄武岩纤维成形的因素是拉丝温度、析晶温度、纤维成形温度范围、硬化速度、润湿性等。玄武岩玻璃熔体具有拉丝温度高、析晶温度高及析晶速度快、纤维成形温度范围窄、纤维内外层硬化速度相差比较大、与玻璃漏板的润湿性比较好、透热差等特点，容易导致连续玄武纤维成形和拉丝过程不稳定，因此连续玄武岩纤维的成形控制和拉丝稳定至关重要。

连续玄武岩纤维成形工艺的特点是：玄武岩玻璃熔体易在漏板处析晶，漏板温度易发生均匀性；玄武岩玻璃与铂铑合金漏板的润湿性好，玄武岩玻璃液在漏板上易引起"漫流"。这些特点都会造成连续玄武岩纤维拉丝过程的不稳定，如断丝及飞丝现象、纤维直径粗细不均等。解决连续玄武岩纤维拉丝过程稳定性的方法，一是玄武岩玻璃液均质化和质量稳定的控制，二是漏板设计制造及漏板温度的控制，三是拉丝工艺的控制。

漏板是连续玄武岩纤维成形工艺的主要设备，连续玄武岩纤维用的漏板主要是铂铑合金漏板。连续玄武岩纤维稳定化、规模化生产要求漏板向大型化发展，生产连续玄武岩纤维的漏板孔数已由200孔发展到目前的800孔、1200孔，并向2000孔以上的大漏板方向发展。

（4）表面处理工艺

连续玄武岩纤维拉丝生产过程中，需要在连续玄武岩纤维表面涂覆一层专用表面处理剂——浸润剂，浸润剂主要由成膜剂、润滑剂、偶联剂等多种有机或无机组分混合而成的水乳液与水溶液。浸润剂的作用是：

① 在连续玄武岩纤维拉丝和后续加工过程中，保护纤维不受摩擦或磨损。

② 把连续玄武岩纤维原丝黏结起来集成一束原丝，保持原丝的完整性，减少散丝或断丝。

③ 提供连续玄武岩纤维加工成纤维制品时所需的加工性能，如集束性、短切性、分散性等。

④ 增进连续玄武岩纤维与树脂基材间的相容性与黏结性。

⑤ 消除或削弱连续玄武岩纤维表面的静电，防止静电荷积聚。

浸润剂对连续玄武岩纤维的生产和应用都非常重要，浸润剂能够有效地改变纤维表面缺陷和性质，决定着纤维的作业性能及纤维增强复合材料的最终性能。

连续玄武岩纤维浸润剂是从玻璃纤维浸润剂基础上发展而来的。由于连续玄武岩纤维的表面张力和表面能高于玻璃纤维，化学惰性大。因此，连续玄武岩纤维浸润剂的配方跟玻璃纤维浸润剂又不尽相同。

1.3 连续玄武岩纤维性能及应用

1.3.1 连续玄武岩纤维的性能

连续玄武岩纤维具有综合性能好、性价比高的特点，其优异的性能具体表现如下[6-13]。

（1）力学性能高

普通连续玄武岩纤维浸胶纱的拉伸强度为 2500 ~ 3000MPa，弹性模量为 80 ~ 90GPa（在一些领域的低端应用方面，强度为 2000 ~ 2500MPa，也能发挥一定的作用）。高强度连续玄武岩纤维浸胶纱的拉伸强度在 3000MPa 以上，高模量连续玄武岩纤维浸胶纱的拉伸模量在 90GPa 以上。

（2）蠕变性能优良

连续玄武岩纤维的蠕变断裂应力为 55%fu（fu 为静力拉伸强度），接近碳纤维（71%），超过芳纶纤维（50%），远高于玻璃纤维（30%）。

（3）质量轻

连续玄武岩纤维的密度一般为 2.6 ~ 2.8g/cm³，略高于玻璃纤维、碳纤维和有机纤维，是钢材的 1/4。

（4）耐化学腐蚀性能好

连续玄武岩纤维的耐酸性、耐碱性和耐水性优于 E 玻璃纤维；连续玄武岩纤维的耐酸性优于其耐碱性；连续玄武岩纤维的吸湿率低。

（5）热学性能优良

连续玄武岩纤维耐高低温，使用温度范围为 −269 ~ 700℃，高于普通碳纤维；热震稳定性好，在 500℃下保持不变，在 900℃时原始质量仅损失 3%；连续玄武岩纤维棉的热导率低，为 0.031 ~ 0.038W/（m·K）。

（6）声绝缘性能好

连续玄武岩纤维板的吸声系数为 0.9 ~ 0.99，高于 E- 玻璃纤维。

（7）良好的电绝缘性和介电性能

连续玄武岩纤维的比体积电阻较高，为 $1 \times 10^{12} \Omega \cdot m$，1MHz 的介电常数为 2.2 ~ 2.7。

（8）天然的硅酸盐相容性

连续玄武岩纤维是以天然火山岩为原料生产的，自身密度、成分、容重均与水泥相当，且具有天然的融合性，与水泥、混凝土混合时分散性好，结合力强，热胀冷缩系数一致，耐候性好。

1.3.2 连续玄武岩纤维的创新应用

连续玄武岩纤维可制成纱线（无捻粗纱、纺织纱、短切纱等）、织物、毡等各种纤维制品。连续玄武岩纤维及其制品作增强体可制成各种性能优异的复合材料（复合筋材、复合板材、复合型材、复合网格、预浸料等）。连续玄武岩纤维制品及其复合材料被广泛应用于土建交通、能源环保、石油化工、汽车船舶、航天航空、武器装备等领域，见图 1-3。

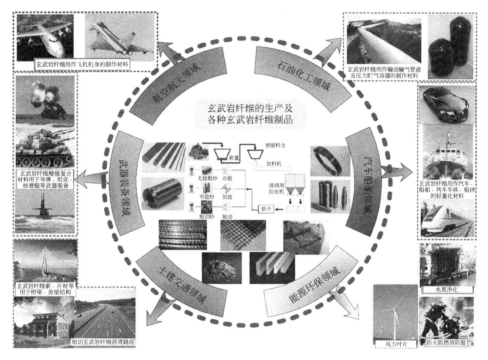

图 1-3　连续玄武岩纤维的应用

（1）土建交通工程领域

① 连续玄武岩纤维短切纱在基础设施中的应用。连续玄武岩纤维短切纱是替代聚酯纤维、木质素纤维等用于沥青混凝土的极具竞争力的产品。连续玄武岩纤维短切纱在沥青混合料中的"加筋"作用，大幅度提高沥青混合料的拉伸强度及韧性，沥青路面的抗疲劳开裂能力提高 2 ~ 4 倍，低温抗开裂能力提高 15% ~ 25%，抗车辙能力提高 20% ~ 40%，显著降低了路面裂缝和车辙病害，提高路面使用品质，延长路面使用寿命和养护周期。被广泛用于高速公路、市政道路等领域[14,15]。

短切玄武岩纤维是替代聚丙烯（PP）、聚丙烯腈（PAN）而用于增强水泥混凝土的优良材料，其优良的抗碱性与硅酸盐材料天然的相容性，可大大提高混凝土制品的使用寿命[16,17]。尤其适用于受海水、海风影响的沿海地区的建筑、桥梁、公路、停车场。

② 连续玄武岩纤维复合材料在基础设施中的应用。连续玄武岩纤维复合筋（简称 BFRP 筋）因具有质量轻、拉伸强度高、耐腐蚀性强、与混凝土等结构材料黏结性能强、无磁性等优点，在结构加固及工程改造、地震台、高速公路、盐湖、海边水土工程建筑和防磁建筑以及某些特殊的军事工程中得到广泛的应用。连续玄武岩纤维复合筋全部或部分代替钢筋，用于环境条件严酷的混凝土中，从根本上解决或减缓了钢筋锈蚀问题，提高了混凝土结构的耐久性和使用寿命[16]。

连续玄武岩纤维单向布、复合材料板（BFRP 板）、复合型材（BFRP 型材）和复合网格（BFRP 网格）因具有高强高效、质量轻、耐久性和耐腐蚀性好的优点，是一类可用于结构加固和新结构增强的工程材料，被广泛用于隧道、桥梁、海洋基础设施、港口、码头、水下结构，医院、科学研究试验室和观测站等。

连续纤维增强复合拉索（简称 BFRP 拉索）具有轻质高强、抗疲劳、耐腐蚀、低蠕变率等优异的性能，在大跨桥梁结构中可以代替钢拉索，解决传统钢拉索桥梁的交通荷载增大、海洋环境下疲劳退化与腐蚀加速、服役寿命与长期耐久性能降低等问题。BFRP 拉索更适用于超大跨度，严酷环境下的大跨度桥梁。

钢 - 连续玄武岩纤维复合筋（简称 SFCB 筋）结合钢筋和连续玄武岩纤维复合筋的优点，实现优势互补，具有显著的二次刚度特性。采用 SFCB 筋增强的结构不仅耗能和延性好，而且结构损伤可根据设计进行控制，残余变形小，可恢复性理想；同时，可以解决钢筋的腐蚀问题，提高结构耐久性。

连续玄武岩纤维智能筋是一种自传感智能材料，既是结构的受力材料，同时也是结构的自监测传感材料，实现了结构材料与功能材料的统一。实现了建筑、桥梁、隧道等加固和监测一体化。

③ 绝热隔声建筑领域的应用。连续玄武岩纤维防火保温板具有不燃、防火、质轻、强度高、热导率低、吸音系数低等优点，既可用于外墙保温，也可用于内墙保温，具有防火不燃、保温隔热作用；而且与有机保温材料和岩棉比具有较强的力学性能和"握裹力"，与混凝土具有良好的相容性和黏结力，是一种综合性能好、与建筑同寿命的新型保温材料。应用于 100 米以上高层建筑、公共建筑、宾馆、学校教学楼、图书馆、博物馆、音乐厅、电影院、大会堂、汽车站、火车站等[17]。

连续玄武岩纤维及其制品具有隔热、隔声特性，用于电影院、音乐厅、大会堂和其他公共大厅。

（2）能源环保领域

连续玄武岩纤维耐高温和耐化学腐蚀，是解决过滤高温介质的理想材料，可主要用于高温（200～350℃）和超高温（500℃以上）的烟气过滤，是过滤基布、过滤材料、耐高温毡的首选材料。应用于水泥厂、钢铁厂、火电厂的高温过滤及除尘。俄罗斯与乌克兰用玄武岩制成的过滤布等已经完全能在高温条件下工作。加拿大亚伯力(Albarrie)公司将连续玄武岩纤维用作过滤针刺毡的基布已经有10多年的历史了[18]。

连续玄武岩纤维具有不燃性、耐温性、无毒害气体排出、绝热性好、无熔融或滴落、强度高、无热收缩现象等优点，是防火服、防火毯、防火帘等防火面料的优良材料。国外一直将杜邦的Kevlar、Nomex、Teflon作为防火面料的首选，虽然具有抗高温、抗化学反应的性能，但是在370℃以上的高温下被炭化和分解。连续玄武岩纤维因其本身的特殊性能，在防火服领域具有巨大的优势。

连续玄武岩纤维复合电缆芯具有重量轻、强度高、耐高温、线损低、弧垂小等优点，被用于高压输电电缆中，可在既有塔架设备中实现输电增容。在连续玄武岩纤维复合芯中植入分布式光纤传感，形成一种具有自监测、自诊断功能的电缆芯，可以为智能电网的建设和供电线路的可靠性和安全性、线路的检查维修提供监测手段。

连续玄武岩纤维的刚度和强度较玻璃纤维更高，价格较碳纤维更便宜；连续玄武岩纤维与碳纤维混杂制成的复合材料的力学性能和疲劳性能优于玻璃纤维与碳纤维混杂制成的复合材料。因此，连续玄武岩纤维适合于制造风力发电叶片，尤其是满足大尺寸叶片需求。

连续玄武岩纤维具有高的电绝缘性和对电磁波的透过性。由连续玄武岩纤维制造高压（达250kV）电绝缘材料、低压（500V）装置、天线整流罩以及雷达无线电装置的前景十分广阔。连续玄武岩纤维的介电常数和介电损耗低，还可用于制成高质量印刷电路板。

连续玄武岩纤维经表面处理后，可用于污水水质净化[19]。连续玄武岩纤维净化水质，能够短时间内改善水体的透明度（SD），显著地降低COD、BOD、总氮、总磷，并且实现污泥减量化、无害化。连续玄武岩纤维水质净化可应用于在天然水体、城市废水、工厂有机废水、畜产有机废水、生活排水及厨房排水等领域。

（3）石油化工领域

连续玄武岩纤维复合材料制作的管道可替代高压无缝钢管用于输送石油、天然气、冷热水、化学腐蚀液体、散料等，也可以制成电缆管道、低压和高压钢瓶和出油管等。连续玄武岩纤维管道可制成弯管和直管，具有优异的耐腐蚀性，同时可以大大减少检修期，避免腐蚀造成管道断裂的危险；相对密度小，是铸铁管的1/5；无需保温和防腐措施；其使用寿命比无缝钢管长2倍以上；成本更低。以石油管道为例，用连续玄武岩纤维缠绕并用树脂复合而成的BFRP管道施工投入使用后，无需投资维修以及采用昂贵的电化学处理，连续使用期限为60～80

年，这已经在俄罗斯得到工程应用[20]。

连续玄武岩纤维复合气瓶比金属气瓶（钢瓶、铝合金无缝气瓶）具有更优良的性能，气瓶工作压力 30MPa，从而增加了储气量，重量比同容积的金属气瓶减轻 50%，在高层楼或深度的底下，如矿井等领域使用更方便。

（4）汽车船舶领域

在汽车领域最初的应用是利用玄武岩纤维的耐高温性，将玄武岩纤维用于消声器。近年来汽车轻量化是汽车产业发展的方向，连续玄武岩纤维复合材料的性能优于钢材，重量远小于钢材，在汽车上应用，可以大大减轻汽车的负重，从而降低能源消耗，又可以极大地提升汽车的性能[21]。连续玄武岩纤维复合材料可用于制作汽车底板、座舱、引擎盖、后备厢盖、传动轴、后视镜等，消声器等；制造汽车消声器的隔热吸声材料，隔热垫圈，保温隔离罩，隔热薄板，离合器盘，刹车片等。用连续玄武岩纤维蜂窝板可制成火车车厢板，既减轻了车厢的质量，隔热吸声，又是一种良好的阻燃材料。

用连续玄武岩连续纤维材料所造船艇，除较高力学性能之外，还获得较好的耐海水性、耐热性及隔声性，使船内环境改善。连续玄武岩纤维非织造布，能使船体质量减轻，成本与使用 E- 玻璃纤维非织造布相同。在船舶工业中可大量用于船壳体、机舱绝热隔声和上层建筑。

（5）航天航空领域

连续玄武岩纤维复合材料具有重量轻、高的比强度和比刚度、优良的耐高低温性能、耐老化和耐腐蚀、适应空间环境等优异的性能，可应用于飞机机身、地板、门、座椅、内饰件、发动机零件。隔热 / 吸声薄板、防火编织物用于发动机系统的保温吸声，气体动力装置排气通道吸声材料。

（6）体育用品领域

连续玄武岩纤维是最早应用于体育用品的纤维之一，因为连续玄武岩纤维具有优异的力学性能。国内外已开发的产品有：钓鱼竿、曲棍棒、天线、滑雪板、雨伞柄、撑杆、弓箭和弩弓、运动场坐凳、自行车等。

（7）国防军工领域

连续玄武岩纤维复合材料，在火箭、导弹、战斗机、核潜艇、军舰、坦克等武器装备的国防军工领域有广泛的应用。连续玄武岩纤维复合材料用于制造坦克装甲车辆的车身材料，可减轻其重量；用于制造火炮材料，尤其是用于炮管热护套材料可以大大提高火炮的命中率和射击精度。在枪弹、引信、弹匣、大口径机枪枪架、坦克装甲车辆的薄板装甲、汽车发动机罩、减振装置等方面都有大量的应用。可以促进军队武器装备的升级换代，增强军队的战斗力，在某些领域替代碳纤维、芳纶纤维，或与其混杂使用，节约相关武器装备的制造成本[4]。

1.4 连续玄武岩纤维的发展趋势

连续玄武岩纤维从实现工业化生产到现在经历了20多年的技术创新和发展历程，尤其是近10年的生产技术发展，有力地推动了连续玄武岩纤维产业的快速发展。随着纤维增强复合材料和高性能纤维需求量的增加，连续玄武岩纤维将迎来其高速发展期。今后，连续玄武岩纤维产业将呈现如下发展趋势。

（1）规模化

任何一个产业都要经历由小到大的过程，对于年轻的连续玄武岩纤维产业来说，目前的小规模、作坊式生产，是为以后大规模生产奠定基础和提供经验。连续玄武岩纤维经过几十年的发展，使人们越来越认识到其规模化是产业高速发展的必然方向。

连续玄武岩纤维的规模化生产技术，关键是窑炉和漏板。在窑炉方面，实现年产千吨级至万吨级的连续玄武岩纤维池窑技术；在漏板方面，不断扩大漏板孔数，实现1200 ~ 2000孔以上大漏板拉丝技术。

连续玄武岩纤维的规模化生产，纤维产量将有大幅度提高，生产成本会大大降低。

（2）高性能化

连续玄武岩纤维最突出的特点是综合性能好，然而复合材料产业的发展和高端应用领域的需求，对更耐高温、更耐碱、更高强度的连续玄武岩纤维需求越来越迫切。今后，连续玄武岩纤维将改变目前"千篇一律"的单一品种，与玻璃纤维和碳纤维类似，向着种类多样化的高性能连续玄武岩纤维发展，如高强连续玄武岩纤维（浸胶纱强度 ≥ 3000MPa）、高模量连续玄武岩纤维（浸胶纱模量 ≥ 90GPa）、耐高温连续玄武岩纤维（耐高温 > 800℃），高耐碱连续玄武岩纤维等[22-26]。

连续玄武岩纤维的性能是由玄武岩矿石原料的矿物组分和化学成分决定的，因此，连续玄武岩纤维的高性能化，主要是通过调整玄武岩矿石原料的成分来实现。

（3）标准化

行业发展和市场规范，需要标准的引领。从2007年开始，连续玄武岩纤维行业陆续颁布的相关产品标准、产品应用设计规范、应用指南等，为连续玄武岩纤维的生产和应用奠定了基础。

目前连续玄武岩纤维产业处于初创期，生产厂家生产技术水平高低不同，产品质量参差不齐。已有一部分厂家生产水平较先进，生产的连续玄武岩纤维质量和品质能够得到保证，可满足各方面性能要求；但一部分厂家生产的连续玄武岩纤维质量和品质较低，只能满足一些低端应用；需要重视的是有些厂家生产的连续玄武岩纤维质量低劣，甚至有些应用厂家用连续玄武岩纤维废丝充当合格纤维产品推销，恶意压价，在行业里面鱼目混珠，扰乱正常的秩序；使得连续玄武岩纤维行业呈现乱、滥的局面，连续玄武岩纤维行业急需规范化。为此，经过多年的创新发展，玄武岩纤维生产及应用技术国家地方联合工程研究中心联合各研究机构、玄武岩纤维生产厂家共同制定了玄武岩纤维国家标准 GB/T 38111—2019《玄武岩纤维分类分级及代号》[27]。该标准规范了连续玄武岩纤维产品性能、等级分类，规范了连续玄武岩产品的性能，如通用型玄武岩纤维的浸胶纱拉伸强度为 2500 ～ 3000MPa，弹性模量为 80 ～ 90GPa；高强型玄武岩纤维的浸胶纱拉伸强度 ≥ 3000MPa；高模型玄武岩纤维的弹性模量 ≥ 90GPa。在土建交通领域的一些低端应用，浸胶纱拉伸强度为 2000 ～ 2500MPa 的玄武岩纤维也可发挥作用。

此外，连续玄武岩纤维在土建交通基础设施等领域的相关标准有：GB/T 23265—2009《水泥混凝土和砂浆用短切玄武岩纤维》、GB/T 25045—2010《玄武岩纤维无捻粗纱》、GB/T 26745—2011《结构加固修复用玄武岩纤维复合材料》、GB/T 35156—2017《结构用纤维增强复合材料拉索》、GB/T 36262—2018《结构工程用纤维增强复合材料网格》、GB 50608—2020《纤维增强复合材料工程应用技术标准》、JT/T 776.1—2010《公路工程 玄武岩纤维及其制品 第 1 部分：玄武岩短切纤维》、JT/T 776.2—2010《公路工程 玄武岩纤维及其制品 第 2 部分：玄武岩纤维单向布》、JT/T 776.3—2010《公路工程 玄武岩纤维及其制品 第 3 部分：玄武岩纤维土工格栅》、JT/T 776.4—2010《公路工程 玄武岩纤维及其制品 第 4 部分：玄武岩纤维复合筋》、DB22/T 2786—2017《玄武岩纤维沥青路面施工技术规范》、DB51/T 2320—2017《玄武岩纤维树脂浸透速率测试方法》、DB22/T 2683—2017《建筑用玄武岩纤维增强火山渣空心条板》、DB51/T 2321—2017《玄武岩纤维单丝拉伸性能试验方法》等。国外关于连续玄武岩纤维的标准不多见，主要有美国的 GM 198M—2012 *Insulation Basalt Rock Fiber Composite Revision A*、俄罗斯的 GOSTR 55068—2012《玻璃纤维和玄武岩纤维增强环氧树脂塑料管和管道的部件产品规格》。

连续玄武岩纤维的应用广泛，目前颁布的标准还主要是在土建交通基础设施方面的应用，在能源、汽车等工业领域的标准仍在制定中。

参考文献

[1] 吴智深，汪昕，史健喆. 玄武岩纤维复合材料性能提升及其新型结构 [J]. 工程力学，2020, 37(5): 1-14.

[2] Wu Z, Wang X, Iwashita K, et al. Tensile fatigue behavior of frp and hybrid frp sheets[J]. Composites Part B: Engineering, 2010,41(5):396-402.

[3] Wu Z, Wang X, Liu J, Chen X.13 - Mineral fibres: basalt, in: R.M. Kozłowski, M. Mackiewicz-Talarczyk (Eds.)// Handbook of Natural Fibres (Second Edition)[M]. Woodhead Publishing, 2020: 433-502.

[4] 刘嘉麒. 绿色高新材料—玄武岩纤维具有广阔前景 [J]. 科技导报，2009, 27(9): 5.

[5] 国家制造强国建设战略咨询委员会，中国工程院战略咨询中心. 中国制造业重点领域技术创新绿皮书—技术路线图（2019）[M]. 北京：电子工业出版社，2020.

[6] 胡显奇，申屠年. 连续玄武岩纤维在军工及民用领域的应用 [J]. 高科技纤维与应用. 2005, 30(6):7-14.

[7] 于守富，谭良，孙振海，等. 浅谈玄武岩连续纤维生产技术与应用 [J]. 玻璃纤维，2019,4: 36-43.

[8] 吴智深，刘建勋，蒋鸣，等. 一种耐高温玄武岩纤维组合物. ZL201410139342.1 [P].2014-04-08.

[9] 吴智深，刘建勋，吴刚，等. 一种高耐碱性连续玄武岩纤维组合物. ZL201410166569.5 [P] 2014-04-23.

[10] 吴智深，霍海滨，陈兴芬. 一种连续玄武岩纤维的生产方法. ZL 201610801288.1 [P]. 2016-09-05.

[11] 吴智深，刘建勋. 一种用于连续玄武岩纤维大规模生产的池窑及加热方法. 201410130881.9 [P].2014.

[12] 陈兴芬. 连续玄武岩纤维的高强度化研究 [D]. 南京：东南大学，2018.

[13] 吴智深. 玄武岩纤维及其复合材料作为建材的创新应用 [J]. 江苏建材，2018,4:15-22.

[14] 陈斌，陈兴芬. 玄武岩纤维在沥青路面的应用研究 [J]. 交通建设与管理，2009(11):82-85.

[15] 杨盼盼. 玄武岩纤维沥青混合料高温及疲劳性能试验研究 [D]. 扬州：扬州大学硕士论文，2019.

[16] 陈兴芬，胡显奇. 提高混凝土耐久性的新材料—玄武岩纤维 // 第七届全国混凝土耐久性学术交流会论文集，2008.

[17] 吴刚，吴智深，胡显奇，等. 玄武岩纤维在土木工程中的应用研究现状及进展 [J]. 工业建筑，2007(S1): 410-415.

[18] 闫学军，冯向伟，邱双林，等. 阻燃棉 / 阻燃粘胶 / 玄武岩纤维混纺面料生产实践 [J]. 纺织器材，2020,47(04): 41-42, 51.

[19] Ni Huicheng, Zhou Xiangtong, Wu Zhiren, et al. Feasibility of using basalt fiber as biofilm carrier to construct bio-nest for wastewater treatment[J]. Chemosphere, 2018, 212:768-776.

[20] 杨明清，秦黎明，付丽霞. 玄武岩纤维管材在石油领域的应用现状及前景分析 [J]. 科技导报，2013, 31(7): 75-79.

[21] 杨堃. 玄武岩纤维在汽车轻量化中的应用 [J]. 新材料产业，2018,299(10) : 32-36.

[22] Chen Xingfen, Zhang Yunsheng, Huo Haibin, Wu Zhishen. Improving the tensile strength of continuous basalt fiber by mixing basalts[J]. Fibers and Polymers . 2017,18(9): 1796-1803.

[23] Chen Xingfen, Zhang Yunsheng, Huo Haibin, Wu Zhishen. Study of high tensile strength of natural continuous basalt fibers[J]. Journal of Natural Fibers, 2018: 1-9.

[24] Liu Jianxun, Yang Jianping, Wu Zhishen, et al. Study on the effect of different Fe_2O_3/ZrO_2 ratio on the properties of silicate glass fibers[J]. Advances in Meterials Science and Engineering, 2017(10):1-7.

[25] Liu Jianxun, Yang Jianping, Wu Zhishen, et al. Effect of SiO_2, Al_2O_3 on heat resistance of basalt fiber[J]. Thermochimica Acta, 2018 (660) :56-60.

[26] Liu Jianxun, Chen Meirong, Wu Zhishen, et al. Study on mechanical properties of basalt Fibers superior to E-glass fibers[J]. Journal of Natural Fibers, 2020(1):1-13.

[27] 吴智深，王玉梅，刘建勋，等. GB/T 38111-2019 玄武岩纤维分类分级及代号 .

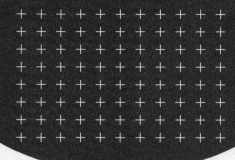

2 ▶▶

连续玄武岩纤维原料

连续玄武岩纤维的原料为玄武岩，这里的原料"玄武岩"不仅指玄武岩矿石，而且包括玄武岩、玄武安山岩、安山岩、辉绿岩等能够生产连续玄武岩纤维的火成岩的通称，是广义的玄武岩。

玄武岩矿石作为天然存在的熔浆冷却物，并不是所有的玄武岩都能生产连续玄武岩纤维，只有符合特定的化学成分和矿物成分、纤维物化性能的玄武岩才能生产连续玄武岩纤维。再有，玄武岩成分存在波动性，不仅不同矿点的矿石的成分波动较大，就是同一矿点的矿石的成分也存在微小波动。因此，人们必须对玄武岩矿石进行选料、均化和混料，使玄武岩矿石原料满足化学成分、矿物成分、熔制和纤维成形性能、纤维均质化以及纤维物理化学性能的要求，从而能够生产合格的连续玄武岩纤维。

玄武岩的成分分为矿物成分和化学成分，矿物成分主要为石英、正长石、斜长石、透辉石、紫苏辉石、刚玉、赤铁矿、磁铁矿、钛铁矿、榍石等；化学成分主要为氧化物 SiO_2、Al_2O_3、Fe_2O_3、FeO、MgO、CaO、Na_2O、K_2O、TiO_2 等。矿物是岩石的组成单位，玄武岩的矿物成分决定了连续玄武岩纤维的熔制性能、拉丝性能、生产工艺特性及部分物理化学性能；在玄武岩玻璃熔化均质的情况下，化学成分决定了连续玄武岩纤维的物理和化学性能。玄武岩原料很大程度上也决定了连续玄武岩纤维的生产成本。因此，合理选择玄武岩原料，不仅能制备出合乎物化性能要求的连续玄武岩纤维，还可以优化连续玄武岩纤维生产工艺，降低生产成本。

玄武岩作为天然矿物原料，存在成分波动、质量不稳定的问题，因此玄武岩矿石原料需要均配混配，控制原料成分的波动范围，保证质量稳定性。玄武岩矿石原料的多元均配混配技术通过多次均化对玄武岩矿物成分、化学成分、粒度等参数的波动控制，实现玄武岩矿石原料的质量稳定性和成分均质化；同时，玄武岩矿石原料的多元均配混配技术通过两种及两种以上玄武岩矿石的混配，实现玄武岩的矿物成分和化学成分的最佳组合比例，优化连续玄武岩纤维的熔制性能、纤维成形性能和生产工艺，甚至混配玄武岩矿石原料生产的连续玄武岩纤维的某些性能远高于以单个玄武岩矿石为原料的连续玄武岩纤维的性能，实现玄武岩矿石原料的"取长补短效应"和"双乘效应"，也是实现高性能（高强度、高模量、耐高温、高耐碱等）连续玄武岩纤维开发的主要技术。

2.1 火成岩

火成岩的结构构造与本书介绍的玄武岩的化学成分、矿物成分及选料等有直接密切的关系，因此需了解一下火成岩[1,2]。

火成岩（igneous rock），是岩浆侵入地壳或喷出地表后冷凝结晶而成的岩石，在地壳中约占95%。火成岩中有2/3是花岗岩，1/3是玄武岩，也就是说，玄武岩在地壳中的含量非常丰富。

火成岩分为两大类：火山岩（volcanic rock，也叫喷出火成岩）和深成岩（plutonic rock，也叫侵入火成岩）。火山岩是指所有从岩浆喷出的生成物（流动并碎裂的岩屑叫火成岩屑）。深成岩是指在地下已经固化的岩石。

2.1.1 火成岩的结构与构造

（1）火成岩的结构

火成岩的结构是指组成岩石的矿物的结晶程度、颗粒大小、晶体形态、自形程度和矿物之间（包括玻璃）的相互关系。

① 结晶程度 结晶程度是指岩石中结晶质部分和非晶质部分（玻璃）之间的比例。岩石全部由已结晶的矿物组成时，称为全晶质结构；全部由未结晶的玻璃组成时，称为玻璃质结构；介于二者之间时，则称为半晶质结构。

② 岩石中矿物颗粒的大小 矿物颗粒的大小分为绝对大小和相对大小。绝对大小可以区分矿石的显晶质结构（肉眼观察时，基本上能分辨出矿物颗粒）和隐晶质结构。

根据矿物颗粒的相对大小，还可分为等粒、不等粒、斑状和似斑状结构四种。等粒结构指的是在岩石中同种主要矿物颗粒大小大致相等的结构。不等粒结构是岩石中同种主要矿物颗粒大小不等的结构。斑状结构是岩石中矿物颗粒分为大小截然不同的两群：大的称为斑晶，小的及不结晶的玻璃质称为基质，其间没有中等大小的颗粒，可与不等粒结构相区别。似斑状结构是指岩石也同样由两群大小不同的矿物颗粒组成，基质结晶程度较好，为显晶质，与斑晶为同一世代的产物，斑晶一般见不到熔蚀或暗化边。

③ 岩石中矿物的自形程度 自形程度是指组成岩石的矿物的形态特点，分为自形粒状结构、它形粒状结构和半自形粒状结构。它主要取决于矿物的结晶习性，岩浆结晶的物理化学条件，结晶的时间及空间状态等。

④ 岩石中矿物颗粒间的相互关系 包括矿物之间的相互关系和矿物及隐晶质之间的相互关系，亦与岩浆的结晶环境及岩石组成有关。

（2）火成岩的构造

火成岩的构造是指岩石中不同矿物集合体的分布与排列的特点。比较常见的构造类型有以下几种。

① 块状构造　这是由于岩石中的矿物成分均匀分布所造成的一种构造，反映了静止、稳定的结晶作用。

② 斑状构造　这是一种非均一的构造，由于岩石中的矿物成分在结构上或成分上均有差异，特别在颜色和颗粒大小方面极不一致，于是呈现出斑驳陆离的面貌。

③ 带状构造　形成此种构造的原因与斑状构造相同，故本质上应归于斑状构造，只是其斑驳的色调具有定向性的条带而已。

④ 球状构造　一些矿物围绕着某些中心，呈同心层状或放射状生长成球状体而形成的构造，多见于一些花岗岩类岩石中。

⑤ 气孔和杏仁状构造　此种构造常见于火山喷出岩中，当岩浆沿地壳裂隙喷溢于地表，在流动冷凝过程中，所含的挥发物质向外逸散，留下空洞，有圆形、椭圆形及其他不规则的形状，这样，此类喷出岩就具有气孔状构造了。当气孔构造被后来的其他矿物（如沸石、方解石）充填，在暗色岩体上显示出白色或其他浅色的斑体，形似杏仁，故称杏仁状构造。玄武岩类、安山岩类岩石中常见。

⑥ 晶洞构造　侵入于地壳上部的岩浆，停留在某处冷凝过程中，岩体的内部有时会留下空洞，在此空洞周围的洞壁上发育了密集的某些矿物（最多的是石英）的晶体，形态多姿，精美绚丽，称为晶洞构造。

⑦ 枕状构造　基性熔岩有时在水下的火山通道喷溢出来，熔岩遇水淬冷，可形成形似枕状的熔岩体，称为枕状体，这些枕状体被沉积物、火山物质胶结起来，就形成枕状构造。

⑧ 流纹状构造　多见于火山喷出岩。当岩浆流溢于地表，由于其中的矿物具有色调的差异性，在流动过程中，造成条带状构造。

⑨ 柱状节理构造　当火成岩形成时，熔岩在均匀而缓慢冷缩的条件下，可形成被冷缩裂隙分割开的规则多边形长柱，称为柱状节理构造，如玄武岩常以垂直的六边形或多边形的柱状节理发育为特征。

2.1.2　火成岩的成分及分类

地壳中的所有元素在火成岩中均有发现，主要的氧化物为 SiO_2、TiO_2、Al_2O_3、Fe_2O_3、FeO、MnO、MgO、CaO、Na_2O、K_2O、P_2O_5 和 H_2O 等，这些氧化物占火成岩平均化学成分的 98%（表 2-1），也是地球、地幔及地壳的主要组成[2]。

表2-1　地幔、地壳及火成岩的化学成分　　　单位：%

氧化物	地幔	大洋壳	大陆壳	火成岩平均
SiO_2	45.2	49.4	60.3	59.12
TiO_2	0.71	1.4	1.0	1.05
Al_2O_3	3.54	15.4	15.6	15.34
FeO	8.45	10.1	7.2	6.54
MnO	0.14	0.3	0.1	0.12
MgO	37.48	7.6	3.9	3.49
CaO	3.08	12.5	5.8	5.08
Na_2O	0.57	2.6	3.2	3.84
K_2O	0.13	0.3	2.5	3.13
P_2O_5	—	0.2	0.2	0.3

火成岩的平均化学成分虽如上述，但在不同类型的岩石中，各种成分的含量却有很大的出入，如表2-2所示。

表2-2　世界上代表性火成岩的化学成分　　　单位：%

岩石	SiO_2	TiO_2	Al_2O_3	Fe_2O_3	FeO	MnO	MgO	CaO	Na_2O	K_2O	P_2O_5	H_2O^+	H_2O	CO_2
纯橄榄岩	38.29	0.09	1.82	3.59	9.38	0.71	37.94	1.01	0.20	0.08	0.20	4.19	2.25	0.43
二辉橄榄岩	42.52	0.42	0.11	4.80	6.96	0.17	28.37	5.32	0.55	0.25	0.11	1.27	0.03	0.08
斜长岩	50.28	0.64	25.86	0.96	2.47	0.05	2.12	12.48	3.15	0.65	0.09	1.17	0.14	0.14
碧玄岩	44.30	2.51	14.70	3.94	7.50	0.16	8.54	10.19	3.55	1.96	0.74	1.20	0.42	0.18
玄武岩	49.20	1.84	15.74	3.79	7.13	0.20	6.73	9.47	2.91	1.10	0.35	0.95	0.43	0.11
辉长岩	50.14	1.12	15.48	3.01	7.62	0.12	7.59	9.58	2.39	0.93	0.24	0.75	0.11	0.07
粗面玄武岩	49.21	2.40	16.63	3.69	6.18	0.16	5.71	7.90	3.96	2.55	0.59	0.98	0.49	0.10
橄榄粗安岩	50.52	2.09	16.71	4.88	5.86	0.26	3.20	6.14	4.73	2.46	0.75	1.27	0.87	0.15
粗安岩	58.15	1.08	16.70	3.26	3.21	0.16	2.57	4.96	4.35	3.21	0.41	1.25	0.58	0.08
安粗岩	61.25	0.81	16.01	3.28	2.07	0.09	2.22	4.34	3.71	3.87	0.33	1.09	0.58	0.19
安山岩	57.94	0.87	17.02	3.27	4.04	0.14	3.33	6.79	3.48	1.62	0.21	0.83	0.34	0.05
闪长岩	57.48	0.95	16.67	2.50	4.92	0.12	3.71	6.58	3.54	1.76	0.29	1.15	0.21	0.10
英云闪长岩	61.52	0.73	16.48	1.83	3.82	0.08	2.80	5.42	3.63	2.07	0.25	1.04	0.20	0.14
花岗闪长岩	66.09	0.54	15.73	1.38	2.73	0.08	1.74	3.83	3.75	2.73	0.18	0.85	0.19	0.08
流纹岩	72.82	0.28	3.27	1.48	1.11	0.06	0.39	1.14	3.55	4.30	0.07	11.10	0.31	0.08
花岗岩	71.30	0.31	14.32	1.21	1.64	0.05	0.71	1.84	3.68	4.07	0.12	0.64	0.13	0.05
粗面岩	61.21	0.70	16.96	2.99	2.29	0.15	0.93	2.34	5.47	4.98	0.21	1.15	0.47	0.09
正长岩	58.58	0.84	16.64	3.04	3.13	0.13	1.87	3.53	5.24	4.98	0.29	0.99	0.23	0.28
响岩	56.19	0.62	19.04	2.79	2.03	0.17	1.07	2.72	7.79	5.24	0.18	1.57	0.37	0.08

火成岩具有不同的特性，包括流动时的温度，黏度（流动阻力），爆炸性，化学成分以及矿物的类型、数量和大小。由于大部分火成岩呈微晶、隐晶及玻璃

质结构，标本薄片中难以测定其全部矿物，最简单、最有分辨力的一种分类方法是根据岩石的化学成分进行分类[3]。

2.1.2.1 基于二氧化硅含量的分类方法

二氧化硅 SiO_2 是火成岩中最主要的一种氧化物，它的含量有规律的变化是火成岩分类的主要基础。火成岩按 SiO_2 含量（质量分数）分为：超基性岩（< 45%），基性岩（45% ~ 53%），中性岩（53% ~ 63%），酸性岩（> 63%）。

（1）超基性岩（ultrabasic rock）

SiO_2 含量小于 45% 的一大类火成岩。如橄榄岩，金伯利岩等。颜色为深绿或黑色，密度大（3.1 ~ 3.6g/cm³）。特点是：SiO_2 不饱和，$FeO+Fe_2O_3$、MgO 成分较多（达 15% ~ 24%），几乎全由铁镁矿物组成，矿物成分主要为橄榄石、辉石，其次为角闪石、黑云母，一般不含有长石或长石含量极少，绝不含石英。金属矿物常有磁铁矿、铬铁矿。这类矿物地壳中分布极少，仅占火成岩出露面积的0.4%，以深成岩为主，浅成岩和喷出岩中极少发现。

（2）基性岩（basic rock）

SiO_2 含量为 45% ~ 53% 的一大类火成岩，Al_2O_3 含量可达 15%，如辉长岩，辉绿岩，玄武岩等。特点是：SiO_2 含量较超基性岩多，但仍不饱和，CaO、FeO、MgO 含量为 20% 左右，故岩石中含多量的基性斜长岩和深色矿物，不含或含极少量石英。矿物成分主要为辉石和基性斜长岩，其次为橄榄石、角闪石、黑云母。金属矿物常有钛磁铁矿、钛铁矿。颜色较深。这类矿物分布广泛，且喷出岩（如玄武岩）多于深成岩。它们与超基性岩及中性岩均有过渡关系。

（3）中性岩（intermediate rock）

SiO_2 含量为 53% ~ 63% 的一大类火成岩。如闪长岩，安山岩等。特点是：SiO_2 含量达到饱和或近于饱和，Fe_2O_3、FeO、MgO、CaO 的含量较基性岩明显减少，而 K_2O、Na_2O 的含量有所增加（达 5% ~ 6%），所以深色矿物减少而浅色矿物增加，两者含量之比为 1：2。矿物成分中深色矿物以角闪石为主，辉石、黑云母次之，浅色矿物以中性斜长石为主，有时含正长石和极少量石英（质量分数 5% 以下）。这类矿物分布极广，且喷出岩（如安山岩）大大多于深成岩。它们与基性岩及酸性岩都有过渡关系。

（4）酸性岩（acidic rock）

SiO_2 含量大于 63% 的一大类火成岩。如花岗闪长岩等。特点是：SiO_2 含量饱和，Fe_2O_3、FeO、MgO 含量一般低于 2%，CaO 含量低于 3%。浅色矿物大量出现，以石英、钾长石和酸性斜长石为主。暗色矿物含量很少，质量分数大约只占 10%，一般为黑云母。

2.1.2.2　基于全碱 - 二氧化硅含量的分类方法

火成岩的分类还可用国际地质科学联合会（International Union of Geological Sciences，IUGS）火山岩分类委员会推荐的一种分类方法——火山岩全碱 - 二氧化硅分类法（即 TAS 图），此方法基于总碱金属氧化物 $[Na_2O + K_2O]$ 含量与 SiO_2 含量对比来进行分类。我国的国家标准 GB/T 17412.1—1998《岩石分类和命名方案 火成岩岩石分类和命名方案》中对火山岩的分类就是采用全碱 - 二氧化硅分类法（TAS）。

在火山岩的全碱 - 二氧化硅（TAS）图解分类和命名（图 2-1）中：玄武岩的 SiO_2 含量约为 45% ~ 52%；玄武安山岩的 SiO_2 含量约 52% ~ 57%；安山岩的 SiO_2 含量约 57% ~ 63%；英安岩的 SiO_2 含量 > 63%；流纹岩的 SiO_2 含量约 69%。

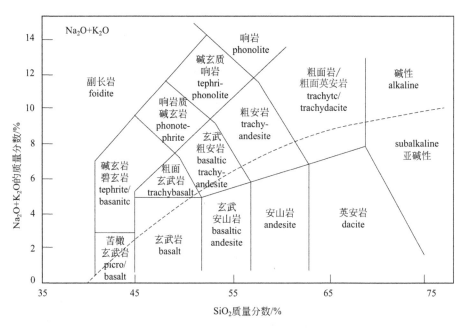

图 2-1　火山岩的全碱 - 二氧化硅（TAS）图解分类和命名 [3]

在 TAS 图中，按照二氧化硅的饱和程度，玄武岩又分为碱性玄武岩（SiO_2 含量不饱和）和亚碱性玄武岩（即拉斑玄武岩，SiO_2 含量饱和或过饱和）。此外，玄武安山岩、安山岩、英安岩都是 SiO_2 饱和。

2.2　连续玄武岩纤维矿石原料中的矿物成分

2.2.1　连续玄武岩纤维原料中的火山岩

用于连续玄武岩纤维原料的常见火成岩种类如下[4-6]。

（1）辉长岩（gabbro）

辉长岩是基性侵入岩的代表。SiO_2 含量 45% ~ 52%；铁镁矿物含量 40% ~ 90%。主要由单斜辉石（普通辉石、透辉石、紫苏辉石等）和富钙斜长石组成。次要矿物有橄榄石、角闪石、黑云母、石英、正长石和铁的氧化物等。一般呈深灰色、黑灰色、灰绿色等颜色。全晶质粗 - 中粒结构，常为辉长结构，块状构造。按所含矿物成分不同分为：辉长岩、长岩、辉长苏长岩、橄榄辉长岩等。常呈小侵入体、岩床、岩株、岩盆、岩盖、岩墙等产出。通常认为系由玄武质岩浆在地下深处结晶而成。密度 2.8 ~ 3.1g/cm³，孔隙度小，抗风化，抗压强度 200 ~ 280MPa。

（2）斜长岩（anorthosite）

斜长岩又名拉长岩（labradoritite），是一种由 90% 或更多基性斜长石（一般为培长石或钙长石）组成的深成岩。暗色矿物（辉石，角闪石、黑云母等）不超过 10%，有时含少量的钾长石、钛磁铁矿、金红石、铁和铜的硫化物。斜长岩呈灰白色及烟灰色等，全晶质半自形粗 - 巨粒结构，块状构造。常与辉长石共生，呈脉状产出或呈独立岩体。斜长岩在大陆和大洋地区都有分布，一般认为是基性岩浆在地下深处分异的产物。

（3）辉绿岩（diabase）

辉绿岩是基性浅成侵入岩。SiO_2 含量为 45% ~ 52%，主要矿物成分为普通辉石和基性斜长石，有时也含橄榄石和磁铁矿。斜长石一般呈自形晶，结晶较早，杂乱排列，其间分布着暗色矿物辉石，这种结构即为辉绿结构；若有斜长石斑晶，则为辉绿玢岩。新鲜的辉绿岩为深灰色或灰绿色等颜色，风化后颜色变浅。全晶质细粒结构，常具有典型的辉绿结构，致密块状构造，有时有气孔或杏仁构造。多呈岩墙、岩床、岩脉产出。通常认为辉绿岩是玄武质岩浆在地下浅处结晶而成，部分辉绿岩则属喷出相。密度 2.8 ~ 3.0g/cm³，抗压强度可达

200MPa，并具有良好的磨光性。

（4）玄武岩（basalt）

玄武岩是分布最广的基性喷出岩。SiO₂含量45%～52%，主要矿物成分为基性斜长石和单斜辉石，其次有斜方辉石、橄榄石、角闪石。辉石常有完整的晶型，呈短柱状；斜长石呈细针状不定向排列。通常呈细粒至隐晶质或玻璃质结构，少数为中粒结构。普遍呈斑状结构、气孔构造和杏仁构造。玄武岩的颜色，常见的多为黑色、黑褐色或暗绿色，风化表面呈红褐色。全晶质-半晶质隐晶至细粒结构，致密块状构造、气孔或杏仁构造。常呈大面积的岩流或岩壳产出，有时也呈岩脉、岩床、岩株、岩盆、岩盖、岩墙等产出。密度2.7～3.3g/cm³，孔隙度1.28%，抗风化，抗压强度可达300MPa，六方柱状解理发育，易于开采，是优良石料。

玄武岩按SiO₂饱和程度和碱性强弱，可分为拉斑玄武岩和碱性玄武岩，其特征见表2-3。

表2-3　拉斑玄武岩和碱性玄武岩的特征

类型	拉斑玄武岩	碱性玄武岩
基质	通常呈细粒状，粒间结构 没有橄榄石 单斜辉石=普通辉石 斜方（紫苏）辉石常见 没有碱性长石 填隙式玻璃和（或）石英常见	通常相当粗，粒间或辉绿结构 橄榄石常见 钛铁普通辉石（红色） 斜方辉石不常见 填隙式碱性长石或似长石可能出现 填隙式玻璃罕见，石英没有
斑晶	橄榄石罕见 斜方辉石不常见 斜长石常见 单斜辉石为灰棕色普通辉石	橄榄石常见 斜方辉石没有 斜长石比较少见 单斜辉石为钛铁普通辉石（红色）

（5）玄武安山岩（basaltic andesite）

玄武安山岩是中性喷出岩。SiO₂含量为52%～57%。既具有安山岩的长石成分，又含有玄武岩中的镁铁质矿物的一种火山岩。呈隐晶质或半隐晶质，结构与安山岩类似。

（6）安山岩（andesite）

安山岩是中性的钙碱性喷出岩。SiO₂含量为57%～63%，98.5%安山岩的SiO₂是过饱和的，出现标准矿物石英（多小于15%）。呈隐晶质或半隐晶质，斑状结构，斑晶主要为斜长石、辉石（普通辉石、紫苏辉石）、角闪石和黑云母，而且斑晶常呈定向排列。基质主要为交织结构及安山结构（玻基交织结构），由斜长石（更长石、中长石为主）微晶、辉石、绿泥石、安山质玻璃等组成，碱性长石、石英少见，仅个别填充于微晶间隙中。

（7）英安岩 (dacite)

英安岩是中酸性喷出岩。英安岩的化学成分和矿物成分介于安山岩和流纹岩之间，通常为玻璃质结构、玻基交织结构或霏细结构，呈斑状结构和流纹状构造。斑晶多为中性斜长石，碱性斜长石较少，有时含少量石英。基质为细粒的长石、石英等。岩石色浅，为灰色或灰白色。英安岩常与流纹岩、粗面岩和安山岩等共生。

（8）流纹岩（rhyolite）

流纹岩是酸性喷出岩的代表。SiO_2 含量大于 69%，其化学成分与花岗岩相同。结晶程度不高，除少数斑晶外，基质多为玻璃质。斑晶主要为钾长石和石英，晶体形状为方形板状，有玻璃光泽和解理。呈斑状结构和流纹状结构，岩石为灰色、粉红色或砖红色。

2.2.2　火山岩中常见的矿物成分

矿物是地壳中的化学元素，经过各种地质作用所形成的，并在一定的条件下相对稳定的单质和化合物，它具有稳定的相界面和结晶习性。矿物具有相对固定的化学组成，呈固态且具有确定的内部结构，它们是具有一定的几何形态、物理性质和化学性质的自然物体。

火山岩矿石中没有独立存在的氧化物（SiO_2、Al_2O_3、Fe_2O_3、CaO 等），而是以矿物成分（或组分）的形式存在[4-6]。

矿物成分的种类和含量决定了连续玄武岩纤维的熔制、成形以及部分物理化学性能。矿物的性能为人们寻找和利用玄武岩矿石提供依据。

（1）橄榄石（olivine）

岛状构造硅酸盐矿物。镁橄榄石和铁橄榄石类质同象系列的中间产物。化学组成为 $(MgFe)_2[SiO_4]$，MgO 含量为 45% ~ 50%，FeO 含量为 8% ~ 20%，SiO_2 含量为 24% ~ 43%，并含微量 Ni、Co、Mn。斜方晶系，晶体大致呈三向等长状，但少见，通常呈粒状集合体。黄绿色，玻璃光泽。解理不完全，硬度 6.5 ~ 7。密度 3.3 ~ 3.5g/cm^3。熔点 1255 ~ 1400℃。不溶于 HCl。粉末溶于浓 H_2SO_4 并生成 SiO_2 胶冻。橄榄石是超基性岩、基性岩的主要矿物成分，在蚀变作用下转变为蛇纹石和菱镁矿。

橄榄石的结构特征是：硅氧四面体以孤立状态存在，硅氧四面体之间没有共用的氧，硅氧四面体由镁离子或铁离子按镁氧四面体或铁氧四面体的方式连接。

① 镁橄榄石（forsterite）。化学组成为 $Mg_2[SiO_4]$，MgO 含量为 57.1%，SiO_2 含量为 42.9%，常含有少量 Fe，微量 Na、K、Al。斜方晶系，晶体少见，常为粒状集合体。无色或白色，淡黄色、淡绿色，透明，玻璃光泽。硬度 7。密度 $3.2g/cm^3$。熔点 1890℃。线膨胀系数为 $12.0 \times 10^{-6}℃^{-1}$（100～1100℃）。不溶于 HCl。粉末溶于浓 H_2SO_4 并生成 SiO_2 胶冻。镁橄榄石多见于接触变质或区域变质的不纯的白云质大理岩中。金伯利岩、玄武岩等火成岩中橄榄石成分，常以镁橄榄石为主。

② 铁橄榄石（fayalite）。化学组成为 $Fe_2[SiO_4]$，FeO 含量为 70.6%，SiO_2 含量为 29.4%，常含微量 Mn、Mg、Zn。斜方晶系，晶体少见，常为粒状集合体。颜色为深黄色、玉绿色或黑色，玻璃光泽。硬度 6～6.5。密度 4～$4.4g/cm^3$。熔点 1205℃。线膨胀系数 $10.2 \times 10^{-6}℃^{-1}$（100～1100℃）。在 HCl 中分解析出 SiO_2 胶冻。铁橄榄石比较罕见，偶尔发现于黑曜岩中。

③ 钙镁橄榄石（monticellite）。化学组成为 $CaMg[SiO_4]$，橄榄石族矿物之一。钙和镁的正硅酸盐 $CaO \cdot MgO \cdot SiO_2$，常简写为 CMS。斜方晶系。密度 3.03～$3.25g/cm^3$。硬度 5.0～5.5。晶体呈柱状、粒状，无色或灰白色。1498℃ 分解熔融。在碱性耐火材料中，当存在一定数量的 CaO 和 SiO_2 时，可形成此种钙镁橄榄石。

（2）辉石（pyroxene）

链状构造硅酸盐矿物。辉石族矿物的总称，化学式为 $R_2[Si_2O_6]$，R 主要代表 Mg、Fe、Ca、Na、Al、Li 等。根据晶系不同可分为两个亚族：正辉石亚族，主要有顽火辉石、古铜辉石和紫苏辉石等。单斜辉石亚族，主要包括透辉石、钙铁辉石、普通辉石、纯钠辉石、锂辉石、硬玉等。类质同象普遍。晶体呈短柱状，其横切面呈近等边的八边形。颜色呈绿色、棕色、褐色，随 Fe 含量的增加而加深，玻璃光泽。硬度 5～6。密度 3.1～$3.6g/cm^3$。在自然界分布很广，主要产于基性侵入岩和喷出岩中，也见于深层变质岩和矽卡岩中。

辉石的结构特征是：硅氧四面体通过共用氧离子连接，在一维方向延伸成立链状，链与链之间通过其他阳离子（如 Ca^{2+}、Mg^{2+} 等）按一定的配位关系连接起来。

① 普通辉石（augite）。化学组成为 $Ca(Mg、Fe、Al)[(Si、Al)_2O_6]$，晶体常呈短柱状，其横切面呈近等边的八边形或假正方形，接触双晶常见。绿褐色或黑褐色，玻璃光泽，平行于（110）面的中等解理。硬度 5～6，密度 3.2～$3.6g/cm^3$，熔点 930～1428℃。常见于各种基性岩中，是玄武岩和辉绿岩铸石的主要组成矿物。

② 透辉石（diopside）。化学组成为 $CaMg[Si_2O_6]$，CaO 含量为 25.9%，MgO 含量为 18.5%，SiO_2 含量为 55.6%。次要组分 Al_2O_3，一般为 1% ~ 3%，可高达 8%；Al^{3+} 可替代 Mg^{2+} 和 Fe^{2+}，也可替代 Si。单斜晶系，晶体呈柱状，浅绿色或暗绿色，玻璃光泽，完全解理。硬度 5.5 ~ 6，密度 3.22 ~ 3.56g/cm³。透辉石开始变形温度 1170℃，软化温度 1280℃，熔融温度 1390℃。

③ 紫苏辉石。化学组成为 $(Mg,Fe)_2[Si_2O_6]$，为顽火辉石 $Mg_2[Si_2O_6]$- 正铁辉石 $Fe_2[Si_2O_6]$ 组成的类质同象系列的一种，$Fe_2[Si_2O_6]$ 含量 30% ~ 50%。正交晶系。斜方双锥晶类，晶体呈短柱状，不规则粒状，常见带状构造。绿黑色或褐黑色。玻璃光泽，完全解理。硬度 5 ~ 6，密度 3.3 ~ 3.6g/cm³。

（3）长石（feldspar）

架状构造硅酸盐矿物。长石族矿物的总称，化学组成 $R[AlSi_3O_8]$，R 主要代表 Na、K、Ca、Ba 等。按化学成分，可分为正长石亚族、斜长石亚族和钡长石亚族。正长石亚族是钾长石和钠长石的连续类质同象系列，包括透长石、钠透长石、正长石、钠正长石、钾微斜长石、钠微斜长石。斜长石亚族是钙长石和钠长石的连续类质同象系列，包括钠长石、更长石、中长石、拉长石、培长石、钙长石。钡长石亚族是钾长石和钡长石的类质同象系列，包括钡冰长石和钡长石。

长石族矿物共同的特点是：颜色浅，折射率低，硬度较高（6.0 ~ 6.5），两个方向的完全解理近于 90°，密度较小（2.5 ~ 2.7g/cm³）等。长石是最重要的造岩矿物，广泛分布在火成岩、沉积岩和变质岩中。富含钾和钠的长石用于陶瓷、玻璃和搪瓷的原料。

长石类结构特征是：四个四面体（硅氧四面体或铝氧四面体）相互共顶形成一个四联环，其中两个四面体的尖顶朝上，另两个尖顶朝下。这样，它们又可以分别与上下的四联环共顶相连，成为曲轴状的链，链与链之间又以桥氧相连，形成三维架状结构。实际晶体结构中，这个链是有些扭曲的。

① 正长石（othoclase）。化学组成 $K[AlSi_3O_8]$。单斜晶系，含钾和钠的长石的总称。包括正长石、微斜长石、条纹长石和钠长石等。在火成岩中，有时以碱性长石与含钙斜长石的含量对比，作为分类的标准。例如，深成岩中，不含石英而碱性长石含量多于含钙斜长石者称正长岩，少于者则称闪长岩。

② 斜长石（plagioclase）。由钠长石 $Na[AlSi_3O_8]$ 和钙长石 $Ca[Al_2Si_2O_8]$ 组成的连续类质同象系列矿物的统称。化学组成 $(100-n)\,Na[AlSi_3O_8]\text{-}n\,Ca[Al_2Si_2O_8]$，其中 $n=0 ~ 100$。此外，往往有微量 $K[AlSi_3O_8]$ 以类质同象混入物存在。按两种组分含量的不同，习惯上把斜长石分为六种，见表 2-4。

表2-4 斜长石的分类

名称	钠长石组分含量/%	钙长石组分含量/%
钠长石	100~90	0~10
奥长石或更长石	90~70	10~30
中长石	70~50	30~50
拉长石或钙钠长石	50~30	50~70
培长石	30~10	70~90
钙长石	10~0	90~100

在火成岩分类时，有时将斜长石中钙长石按组分的含量分为三种：

酸性斜长石　　　0~30%

中性斜长石　　　30%~50%

基性斜长石　　　50%~100%

斜长石属三斜晶系，晶体常呈板状或柱状，聚片双晶常见，集合体呈粒状或块状。白色或灰白色，偶尔呈浅绿色或红色，玻璃光泽。解理平行{010}和{001}完全，解理面交角为86°。硬度6~6.5，密度2.61~2.67g/cm³。折射率从钠长石到钙长石有规律地增高。斜长石大量出现于火成岩中，在变质岩中也分布很广。

（4）石英（quartz）

架状构造硅酸盐矿物。化学组成为SiO_2，晶体属三方晶系的氧化物矿物。纯净的石英无色透明，含杂质为乳白色或无色半透明状，质地坚硬。多呈六方柱体，无解理，贝壳状断口；具玻璃光泽，断口呈油脂光泽。硬度为7，性脆，密度为2.65g/cm³，其化学、热学和力学性能具有明显的异向性。不溶于酸，微溶于KOH溶液，熔点1750℃。具压电性。

石英的结构特征是：每个硅氧四面体的四个角顶，都与相邻的硅氧四面体共顶。硅氧四面体排列成具有三维空间的"架"状结构。

（5）刚玉（corundum）

架状结构硅酸盐矿物。化学组成为Al_2O_3，属于三方晶系，晶形常呈完好的六方柱状或桶装，柱面上常发育斜条纹或横纹，底面上有时可见三角形裂开纹；集合体呈粒状。纯净的刚玉是无色的，当含有不同的微量元素时而呈现不同颜色。抛光表面具亮玻璃光泽或亚金刚光泽。硬度为9，仅次于金刚石。密度为3.99~4.00g/cm³，Cr、Fe等杂质元素含量影响着密度的大小，杂质含量越高，密度越大。熔点高达2000~2030℃。

（6）霞石（nepheline）

架状结构硅酸盐矿物。化学组成$KNa_3[AlSiO_4]_4$，六方晶系，晶体呈六方短柱状、厚板状，集合体呈粒状或致密块状。无色或灰白色，有时因含杂质而呈浅黄色、浅绿色或浅红色，玻璃光泽。贝壳状断口，断口呈典型的油脂光泽。硬度 5.5 ~ 6，密度 2.55 ~ 2.66g/cm³，熔点 1050℃。霞石产于富 Na_2O 而缺少 SiO_2 的碱性岩中，它是在 SiO_2 不饱和的条件下形成，因此在同一岩石中，霞石和石英不能同时出现。

（7）磁铁矿（magnetite）

化学组成 Fe_3O_4，等轴晶系，晶体常呈八面体、十二面体，粒状或块状集合体。颜色为铁黑色，条痕呈黑色，金属光泽或半金属光泽，不透明，无解理。硬度 5.5 ~ 6，密度 4.8 ~ 5.3g/cm³，熔点 1590℃。具有强磁性，氧化后变为赤铁矿或褐铁矿。

（8）钛铁矿（ilmenite）

是铁和钛的氧化物矿物，化学组成 $FeTiO_3$，TiO_2 含量 52.66%。三方晶系，晶体常呈不规则粒状、鳞片状或厚板状，集合体呈块状或粒状。钢灰或铁黑色，条痕为钢灰色或黑色。金属 - 半金属光泽，不透明，无解理。莫氏硬度 5 ~ 6，密度 4.7 ~ 4.78g/cm³，具弱磁性。钛铁矿是提取钛和二氧化钛的主要矿物。在高于 960℃的高温条件下，钛铁矿 $FeTiO_3$ 和赤铁矿 Fe_2O_3 可形成完全固溶体。

2.2.3 矿物的物理性质

每种矿物都有其自身固有的物理性质，这些物理性质从本质上说，是由矿物的化学成分及晶体结构决定的。常用来区分矿物的主要物理性质有颜色、条痕、光泽、透明度、解理、硬度、密度等 [5,6]。

（1）颜色

矿物的颜色是矿物对可见光中的光波选择性吸收的结果。当矿物对各种光波均匀吸收时，因吸收程度不同，矿物呈现出白色、灰色和黑色（全部吸收）。如果矿物选择性吸收不同光波时，则矿物呈现出被吸收光波的颜色。此外，光波多次反射、散射、干涉等物理化学作用，亦能影响矿物的呈色。根据矿物颜色产生的原因不同，可将矿物的颜色分为自色、他色和假色。

① 自色。矿物本身固有的颜色，是由矿物中的色素离子引起的。具有自色的矿物，颜色大体固定不变，具有鉴定意义。如矿物中含有 Mn^{2+}，呈紫色；含有 Fe^{3+}，呈樱红色或褐色等。

② 他色。矿物的颜色是由外来杂质引起的，与矿物本身的化学成分无关。他色随杂质不同而改变，无鉴定意义。

③ 假色。由于矿物表面的薄膜或矿物解理面对光的折射、干涉所引起的。如片状集合体矿物常因光程差引起干涉色，称为晕色，如云母。假色也无鉴定意义。

（2）条痕

条痕是矿物粉末的颜色，一般是将矿物在白色无釉瓷板上刻划后留下的粉末颜色。条痕可消除假色，减弱他色而显示自色，因而比矿物颜色更稳定，是重要的鉴定特征之一。如赤铁矿的颜色可呈铁灰色或钢灰色，但其条痕总为樱红色，由此利用条痕可准确鉴定。不过，浅色矿物的条痕都是白色或近于白色，难以作为鉴定矿物的依据。

（3）光泽

光泽是指矿物表面对光的反射能力，其强弱取决于矿物反射率、折射率或吸收系数。按照反射光的强弱，光泽分为金属光泽、半金属光泽、非金属光泽等。

① 金属光泽。呈金属般的光亮，矿物表面反光极强，类似于金属磨光面的反射光。

② 半金属光泽。较金属光泽稍弱，光线暗淡，不透明。

③ 非金属光泽。是一种不具金属感的光泽。又可分为以下几种。

a. 金刚光泽。如金刚石、闪锌矿等。

b. 玻璃光泽。如水晶、萤石、方解石等。

c. 脂肪光泽。如石英断面上的光泽。

d. 珍珠光泽。如白云母等。

e. 丝绢光泽。如石棉及纤维石膏等。

f. 土状光泽。如高岭石等。

（4）透明度

矿物透明度是指矿物可以透过可见光的程度，取决于矿物的化学成分和内部构造。矿物薄片（厚0.03mm）能清晰透视其他物体的矿物为透明，能通过光线，但不能清晰透视其他物体者为半透明；光线完全不能通过者为不透明。

（5）解理

矿物受外力（敲打、挤压）作用后，沿着一定结晶方向裂开成平滑光面的特征为解理。规则的破裂面称为解理面。如未产生破裂而只是出现裂纹，称为解理纹。解理是由晶体内部构造所决定的。不同矿物，解理数目、完善程度和解理交角都不一样，所以解理具有鉴定意义。根据解理产生的难易和完善程度将解理分为五个等级。

① 极完全解理。矿物在外力作用下极易裂成薄片，解理面发育完好、较大

而平整光滑，如云母、石墨等。

②完全解理。解理面显著，光滑，如方解石、石盐等。

③中等解理。解理面清楚，不太光滑且不连续，常呈现小阶梯状，如普通角闪石、普通辉石等。

④不完全解理。不易裂出解理面，出现的解理面小而不平整，如磷灰石等。

⑤极不完全解理（无解理）。矿物受外力后，破裂呈不规则、不平整的断面，一般称为无解理，如石英、磁铁矿等。

（6）断口

断口是矿物受力后，发生的随机的无方向性的断裂，并露出凹凸不平的表面。断口和解理互为消长，解理程度越高，断口越难出现。常见的断口类型可分为贝壳状断口、锯齿状断口、参差状断口、平坦状断口等。其中最常见的是在石英、火山玻璃上出现的具同心圆纹的贝壳状断口。

（7）硬度

矿物的硬度是矿物抵抗外来刻划、压入、研磨等机械作用的能力。1822年莫斯（Mohs）发明了一套硬度标准，提出用10种矿物来衡量物体相对硬度，即莫氏硬度，由软至硬分为10级（表2-5）。莫氏硬度只代表矿物硬度的相对等级，而不是硬度的绝对数值。

表2-5 莫氏硬度计矿物顺序表

硬度等级	1	2	3	4	5	6	7	8	9	10
矿物名称	滑石	石膏	方解石	萤石	磷灰石	正长石	石英	黄玉	刚玉	金刚石

（8）密度

密度是纯净的单矿物在空气中的质量与同体积的水在4℃时的质量之比。密度是矿物的重要物理参数，它反映了矿物的化学成分和晶体结构。矿物的化学成分中若含有原子量大的元素或者矿物的内部构造中原子或离子堆积比较紧密，则密度较小；反之则密度较大。

矿物还有其他的物理性质，如弹性和挠性、脆性和延展性、电性、磁性、发光性等。此处不一一阐述。

2.2.4 矿物的结构

化学成分和晶体结构是每种矿物的基本特征，是决定矿物形态和物理性质以及成因的根本因素，是矿物分类的依据，矿物的利用也与它们密不可分。岩石的化学成分将在 2.3 节详细介绍，这里不做赘述。本小节主要介绍矿物的晶体结构 [7]。

玄武岩中的主要矿物为硅酸盐矿物，硅酸盐矿物是金属阳离子与硅酸盐结合形成的矿物。分布极广，种类有 800 种以上，占已知矿物的 1/4 左右；它是火山岩、变质岩和许多沉积岩的主要造岩矿物，构成地壳总重量的 75% 左右。

硅酸盐矿物的基本构造单元是硅氧四面体 [SiO_4]，硅氧四面体在构造中可以单独存在，或者互相以共用一个、两个、三个、四个角顶，以形成一系列不同的硅氧四面体空间形式，构成诸如岛状构造、环状构造、链状构造、层状构造、架状构造硅酸盐矿物等。见表 2-6 及图 2-2。

表2-6 硅酸盐晶体的结构类型 [7]

结构类型	[SiO_4]$^{4-}$ 共用 O^{2-} 数	形状	络阴离子	Si/O	实例
岛状	0	四面体	[SiO_4]$^{4-}$	1:4	镁橄榄石
组群状	1	双四面体	[Si_2O_7]$^{6-}$	2:7	硅钙石
	2	三元环	[Si_3O_9]$^{6-}$	1:3	蓝锥矿
		四元环	[Si_4O_{12}]$^{8-}$	1:3	斧石
		六元环	[Si_6O_{18}]$^{12-}$	1:3	绿宝石
链状	2	单链	[Si_2O_6]$^{4-}$	1:3	透辉石
	2,3	双链	[Si_4O_{11}]$^{6-}$	4:11	透闪石
层状	3	平面层	[Si_4O_{10}]$^{4-}$	2:5	滑石
架状	4	骨架	[SiO_2]	1:2	石英
			[$AlSi_3O_8$]$^-$		钾长石
			[$AlSiO_4$]$^-$		方钠石

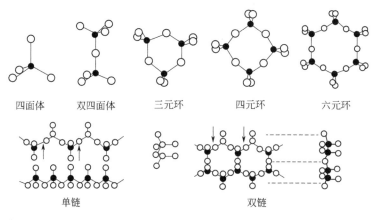

四面体　　双四面体　　　三元环　　　　四元环　　　　六元环

单链　　　　　　　　　双链

图2-2 硅酸盐晶体的结构形状 [7]

（1）岛状构造硅酸盐矿物（nesosilicate minerals）

晶体结构中的硅氧四面体以孤立状态存在，硅氧四面体之间没有共用氧。络阴离子为单个硅氧四面体 $[SiO_4]^{4-}$，各硅氧四面体之间则由金属阳离子（主要是 Mg^{2+}、Fe^{2+}、Ca^{2+}、Al^{3+}、Fe^{3+} 等）相连。如橄榄石 $(MgFe)_2[SiO_4]$。这类矿物，由于晶格中离子排列紧密，所以一般密度较大，硬度较高。

（2）环状构造硅酸盐矿物（cyclosilicate minerals）

以两个、三个、四个或六个硅氧四面体，通过共用氧相连而成的硅氧四面体群体。其络阴离子是由若干个硅氧四面体通过共用部分角顶（通常为 1/2 的角顶）连接成封闭环，如三元环 $[Si_3O_9]^{6-}$、四元环 $[Si_4O_{12}]^{8-}$、六元环 $[Si_6O_{18}]^{12-}$ 及双层六元环 $[Si_{12}O_{30}]^{12-}$ 等，各硅氧四面体之间则由金属阳离子相连。如绿柱石 $Be_3Al_2[Si_6O_{18}]$。这类矿物一般呈柱状晶形，染成各种颜色、解理差、硬度高，因为环状结构并不紧密，因而密度较低。

（3）链状构造硅酸盐矿物（inosilicate minerals）

氧四面体通过共用氧相连，在一维方向延伸成立链状。各个硅氧四面体之间通过共用半数角顶的方式互相连接而组成一维无限延伸的硅氧四面体单链，或者由两个平行的单链再通过共用某些角顶连接成一维无限延伸的硅氧四面体双链，链与链之间则由金属阳离子（主要是 Mg^{2+}、Fe^{2+}、Ca^{2+}、Na^+、Al^{3+} 等）相连。如透辉石 $CaMg[Si_2O_6]$（单链），透闪石 $Ca_2Mg_2[Si_4O_{11}]_2$（双链）。这类矿物一般呈柱状或针状晶形，多为深色，平行链方向的解理较发育，硬度较高，密度低于岛状硅酸盐而高于其他构造的硅酸盐。

（4）层状构造硅酸盐矿物（phyllosilicate minerals）

硅氧四面体通过三个共用氧在二维平面内延伸成一个硅氧四面体层。各个硅氧四面体之间通过共用大部分角顶（通常是 3/4 的角顶）的方式互相连接而组成二维无限延伸的硅氧四面体层。在层中，未被共用的硅氧四面体角顶上的氧还有多余的负电荷，从而与金属阳离子（主要是 Mg^{2+}、Al^{3+}、Fe^{2+}、K^+、Li^+ 等）结合而成硅酸盐。有时，部分硅氧四面体还可以被铝氧四面体所置换。此外，一般还含有附加阴离子 $(OH)^-$。

（5）架状构造硅酸盐矿物（tectosilicate minerals）

每个硅氧四面体以其全部的四个角顶与周围的硅氧四面体相连，组成三维无限连续的硅氧四面体架状结构。其中硅与氧原子数之比为 $1:2$，电荷平衡，如石英 SiO_2。但实际总是有为数不超过一半的铝氧四面体成类质同象置换硅氧四面体，从而产生多余的负电荷得以与金属阳离子（主要是 K^+、Na^+、Ca^{2+}、Ba^{2+} 等）结合而形成硅酸盐，如正长石 $K[AlSi_3O_8]$。这类矿物一般呈蓝浅色，硬度较高，密度偏低。

2.2.5 矿物的鉴定方法

连续玄武岩纤维规模化生产，需确切地知道和控制玄武岩原料矿物成分的种类及含量。

矿物的鉴定方法分三种：第一种方法是根据矿物的外形和物理性质用肉眼来鉴定矿物，多用于野外鉴定，也是看样品的初步鉴定[5]，此方法确定不了矿物的化学成分和矿物成分。第二种方式是仪器鉴定法，在实验室通过一定的仪器和药品进行分析和鉴定，可以确定矿物成分和化学成分。第三种是 CIPW Norm 计算法，岩相仪器很难直接测定含有玻璃质和（或）特别细小晶体的玄武岩这类火成岩的矿物成分，此时可通过 CIPW Norm 计算方法计算岩石的矿物种类及含量。

2.2.5.1 肉眼鉴定法 [5,6]

（1）矿物的结晶形态

矿物的外形是多种多样的，根据它们的构造特点可分为晶体和非晶体，晶体往往具有规则的几何形状，常见的有六面体、八面体、六棱柱状、板状、块状、锥状，如黄铁矿常成良好的六面体、五角十二面体，而黄铜矿则常成致密块状。还有各种复杂的或互相复合在一起的几何形态，如食盐、萤石、方解石、磁铁矿、水晶石等。自然界中矿物通常不以单独晶体存在，常见的是集合体。当同类矿物互相集合在一起形成矿物集合体时，常会呈现出另一种形态，如石棉本身是针状，它的集合体则呈纤维状，像丝绵一样。许多矿物由于晶体内部构造方面的原因，常常不易形成规则的晶形，不过当它们以细小晶粒或非晶体集合时，也常呈现一定的形态，如赤铁矿呈鱼子状或肾状；褐铁矿常呈土状或蜂巢状。

（2）矿物颜色

矿物丰富多彩的颜色，是认识矿物的很好标志。有些矿物直接以颜色命名，如赤铁矿、褐铁矿、黄金、黄铜矿、石墨等。有些矿物本身无色，因混入了一些不同的杂质便具有了不同的颜色。如红、绿宝石，它们本身都是刚玉，无色，但当它们混入了一些镉时便呈红色，混入一些钛时便呈绿色；玛瑙本身无色，因混入杂质而颜色美丽。

（3）条痕

矿物的条痕就是矿物粉末的颜色，把矿物敲开的新鲜面往瓷板上一划，就可出现条痕。不过矿物条痕的颜色与矿物原有颜色并不一定一样。如赤铁矿原为红褐色，条痕却为樱桃红色。有些矿物颜色几乎是一样的，如黄铁矿、黄铜矿和金都是黄色的，故有人常误把黄铜矿当作金子，但只要一试条痕，其真相即可大白。黄铜矿和黄铁矿的条痕都是墨绿色，而金子的条痕是金黄色的。用条痕来判别矿物比单从矿物表面的颜色来认识矿物更有效、更可靠。

（4）矿物的光泽

各种矿物对光的反射和吸收不同，因而新鲜表面可以显示不同的光泽，即矿物表面的光亮程度。常见的光泽可以分为两大类：一类是金属光泽，另一类是非金属光泽，如玻璃光泽、丝绢光泽、油脂光泽、金刚光泽等。用观察光泽的办法可以区分某些相似矿物，如黄铁矿和硫黄，其颜色都是黄色的，但黄铁矿具有明显金属光泽，而硫黄则具有非金属光泽。

（5）矿物的透明度

有的矿物像玻璃一样，能透过光线，叫透明矿物，如水晶等；有些矿物只有边缘部分能透过少许光线，叫半透明矿物，如白云石等；有些矿物一点光线也不能透过，叫不透明矿物。透明度不仅是鉴定矿物的一种标志，而且对矿物的价值也有很大影响，各类宝石差不多都是透明或半透明矿物。

（6）矿物的硬度

矿物抵抗外界刻划的能力叫硬度。不同的矿物有不用的硬度。国际上常用莫氏硬度级别来表示矿物的硬度。莫氏硬度有 10 个级别，各级别的标准矿物见表 2-5。

在没有标准矿物的情况下，通常可用指甲（2.5 级）、铜币（4.5 级）、小刀（5.5 级）、玻璃（7 级左右）、钢钉（6.5 级）等东西来替代。若指甲能划动矿物，其硬度就小于 2.5 级，反之，则大于 2.5 级。将这些物品的硬度记住，在野外考察时是很有用处的。

（7）矿物的相对密度

大多数非金属矿物相对密度小于 4，如石英、闪锌矿等；金属矿物相对密度较大，在 4～6 之间，如黄铁矿；少数极大，在 7 以上，如黑钨矿等。根据相对密度，可把矿物分成四类：一是轻矿物，相对密度小于 2.5，如石英；二是中等矿物，相对密度在 2.5～4 之间，如闪锌矿；三是重矿物，相对密度在 4～7 之间，如黄铁矿；四是极重矿物，相对密度大于 7。

（8）其他性质

矿物除可以根据上述物理性质鉴定外，对于有些矿物还可以根据它特有的物理化学性质来进行鉴别，如：磁铁矿有磁性，闪锌矿具有脆性，云母具有弹性，盐有咸味，滑石有滑腻感，石墨能染手，石棉具有阻燃性，萤石有发光性，方解石、白云石滴酸后有气泡，磷灰石燃烧会发出美丽的火焰，金、银、铜有延展性等。总之，只要平时注意积累各种矿物的特征知识，用上述简易方法来鉴定一般常见矿物是能够做到的。

2.2.5.2 仪器鉴定法[8]

（1）偏光显微镜和反光显微镜鉴定法

偏光显微镜是目前鉴定矿物晶体和岩石显微结构最简便、快捷、有效的工具。偏光显微镜是将普通光改为偏振光，来鉴别某一物质是单折射（各向同性）还是双折射性（各向异性）。双折射性是晶体的基本特性。通过偏光显微镜观察矿物的颜色、晶体、解理、双晶、光泽、断口特征和硬度以及矿物的自行程度、绝对粒度大小等矿物的物理性质来确定岩石中的矿物成分。偏光显微镜被广泛地应用在矿物、高分子、纤维、玻璃、半导体、化学等领域。

反光显微镜是金相显微镜与矿相显微镜的总称，它是利用试样的光洁表面对光线反射来研究材料的显微结构特征。主要是用来研究不透明或透明度低的矿物，如赤铁矿、钛铁矿、黄铁矿、菱铁矿、闪锌石等。

单偏光显微镜和正交偏光镜检测的玄武岩的矿物晶体主要为斜长石和辉石，见图 2-3。图 2-3 中有部分正低突起，自形至半自形结构，颗粒大小为 0.1 ~ 0.5mm，具有卡式双晶或卡钠复合双晶，为斜长石；而部分地方正高突起，半自形至他形晶结构，短柱状，属于辉石结构。

（2）X 射线衍射鉴定法

X 射线衍射（X-ray diffraction，XRD）是利用 X 射线在晶体中的衍射现象来分析材料的晶体结构、晶体参数、晶体缺陷（位错等）、不同结构组织的含量及内应力的方法。将具有一定波长的 X 射线照射到结晶性物质上时，X 射线因在结晶内遇到规则排列的原子或离子而发生散射，散射的 X 射线在某些方向上相位得到加强，从而显示与结晶结构相对应的特有的衍射现象。X 射线衍射方法可以对矿石进行物相的定性及其含量的半定量分析。

每一种结晶物质都具有特定的晶体结构类型，有着不同的 X 射线衍射花样。物相的定性分析，方法是将实测试样的衍射花样与标准谱图库中已知物质的衍射花样相比对，根据峰位、相对强度、样品结构等信息鉴定物相。对于相分析比较复杂的混合物，必要时要进行样品的分离、重结晶等预处理。物相的定量分析方法，每个物相的特征衍射线的强度与样品中相应物相参与衍射的晶胞数目成正比，利用这一原理可以对固体中的物相组成进行定量分析。

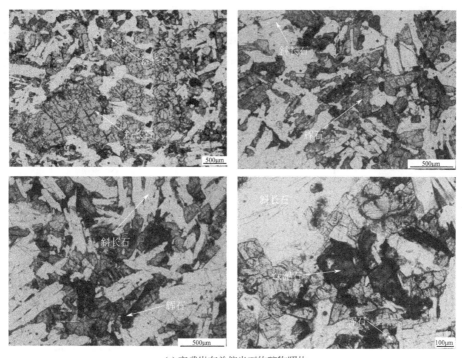

(a) 玄武岩在单偏光下的矿物照片

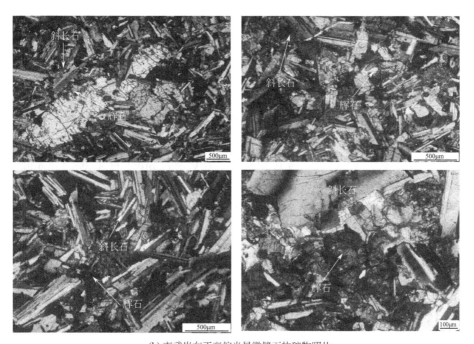

(b) 玄武岩在正交偏光显微镜下的矿物照片

图 2-3　玄武岩的矿物照片

物相的含量通常在图谱解析中完成后，由计算机拟合出各物相组分的半定量结果。深入的定量研究需视具体情况而定，借助其他方法进行分析。图 2-4 是某种玄武岩的 XRD 衍射光谱，玄武岩矿石中主要含斜长石、正长石、石英、透辉石、磁铁矿等[9]。

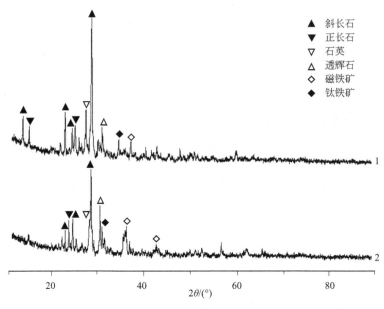

图 2-4　玄武岩的 XRD 衍射图

1—山东玄武岩；2—河北玄武岩

（3）CIPW Norm 计算法

对于玄武岩这类火成岩来说，由于岩石里面含有玻璃质和（或）特别细小的晶体，很难用岩相仪器直接测定其矿物成分（这种实测方法的结果叫 Mode）。1931 年，岩石学家 W. Cross、J.P. Iddings、L.V. Pirsson 和 H.S. Washington 设计了一种直接从岩石的氧化物成分化学分析结果计算其矿物成分的方法，这种方法简称为 CIPW 方法[10]。根据 CIPW 计算得到的是标准矿物（Norm 矿物）组分。Norm 矿物可以理解为岩石在完全干燥而平衡的条件下冷却时可能结晶出的矿物，所以 Norm 矿物与实际生成状态下的岩石成分（Mode 矿物）存在差异。但是，Norm 矿物集合体很大程度是基于真实实际。CIPW 计算在讨论细粒或玻璃质的岩石时具有实用性，它把天然岩石和试验系统有机地联系在一起。

CIPW Norm 是质量标准，通过化学成分的种类和质量分数进行计算，最终的计算结果用标准矿物或潜在矿物表示。

表 2-7 列出了 CIPW Norm 矿物以及其分子式。一般玄武岩中的矿物成分为

石英、长石、辉石、橄榄石、赤铁矿、磁铁矿、磷灰石等。表2-8是根据CIPW Norm方法计算的几种玄武岩的矿物成分示例。

表2-7 CIPW Norm矿物及其分子式

矿物名称		分子式
石英（q）		SiO_2
正长石（or）		$K_2O \cdot Al_2O_3 \cdot 6SiO_2$
斜长石（pl）	钠长石（ab）	$Na_2O \cdot Al_2O_3 \cdot SiO_2$
	钙长石（an）	$CaO \cdot Al_2O_3 \cdot 2SiO_2$
白榴石（lc）		$K_2O \cdot Al_2O_3 \cdot 4SiO_2$
霞石（ne）		$K_2O \cdot Al_2O_3 \cdot 2SiO_2$
钾霞石（ks）		$K_2O \cdot Al_2O_3 \cdot 2SiO_2$
透辉石（di）		$CaO \cdot (Mg, Fe)O \cdot 2SiO_2$
硅灰石（wo）		$CaO \cdot SiO_2$
紫苏辉石（hy）	顽辉石（en）	$MgO \cdot SiO_2$
	铁辉石（fs）	$FeO \cdot SiO_2$
橄榄石（ol）	镁橄榄石（fo）	$2MgO \cdot SiO_2$
	铁橄榄石（fa）	$2FeO \cdot SiO_2$
磁铁矿（mt）		$FeO \cdot Fe_2O_3$
钛铁矿（il）		$FeO \cdot TiO_2$
磷灰石（ap）		$3(3CaO \cdot P_2O_5) \cdot CaF_2$

表2-8 CIPW Norm法计算的几种玄武岩的矿物成分示例　　　单位：%

矿物成分	安山岩	玄武安山岩	拉斑玄武岩	碱性玄武岩
石英	16.26	2.26	8.50	0
正长石	15.25	3.846	5.90	13.0
斜长石	46.27	54.50	52.06	19.34
钙长石	18.60	19.05	22.53	8.60
钠长石	27.67	35.45	29.53	10.74
刚玉	1.86	0	0	0
霞石	0	0	0	24.44
透辉石	0	14.46	3.29	23.03
紫苏辉石	7.38	14.78	14.17	0
橄榄石	0	0	0	5.96
磁铁矿	5.60	2.61	4.03	2.45
钛铁矿	2.20	2.73	4.56	0
赤铁矿	0	0	0	7.44
榍石	0	0	0	4.68
其他	5.17	4.80	7.49	−0.35

2.3 连续玄武岩纤维矿石原料的化学成分

玄武岩的化学成分和矿物成分决定了连续玄武岩纤维的物理化学性能、工艺特性以及生产成本。矿物成分决定了火成岩的熔化难易、有无难熔物质、均化和均质难易以及熔体的析晶性能，部分决定了纤维的物理化学性能。玄武岩熔体在足够均化和均质的情况下，连续玄武岩纤维的物理化学性能取决于玄武岩熔体的主要化学成分。了解玄武岩的化学成分，不仅可以正确选择适于生产连续玄武岩纤维的岩石，还可以优化生产工艺过程、降低生产成本，设计和生产不同性能的连续玄武岩纤维。

2.3.1 化学成分

玄武岩的主要化学成分为：二氧化硅（SiO_2）、三氧化二铝（Al_2O_3）、氧化铁（Fe_2O_3）、氧化亚铁（FeO）、氧化镁（MgO）、氧化钙（CaO）、氧化钠（Na_2O）、氧化钾（K_2O）、氧化钛（TiO_2）等。其中 SiO_2 的含量最多，含量大于 45%；其次是 Al_2O_3，其含量大约是 12% ~ 19%；CaO、MgO、Fe_2O_3、FeO 含量相近，一般低于 10%；其他氧化物含量小于 5%。不同地区的玄武岩的化学成分不尽相同，表 2-9 为一些常用于生产连续玄武岩纤维的玄武岩化学成分示例。其中 TFe_2O_3 表示 Fe_2O_3 和 FeO 的总含量。

表 2-9　玄武岩的化学成分示例　　　　　　单位：%

玄武岩品种	SiO_2	Al_2O_3	TiO_2	TFe_2O_3	CaO	MgO	Na_2O+K_2O	其他
碱性玄武岩1	47.09	16.13	2.05	10.11	8.14	7.94	8.16	0.39
碱性玄武岩2	50.71	14.84	2.04	9.64	8.04	7.3	5.72	1.71
拉斑玄武岩1	49.64	13.18	2.1	10.41	8.61	5.6	2.99	7.47
拉斑玄武岩2	50.0	16.25	0.65	14.55	5.0	9.35	2.75	1.7
拉斑玄武岩3	51.79	16.54	1.63	8.87	8.37	5.25	3.19	4.36
拉斑玄武岩4	52.1	15.07	0.9	10.45	10.42	6.56	3.12	1.4
玄武安山岩1	53.06	14.58	1.44	8.43	7.42	5.43	4.84	4.8
玄武安山岩2	55.2	15.6	0.9	7.85	9.42	6.51	4.12	0.4
安山岩	57.5	16.85	1.16	7.08	3.75	2.64	5.85	5.17

2.3.2 化学成分在玄武岩玻璃网络中的作用

按照元素与氧结合的键能大小和能否生成玄武岩玻璃，将氧化物分为：玻璃网络形成体氧化物、玻璃网络外体氧化物、玻璃网络中间体氧化物三大类[11,12]。

（1）玻璃网络形成体氧化物

这类氧化物能够单独形成玻璃，形成紧密的玻璃网络结构，如 SiO_2、B_2O_3。F—O 键（F 代表网络形成离子）是共价、离子混合键，阳离子（F）的配位数是 3 或 4，阴离子 O^{2-} 的配位数为 2。配位四面体或三面体一般以角顶相连。

（2）玻璃网络外体氧化物

这类氧化物不能形成玻璃，一般处于网络之外，如 CaO、Na_2O、K_2O、TiO_2 等。它们能改变网络结构，从而使玄武岩玻璃性质改变。M—O 键（M 代表网络外体离子），主要是离子键，电场强度较小。因 M—O 键的离子性强，其中 O^{2-} 易于摆脱阳离子的束缚，是"游离氧"的提供者，起断网作用；其氧离子（特别是高电荷的氧离子）又是断键的积聚者。当阳离子 M 的电场强度小时，断网作用是主要方面；当阳离子 M 的电场强度大时，集聚作用是主要方面。

（3）玻璃网络中间体氧化物

这类氧化物一般不能形成玻璃，其作用介于玻璃的网络形成体和网络变性体之间，如 Al_2O_3、TeO_2、Bi_2O_3 等。I—O 键（I 代表网络中间体离子）具有一定的共价性，但离子键占主要。阳离子的配位数一般为 6，但在夺取"游离氧"后配位数变为 4。当配位数≥6 时，阳离子处于网络之外，起断网作用，与玻璃网络外体离子作用相似；当配位数为 4 时，能参与网络，与玻璃网络生成体的作用相似。

2.3.3 化学成分在连续玄武岩纤维中的作用

（1）二氧化硅的作用

SiO_2 是构成玄武岩玻璃的主要氧化物，在玄武岩玻璃中主要为 4 配位状态，以硅氧四面体 $[SiO_4]$ 的形式存在。在硅酸盐玄武岩玻璃中，硅氧四面体 $[SiO_4]$ 以角顶相连构成三维架状网络结构。SiO_2 在硅酸盐玻璃中的结构状态对玄武岩的性能起决定性作用，SiO_2 含量高，则玄武岩玻璃中三维架状网络连接紧密，玄武岩玻璃黏度大，熔融温度高，强度高，热膨胀系数小，耐热性好、化学稳定性好等。

（2）氧化铝的作用

Al^{3+} 在硅酸盐矿物和硅酸盐玻璃中有两种配位状态（4配位或6配位），即铝氧四面体 $[AlO_4]$ 或铝氧八面体 $[AlO_6]$。在硅酸盐玻璃中，若组分中 $R_2O+RO/Al_2O_3 > 1$，Al^{3+} 被认为位于铝氧四面体 $[AlO_4]$ 中，是网络形成离子；若组分中 $R_2O+RO/Al_2O_3 < 1$，Al^{3+} 被认为是网络外体离子，位于铝氧八面体 $[AlO_6]$ 中。当 Al^{3+} 位于铝氧四面体 $[AlO_4]$ 中，与硅氧四面体形成统一的三维架状网络结构时，Al^{3+} 夺取非桥氧形成铝氧四面体进入硅氧网络之中，把断网—Si—O—Na^+—O—Si—重新连接起来，使玻璃网络结构趋于紧密。因此—Si—O—Al—O—Si—的形成是 Al_2O_3 改进硅酸盐玻璃一系列性能的主要原因。Al_2O_3 能降低玻璃的析晶倾向，提高玻璃的化学稳定性、热稳定性、强度、硬度、折射率和黏度等。不过，尽管 Al_2O_3 能改善玻璃的许多性能，但对于玻璃的电学性质有不良的作用，在硅酸盐玻璃中，当 Al_2O_3 取代 SiO_2 时，介电损耗和电导率不是下降，而是上升。

（3）氧化钙的作用

Ca^{2+} 属网络外体离子，不参与硅酸盐玻璃网络，其配位数一般为6。Ca^{2+} 在硅酸盐玻璃结构中活动性很小，一般不易从玻璃中析出，但在高温时活动性较大。CaO 中的 Ca^{2+} 有极化桥氧和减弱硅氧键的作用，在高温时，能降低玻璃的黏度，促进玻璃的熔化和澄清；但当温度降低时，黏度增加得很快，使纤维成形困难，这可能与 Ca^{2+} 对玻璃网络结构的集聚作用有关。过多的 CaO 能降低玄武岩纤维的化学稳定性、硬度、机械强度，并使玄武岩玻璃的析晶倾向增大，介电性能恶化。

（4）氧化镁的作用

Mg^{2+} 在硅酸盐矿物和硅酸盐玻璃中存在两种配位状态，即4配位或6配位，但大多数是位于八面体中，属网络外体离子。只有当碱金属氧化物含量较多，且不存在 Al_2O_3、B_2O_3 等氧化物时，Mg^{2+} 才有可能处于四面体中，以 $[MgO_4]$ 进入玻璃网络。玻璃中以低于3.5%的 MgO 代替部分 CaO，可以使玻璃的硬化速度变慢，改善玻璃的成形性能。MgO 能降低析晶倾向和析晶速度，增加玻璃的高温黏度，提高玻璃的化学稳定性和机械强度。

（5）碱金属氧化物的作用

在硅酸盐玻璃中，碱金属氧化物可促使硅氧四面体 $[SiO_4]$ 连接断裂，出现非桥氧，使玻璃网络结构疏松、减弱，导致一系列性能变坏。如热膨胀系数上升、电导率、介电损耗、弹性模量、硬度、强度、化学稳定性下降，以及黏度、熔融温度显著降低、析晶倾向增大。

Na$_2$O、K$_2$O是玻璃中常用的碱金属氧化物。K$^+$和Na$^+$同属惰性气体型离子，他们对玻璃的物理化学性能和工艺性能方面的作用比较类似。其中K$^+$半径较大，场强小，与氧的结合力较弱，故K$_2$O给出游离氧的能力最大，Na$_2$O次之。

碱金属氧化物具有"混合碱效应"，在二元碱硅玻璃中，当玻璃中碱金属氧化物的总量不变，用一种碱金属氧化物逐步取代另一种时，玻璃的性能不是呈直线变化，而是出现明显的极值。这一效应叫做混合碱效应。

（6）氧化铁的作用

铁属于过渡元素，是着色物质。一般认为，在硅酸盐玻璃中，铁以Fe^{2+}和Fe^{3+}形式同时存在。当氧化还原条件不同时，它们的比例会随之变化。氧化铁影响玻璃的透热性和传热系数、黏度、析晶性能以及润湿性，并且会提高其纤维的使用温度和化学稳定性。

FeO提高玻璃的黏度，Fe$_2$O$_3$降低黏度。玻璃中FeO的着色强度比Fe$_2$O$_3$高15倍，FeO含量增加，会使玻璃的透热性变差，从而使玄武岩玻璃外层硬化速度大大增加而内层硬化速度降低。把Fe^{2+}转化为Fe^{3+}，可以降低玄武岩熔体的着色强度（黑度），提高熔体的传热性，从而影响熔体的黏度。不过，Fe^{3+}促使晶核生长速率和晶体生长速率较大，玄武岩玻璃的析晶能力随着Fe$_2$O$_3$含量的增加而增大。

另外Fe^{2+}和Fe^{3+}各自有其特定的光谱特性。Fe^{2+}和Fe^{3+}具有吸收紫外线和红外线的特性。玻璃的颜色取决于二者之间的平衡状态。着色强度取决于铁的含量，Fe^{3+}将玻璃着成黄色，Fe^{2+}将玻璃着成蓝绿色。

（7）氧化钛的作用

钛属于过渡元素，是着色物质。在硅酸盐玻璃中，钛常以Ti^{4+}状态存在。它一般位于八面体中，是网络外体离子。在某些高碱玻璃中，有可能位于四面体中而进入玻璃网络，特别在高温条件下。TiO$_2$能提高玻璃的折射率、密度和电阻率，在一定范围内，能降低热膨胀系数，提高耐酸性。Ti^{4+}容易在玻璃结构中产生局部积聚作用，增大玻璃的析晶倾向。TiO$_2$是微晶玻璃的常用成核剂之一。

Ti^{4+}强力吸收紫外线，吸收带进入可见区的紫蓝光部分，使玻璃产生棕黄色。钛有加强过渡元素着色的作用，有人认为是Ti^{4+}的场强大，对周围离子产生强烈极化，因为影响到临近着色离子的配位状态，而加深其着色。

（8）氧化锰的作用

锰也属于过渡元素，是着色物质。一般以Mn^{2+}和Mn^{3+}状态存在于玻璃中，而在氧化条件下多以 Mn^{3+} 存在,使玻璃产生深紫色。氧化愈强,着色越深。在还原条件下,则以 Mn^{2+} 状态存在,着色很弱,近乎于无色。

铁、钛、锰等过渡金属元素,在玻璃中以离子状态存在,它们的价电子在不同能级间跃迁,以此引起对可见光的选择性吸收,导致着色。玻璃的光谱特征和颜色主要取决于离子的价态、配位体的电场强度和对称性。

（9）五氧化二磷的作用

P_2O_5 能形成玻璃,基本结构单元是磷氧四面体 $[PO_4]$,每一个磷氧四面体中有一个带双键的氧。由于带双键的磷氧四面体不对称,因此其黏度小,化学稳定性差,热膨胀系数大。

2.3.4 矿石的化学成分检测方法

玄武岩矿石的化学成分的检测方法主要参考国家标准 GB/T 1549—2008《纤维玻璃化学分析方法》[13]。测定氧化物的方法主要有化学滴定法、原子吸收分光光度法、电感耦合等离子体原子发射光谱（ICP）法、X 射线荧光光谱法（XRF）等。

电感耦合等离子体原子发射光谱（ICP）法和 X 射线荧光光谱法是近年来发展比较快的检测技术,在各领域应用广泛。X 荧光光谱法检测结果受人员、环境的影响小,检测结果长期一致性好。相比于 ICP 法,XRF 方法简便、快速、准确。

2.3.4.1 电感耦合等离子体原子发射光谱法

电感耦合等离子体发射光谱法以电感耦合等离子体作为激发光源的发射光谱分析方法,简称为 ICP-OES。电感耦合等离子体焰矩温度可达 6000 ~ 8000K,当将试样由进样器引入雾化器,并被氩载气带入焰矩时,则试样中组分被原子化、电离、激发,以光的形式发射出能量。不同元素的原子在激发或电离时,发射不同波长的特征光谱,故根据特征光的波长可进行定性分析;元素的含量不同时,发射特征光的强弱也不同,据此可进行定量分析。

电感耦合等离子体发射光谱法与传统的化学法、比色法相比,具有检测元素多、检测范围宽、检测元素抗干扰能力强、准确度有保障等特点,同时可检测微量和痕量元素,被广泛用于各行各业中无机元素的化学元素分析。

在通常情况下,ICP-OES 在测高含量的元素时,会由于稀释、基体效应、谱线干扰等因素给测试结果带来较大的偏差。通过调整仪器使其达到最佳状态，建立合理的校准曲线线性范围，采用酸溶和碱溶结合的方法对样品进行消解，可实现玄武岩中多种元素含量的同时测定，保证了测试的准确性、可靠性。

对于玄武岩矿石中常见的 Al_2O_3、CaO、MgO、ZrO_2、TFe_2O_3 和 TiO_2 氧化物的测定，将玄武岩矿石试样用硝酸、高氯酸和氢氟酸分解制成溶液后，在电感耦合等离子体炬焰中激发，发射出所含元素的特征谱线，根据 Al、Ca、Mg、Zr、Fe 和 Ti 各特征谱线的强度测定 Al_2O_3、CaO、MgO、ZrO_2、TFe_2O_3 和 TiO_2 的含量。

对于玄武岩矿石中 Na_2O、K_2O 氧化物的测定，将玄武岩矿石试样经高氯酸和氢氟酸分解制成溶液后，在电感耦合等离子体炬焰中激发，发射出所含元素的特征谱线，根据特征谱线的强度测定元素的含量。

对于玄武岩矿石中 SiO_2 氧化物的测定，将玄武岩矿石试样用碳酸钠熔融，以盐酸浸出后蒸干，再用盐酸溶解、过滤，将滤液定容后，在电感耦合等离子体炬焰中激发，发射出所含元素的特征谱线，根据硅特征谱线的强度测定过滤液中 SiO_2 的含量。

2.3.4.2 X射线荧光光谱 (XRF) 法

X射线荧光光谱技术是利用X射线通过待测物质中的原子，使其产生次级X射线，进而对物质成分进行分析和化学物态进行研究的方法。XRF技术始于20世纪50年代中期，经历了近70年的发展，已经成为分析物质组成的必备方法之一。随着电子计算机的配备和与之相应的软件的开发，XRF技术在更多检测领域的应用进入了广泛的阶段。

XRF技术是利用待检测样品受到X射线照射后，样品中元素原子的内层电子被激发逐出原子从而引起电子跃迁，同时释放出该元素的特征X射线，即荧光。当能量高于原子内层电子能级的高能X射线与原子发生碰撞时，内层电子被驱逐而出现空穴，处于高能级电子层的电子跃迁到低能级电子空穴来填补相应的电子空位，在该过程中所释放的能量不是被原子内部所吸收，而是以辐射能的形式释放，由此便产生了X射线荧光，该能量等于两能级之间的能量差。因此，X射线荧光具有的能量是特有的，与元素具有一一对应的关系。荧光射线定性分析的基础就是把混合的射线按能量或波长分开，分别测量不同能量或波长的X射线的强度，即可知元素的种类；此外，荧光射线的强度与相应元素的含量有一定的数量关系，通过测量试样中元素特征X射线的强度，并作适当校正，据此，又可对元素进行定量分析。

采用 XRF 技术检测玄武岩矿石试样的化学成分时，先对块状、颗粒状矿石原料进行破碎、缩分、研磨、烘干，然后根据待测样品的化学成分，制备标准样品和测试样品，采用一点法进行背景校正，按公式（2-1）计算扣除背景的分析线强度：

$$I_N = I_P - I_B \qquad (2\text{-}1)$$

式中　I_N——扣除背景的分析线强度；

　　　I_P——峰值强度；

　　　I_B——背景强度。

校准、机体效应校正和谱线重叠干扰校正采用数学方法进行回归，按公式（2-2）计算：

$$W_i = (aI_i^2 + bI_i + c)(1 + \sum \alpha_{ij}W_j) + \sum B_{ij}W_k \qquad (2\text{-}2)$$

式中　W_i——标准物质中分析元素 i 的认定值；

　a、b、c——分析元素 i 的校准曲线常数；

　　　I_i——标准物质（或未知样品）中分析元素 i 的 X 射线强度；

　　　α_{ij}——共存元素 j 对分析元素 i 的影响系数；

　　　W_j——共存元素 j 的含量；

　　　B_{ij}——干扰元素 k 对分析元素 i 的谱线重叠干扰校正系数；

　　　W_k——干扰元素 k 的含量。

随后输入分析元素的有关参数（理论 α 系数和标准物质中各元素的含量），测量标准化样片和标准物质的元素分析强度，测得一系列标准样片各分析元素的强度，利用数学模型进行回归分析，求得校准曲线常数 a、b、c 和谱线重叠干扰校正系数 B_{ij} 并存入计算机软件。

然后测量未知样片，测得未知样片分析元素强度，由计算机软件按公式（2-2）计算含量。

2.4　连续玄武岩纤维用玄武岩矿石原料的选料方法

玄武岩在全世界分布广泛，但并不是所有的玄武岩都能生产连续玄武岩纤维，只有符合特定的化学成分和矿物成分、物化性能的玄武岩才能生产连续玄武岩纤维。首先，要对生产连续玄武岩纤维的玄武岩矿石进行筛选。从野外采集玄武岩样本，到实验室确定岩石样本是否适于生产连续玄武岩纤维，要经过一系列的选料程序，称之为岩石的选料方法。选择矿石的目的在于：一是找到适于生产连续玄武岩纤维的矿石；二是找到能够生产高性能连续玄武岩纤维（如高强纤维、高模量纤维等）的矿石；三是为均配混配做准备。

玄武岩矿石作为天然存在的熔浆冷却物，不仅不同矿点的矿石的成分波动较大，就是同一矿点矿石的成分也存在波动。因此，人们必须对玄武岩矿石进行选料、混料和均化，使得玄武岩矿石原料满足化学成分、矿物成分、熔制和纤维成形性能、纤维均质化以及纤维物理化学性能的要求，从而能够生产合格的连续玄武岩纤维。

生产连续玄武岩纤维的岩石选料方法分为两步：玄武岩矿石原料的初选和玄武岩矿石原料的精选。

2.4.1 玄武岩矿石原料的矿物成分与化学成分的相互关系

火山岩中的元素 Si、O、Al、Fe、Mg、Ca、Na、K、Ti 等被称为造岩元素。火山岩的化学成分常常用氧化物质量分数来表示。

矿物是由同种元素、两种或两种以上的元素构成。矿物用化学式或结构式表示。化学式表示矿物化学成分的一种形式。结构式即可表示组成矿物的元素的种类和数量比，也可以表示原子在结构中的相互关系。矿物的化学式是根据化学全分析的结果计算确定，矿物的结构式是根据化学全分析和结构分析确定的。以正长石为例说明：正长石的矿物化学式表示为 $K_2O \cdot Al_2O_3 \cdot 6SiO_2$，结构式表示为 $K[AlSi_3O_8]$。

玄武岩的矿物成分与化学成分具有区别又相互联系。矿物由化学成分（氧化物）构成，但又不是两种或两种以上氧化物的简单集合，而是由两种或两种以上氧化物相互反应得到。化学成分（氧化物）是玄武岩中元素构成和重量的体现。

玄武岩中的元素以矿物的形式存在，连续玄武岩纤维的熔制工艺和成形工艺，是由矿物组分决定的，详细内容见本书第 3 章。矿物成分决定了玄武岩玻璃的黏度、析晶温度、纤维成形范围等生产工艺参数，以及玄武岩的熔化、均质化难易程度。在玄武岩玻璃熔融充分、均质的情况下，化学成分对玄武岩纤维的密度、拉伸强度、弹性模量、化学稳定性、热学性能、隔声性能、电学性能等均产生显著的影响。

选择适于生产连续玄武岩纤维的玄武岩矿石原料时，必须考虑玄武岩的矿物成分与生产工艺（熔融工艺、拉丝工艺、成形工艺）之间的关系，化学成分与纤维性能之间的关系。除此之外，筛选玄武岩矿石还需满足：矿石的成分在一定范围（如一个产地范围）内相对稳定等条件。

2.4.2 玄武岩矿石原料的初选方法

玄武岩矿石原料的初选，主要是在野外采集、鉴定样品，确定是否为玄武岩。

① 查阅地质资料，根据地质资料确定采集岩石样品的矿点。地质资料包括岩石的位置、构造环境、岩石年龄、岩石学特征、地球化学特征等。

② 野外采样并作初步鉴定。在岩石的矿点采集岩石样品，根据本章 2.2.5.1 节所述的矿物鉴定方法，来鉴定、分析岩石的种类，以此判断是否为玄武岩。

2.4.3 玄武岩矿石原料的精选方法

在野外初步鉴定出玄武岩样品后，在矿点进行采样，然后在实验室里对玄武岩试样进行化学成分、矿物组成的测试，初步判断玄武岩样品是否可用于生产连续玄武岩纤维。然后，根据化学成分和矿物组成筛选出玄武岩试样，再测定其黏度、析晶温度等工艺参数以及纤维的拉伸强度、弹性模量、耐温性、耐化学稳定性等物理化学性能。最终，再根据玄武岩的工艺性能和物理化学性能，筛选出适宜生产连续玄武岩纤维的岩石[14]。其步骤主要包括：

① 在实验室，对矿石样品进行化学成分和矿物组成测定及分析，根据矿物相图及连续玄武岩纤维生产理论基础确定矿石的熔化难易和析晶情况。

② 在实验室的实验炉中熔制矿石，测定矿石玻璃的熔制性能参数——黏度和软化温度、拉丝性能参数——析晶温度以及纤维的物化性能（拉伸强度、弹性模量、耐温性、耐化学稳定性）。从而确定适于生产连续玄武岩纤维的矿石原料。

选择适宜生产连续玄武岩纤维的矿石要综合考虑岩石的化学成分与矿物成分，需遵循以下原则：

a. 确定岩石的化学成分种类及含量，岩石的化学成分的含量满足表 2-10 所示范围。

表2-10 岩石的化学成分的含量

氧化物	SiO_2	Al_2O_3	Fe_2O_3+FeO	MgO	CaO	Na_2O+K_2O	TiO_2
质量分数/%	52~58	12~19	7~14	3~7	6~15	2.5~6	0.9~2

$$\frac{SiO_2 + Al_2O_3}{CaO + MgO} \geqslant 3 \quad \frac{FeO}{Fe_2O_3} \geqslant 0.5$$

$$\frac{2Al_2O_3 + SiO_2}{2Fe_2O_3 + FeO + CaO + MgO + K_2O + Na_2O} \geqslant 0.5$$

b. 根据化学成分分类法（推荐 TAS 法）确定岩石的种类，尽量选择亚碱性岩石。

c. 确定岩石的矿物成分及含量，岩石的矿物成分的含量在一定范围之内。如：石英 15% ~ 27%、正长石 10% ~ 18%、斜长石 30% ~ 50% 或斜长石 45% ~ 60%、辉石 15% ~ 30%。岩石中尽量不含难熔矿物（如橄榄石等）。

d. 根据矿物相图，尽量选择矿物生成在相界线或共熔点附近的矿石，这样矿石熔体在冷却过程中不易结晶。

e. 矿石的化学成分和矿物成分达到均质化要求。

f. 矿石满足熔制特性和纤维成形的要求。

如：1450℃时的熔体黏度为 3 ~ 35Pa·s；

1300℃时的熔体黏度为 25 ~ 160Pa·s；

黏度对数值为 3（$\lg\eta=3$）时（拉丝温度）的温度为 1200 ~ 1350℃；

析晶上限温度 1200 ~ 1300℃；

纤维成形温度 20 ~ 80℃；

漏板温度高于析晶上限温度 60 ~ 100℃；

1300 ~ 1350℃无明显漫流。

g. 满足连续玄武岩纤维的物理性能和化学性能要求。

2.5 连续玄武岩纤维矿石原料的多元均配混配技术及理论体系

2.5.1 连续玄武岩纤维矿石原料的多元均配混配基本理念

玄武岩作为连续玄武岩纤维的原料，有四个主要的特点：

一是原料的天然性；

二是成分的固定性；

三是成分的波动性；

四是不同地域的玄武岩矿石成分各不相同。

① 玄武岩原料的天然性。是指玄武岩由天然存在的火山岩经破碎、粉碎得到，不需要添加外加剂，也不同于玻璃配合料。

② 玄武岩成分的固定性。玄武岩中化学成分和矿物成分的种类和含量是其

固有的，不会发生变化。

③ 玄武岩成分的相对波动性。是指同一矿点，甚至同一矿区或地区的天然玄武岩中化学成分和矿物成分的种类和含量有波动，这必然影响连续玄武岩纤维的质量稳定和性能稳定。

④ 不同地域的玄武岩矿石成分各不相同。是指不同地域的玄武岩矿石在化学组成及矿物组成的种类和含量上千差万别，并不相同。

作为生产连续玄武岩纤维原料的玄武岩类矿石，对于能否稳定生产连续玄武岩纤维至关重要，对生产出的玄武岩纤维产品的性能也有决定性影响。玄武岩矿石原料的均质化是实现连续玄武岩纤维稳定生产和纤维性能提升的关键。

为了使玄武岩原料得到更加充分的均化，实现连续玄武岩纤维的稳定生产和纤维性能的进一步提升，作者团队经过多年的玄武岩矿石原料研究，提出了玄武岩矿石多元均配混配技术及理论体系，其核心理念是将矿石原料进行系统的混合和均配，发挥取长补短效应和双乘效应，可有效优化及控制玄武岩矿石原料的波动性，并根据不同要求进行相关原料的混配均配生产高端化、特色纤维产品；外延理念是通过原料、熔制、纤维成形等多维度技术提高熔体的均质性、提高纤维产品质量的稳定性[10,11]。多元均配混配理念实现玄武岩纤维稳定化、高端化、特色化的核心理论。

2.5.2　连续玄武岩纤维矿石原料的多元均配混配机制和基本原理

（1）"多元"的概念

玄武岩多元均配混配技术中的"多元"的概念包括三个维度：矿石原料、控制因素、技术手段。

第一维度指均配和混配的玄武岩矿石原料，可能是同一矿点的矿石，也可能是同一地区不同矿点的矿石或不同地区的矿石。

同一矿点的矿石，其化学成分和矿物成分的种类和含量基本相同，存在着成分上的波动。通过采石场矿石破碎、工厂内原料堆场的均化、矿石原料的粒度和粒度分布控制对矿石原料的成分进行均化。

同一矿区（地区）不同矿点的矿石或不同矿区（地区）的矿石，其化学成分和矿物成分的种类和含量各不相同，且存在着成分上的波动。同一矿区（地区）的矿石经过采石场矿石粉碎、工厂内原料堆场的均化、矿石原料的粒度和粒度分布控制等矿石的预均化；不同成分的矿石进行混料，实现矿石成分的进一步均化。

"多元"概念的第二维度是指玄武岩在均配和混配时，影响玄武岩矿石原料均质性和质量稳定性的主要因素，包括：矿物成分、化学成分、粒度与粒度分布等。

玄武岩的矿物成分决定了玄武岩玻璃的熔制工艺参数及熔制制度，以及玄武岩玻璃熔体的均质性、有无难熔矿物和均化的难易程度，也部分决定了玄武岩玻璃的析晶性能。

在玄武岩玻璃熔体足够均质和均化的情况下，化学成分决定了连续玄武岩纤维的物理化学性能和力学性能（如强度、模量等）。

玄武岩的粒度及粒度分布对于矿石原料的混合均匀、熔融和玻璃液的均化具有重要影响。玄武岩颗粒太大时，玄武岩玻璃使熔化困难，玻璃熔体均质性差；颗粒较小，玄武岩矿石容易熔化，玄武岩玻璃熔体均质化快，但颗粒度过小的粉体易飞扬，易造成原料偏析。因此玄武岩的粒度要适宜，一般适合进行混配的玄武岩粒度在 80 ～ 100 目范围。

"多元"概念的第三维度是指均配混配的技术手段为矿石原料混配技术、熔化技术、纤维成形技术等多元技术。每项技术都要达到均匀、均化的目的。

① 玄武岩矿石原料混配技术。通过矿石原料的开采技术、粉碎技术、堆放技术、均配技术等系列原料控制技术实现。

② 熔化技术。尽可能选用大熔炉即池窑技术，熔化能力强、熔化容量大、均化能力强。

③ 纤维成形技术。尽量选择大漏板成形技术，通过大漏板生产纤维，不仅效率高，而且纤维的成分均匀性、直径均匀性都会提高。

（2）均配混配的概念

"均配"是指实现玄武岩矿石原料化学成分的均匀性，把化学成分波动控制在生产要求范围内，这里主要控制矿石原料化学成分，因为玄武岩的化学成分可直接通过实验获得，矿物成分是根据化学成分计算的。

"混配"是指两种或两种以上玄武岩矿石按照化学成分互混，但前提是玄武岩的矿物成分满足熔制性能和纤维成形性能要求。

玄武岩的均配和混配是相辅相成的。经过多元均配混配的玄武岩矿石应满足以下特性：

① 玄武岩原料成分的相对稳定，成分波动达到连续玄武岩纤维生产要求；

② 玄武岩原料满足生产连续玄武岩纤维的化学成分设计要求；

③ 玄武岩原料满足生产连续玄武岩纤维的矿物成分设计要求；

④ 玄武岩原料满足生产连续玄武岩纤维的熔化、均化和成形的要求，能够优化生产工艺，降低生产成本；

⑤ 连续玄武岩纤维具有满足要求的物理、化学性能。

（3）多元均配混配机制和基本原理

多元均配混配机制：玄武岩矿石原料经均配混配，优化混合料的矿物成分和化学成分含量，改善单一玄武岩矿石原料的熔制性能（高温黏度、析晶温度）和纤维成形性能（纤维成形温度、硬化速度等），体现"取长补短"效应，提高玄武岩玻璃熔体的均质性，从而改善连续玄武岩纤维的物理化学性能，体现"双乘效应"。

如图 2-5 和图 2-6 所示的是不同矿区、同一矿区不同分布矿石点及同一矿区不同深度矿石点的矿石。任一处玄武岩矿石之间的成分存在一定的波动，无法单独进行拉丝生产，为了能够进行拉丝作业，并且使纤维性能达到稳定化、高性能化，需对其进行均配、混配。

图 2-5　不同矿区的矿石

(a)　　　　　　　　　　　　　(b)

图 2-6　同一矿区不同分布矿石点（a）和同一矿区不同深度矿石点（b）的矿石

矿石原料多元均配混配基本原理：

① 不同矿区的矿石原料的化学成分和矿物成分按下式进行均配混配：

$$x_1 甲 + x_2 乙 + x_3 丙 + \cdots + x_n N$$

（其中 $x_1+x_2+x_3+\cdots+x_n=1$ ）

同一矿区不同横向分布矿石点的矿石原料的化学成分和矿物成分按下式进行均配混配：

$x_1A+x_2B+x_3C+\cdots+x_nN$

（其中 $x_1+x_2+x_3+\cdots+x_n=1$ ）

同一矿区不同纵向分布矿石点的矿石原料的化学成分和矿物成分按下式进行均配混配：

$x_1a+x_2b+x_3c+\cdots+x_nn$

（其中 $x_1+x_2+x_3+\cdots+x_n=1$ ）

② 不同纤维拉伸强度的玄武岩矿石进行混配：

x_1BS1+x_2BS2——BS3（其中 $x_1+x_2=1$；拉伸强度：BS3 $\geqslant$ BS1、BS2；BS1、BS2 和 BS3 代表不同玄武岩矿石）

$x_1BS1+x_2BS2+x_3BS3$——BS4

（其中 $x_1+x_2+x_3=1$；拉伸强度：BS4 $\geqslant$ BS1、BS2、BS3）

③ 不同纤维耐高温的玄武岩矿石进行混配：

$x_1BTR1+x_2BTR2$——BTR3

（其中 $x_1+x_2=1$；耐温性：BTR3 在 BTR1、BTR2 之间）

$x_1BTR1+x_2BTR2+x_3BTR3$——BTR4

（其中 $x_1+x_2+x_3=1$；耐温性：BTR4 在 BTR1、BTR2、BTR3 之间）

④ 不同纤维弹性模量的玄武岩矿石进行混配：

x_1BM1+x_2BM2——BM3

（其中 $x_1+x_2=1$；弹性模量：BM3 $\geqslant$ BM1、BM2）

$x_1BM1+x_2BM2+x_3BM3$——BM4

（其中 $x_1+x_2+x_3=1$；弹性模量：BM4 $\geqslant$ BM1、BM2、BM3）

混配均配后样品的弹性模量可根据各组分摩尔分数进行计算，公式如下：

$$E=2\frac{\rho}{\Sigma x_iM_i}(\Sigma X_iV_i\Sigma X_iG_i)$$

式中　ρ——测试密度，g/cm^3；

$\quad\quad M_i$——摩尔质量，g/mol；

$\quad\quad x_i$——各组分氧化物摩尔分数，%；

$\quad\quad V_i$——摩尔体积，cm^3/mol；

$\quad\quad G_i$——各成分解离能，kJ/cm^3。

对混配后的玄武岩矿石进行熔融，对其熔体进行高温黏度和析晶上限性测试，使其成形工艺性能指标达到连续拉丝要求。进而对其纤维进行性能测试，纤维物理化学性能亦达到设计要求。

总而言之，均配混配后的玄武岩混合料从成分均质性和玄武岩玻璃熔体均质性两大方面，大大提高了连续玄武岩纤维的质量和性能稳定性；混合料矿物成分和化学成分的优化设计，可满足连续玄武岩纤维的不同性能需求。

（4）多元均配混配的技术目标

玄武岩矿石多元均配混配技术的最终目的如下。

① 实现玄武岩原料的稳定、均质。主要成分 SiO_2、Al_2O_3 的含量波动控制在 ≤ 0.4% 范围内，较少成分的 MgO、CaO、总 Fe 等的含量波动控制在 ≤ 0.5% 范围内。为连续玄武岩纤维生产提供成分稳定的玄武岩矿石原料，提高连续玄武岩纤维的质量和性能稳定性。

② 通过混配达到"取长补短效应"，有些玄武岩矿石中 SiO_2 含量过低，熔化成熔体的高温黏度偏小，而析晶温度却很高，难以直接作为生产连续玄武岩纤维的原料，而有的玄武岩矿石中 SiO_2 含量偏高，熔化成熔体的高温黏度过大，而析晶温度亦偏高，也很难将其直接作为原料。但将这两类玄武岩矿石混配后，熔化成玄武岩玻璃，即可达到具有合适的高温黏度、析晶温度，以及"取长补短"的目的。

③ 通过混配达到"双乘效应"，矿物成分达到特殊性能要求，优化连续玄武岩纤维的熔制性能、成形性能等生产工艺特性，提高连续玄武岩纤维的均质化，进而优化连续玄武岩纤维的物理化学性能，以便于开发高性能（高强度、高模量、耐高温、耐碱等）连续玄武岩纤维。例如：作者团队通过大量试验研究发现通过多元混配均配技术开发的高强度连续玄武岩纤维[15,16]，强度提高的主要原因：一是与连续玄武岩纤维的玄武岩玻璃熔体的网络结构有关，玄武岩纤维玻璃网络结构越紧密，纤维的强度越高。从化学成分上讲，混合料中 SiO_2、Al_2O_3 含量增加，提高了玄武岩纤维玻璃网络结构的紧密度；从矿物成分上讲，矿物成分中架状结构、层状结构的硅酸盐矿物含量增多，提高了玄武岩纤维玻璃网络结构的紧密度。二是混合料的黏度适于拉丝、析晶温度降低，纤维成形温度区间大大增大，熔制性能的优化提高了玄武岩玻璃熔体的均质度，从而提高了纤维成形以及拉伸强度。

2.5.3 连续玄武岩纤维矿石原料的多元均配混配技术路线及方法

玄武岩矿石原料的多元均配混配技术路线图见图 2-7。

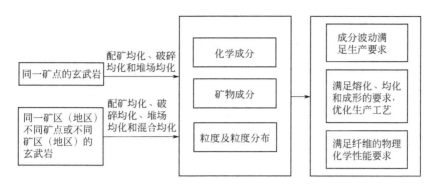

图 2-7 玄武岩矿石原料的多元均配混配技术路线图

玄武岩矿石多元均配混配技术方法包括配矿均化、矿石原料的破碎均化、堆场均化、混合料的混合均化、粒度控制等。

（1）玄武岩矿石的配矿均化

配矿均化是在对同一矿山不同矿点或不同矿山的矿石进行配矿。对于生产连续玄武岩纤维的生产厂家最好有固定的矿山供应原料。厂家要全面掌握矿床品位的分布规律，为每个生产周期的矿石开采及配矿的编制提供基础数据。设计以质量控制为中心的采掘方案，划分开采的矿点，对不同品位的矿点进行搭配开采，确保进厂的矿石原料成分波动在规定的允许范围内。

（2）玄武岩矿石的破碎均化

从矿场采下来的矿石块度很大，如露天开采的矿石块度最大可达 1000 ～ 1500mm 左右，要把这么大的块状石料破碎至 1 ～ 3mm 的细粒，甚至几十微米的粉料，要经过多次破碎和研磨才能完成。

目前，矿石的破碎一般采用机械破碎，机械破碎是用外力加于被破碎的物料上，克服物料分子间的内聚力，使大物料分裂成若干小块。

采石场和连续玄武岩纤维工厂都要进行玄武岩矿石的破碎和粉碎。采石场的玄武岩矿石粉碎有时能够满足连续玄武岩纤维厂家的玄武岩矿石原料粒度要求；当采石场的玄武岩矿石满足不了连续玄武岩纤维厂家的矿石原料粒度要求时，连续玄武岩纤维厂家要根据生产要求对玄武岩矿石进行再次甚至多次破碎和粉碎。

一些国内破碎厂的生产经验证明，0 ～ 16mm 粒度矿石可以减少矿仓中矿石偏析的影响，容易实现磨矿自动化和磨矿机的工作稳定。

玄武岩矿石在破碎和粉碎过程中，经历了一次次混合、均化。破碎后的玄武岩矿石粒度变小，比表面积增大，不但利于玄武岩混合均化，也有利于玄武岩矿石的熔化。

（3）玄武岩矿石的原料堆场均化 [17,18]

生产连续玄武岩纤维的玄武岩矿石在很长时期内来自同一个矿区同一坑口，玄武岩矿石原料均化处理常用的方式是堆场均化。堆场均化的工作原理是：堆料机连续地把进料按一定的方式堆成许多相互平行、上下重叠的料层，每一层物料的质量基本相等。在一个料堆中，料层的数量多达数百层，这样可以将进入堆场的物料尽可能均匀铺开。堆料时，在进料主皮带机上连续或间隔地取样分析，以便及时掌握进料的成分波动情况和料堆的总平均成分。料堆堆成后，取样机在垂直于料层方向的截面对所有料层切取一定厚度的物料，通过出料总皮带机运往下一道工序。取料机继续按此方法取料，直到整个物料被取尽为止。由于取料中包含了所有各层的物料，所以在取料的同时完成了物料的混合均化。料堆的层数越多，其混合均匀性就越好，出料成分也就越均匀。采用堆场均化能为工厂提供长期的、成分稳定的原料，这对稳定生产工艺、优化生产控制，提高技术经济指标，效果十分明显。

玄武岩矿石的堆场均化就是在玄武岩原料的存、取过程中，运用科学的堆取料技术，实现原料的混合均化，使原料堆场或料库同时具备储存与均化的双重功能。堆场均化就是在堆放原料时，原料按照一定的方式被堆成尽可能多的相互平行、上下重叠、厚薄一致的料层。存放原料的堆料方式，主要分为下面 5 种。

① 人字形堆料。堆料机在物料的纵向上沿着料堆的长度，以一定的速度从一端移动到另一端，在此过程中堆完了一层物料。除第一层外，从横截面看每层物料都形成类似 "人" 字的形状，故名为人字形堆料方式。

② 波浪形堆料。堆料机先在料堆底部的整个宽度内堆成许多相互平行又紧靠着的条形料堆，每一小条料堆就是一层物料。于是各条物料的截面之间就形成了 "峰" 和 "谷"。继续往上堆料时，则在每个 "波谷" 处堆料，不仅将 "谷" 填满，而且还使其变成新的 "波峰"。如此不断地填满波谷，形成波峰，直至完成整个料堆的堆料为止。

③ 水平层堆料。堆料机首先在料堆底部以均匀的厚度水平地铺撒一层物料，然后依次在上面水平地一层一层铺撒，直至完成整个堆料为止。

④ 倾斜层堆料。堆料机先在料堆的一侧堆成一条横截面为三角形的条带，然后将料堆点向前伸一定的距离，使物料按自然休止角覆盖于第一层的一侧而形成第二层。这样依次形成许多倾斜而平行的料层。直至料堆点延伸到料堆的中心线上，完成全部料堆的堆料为止。

⑤ 圆锥形堆料。开始堆第一层时，堆料机位于料堆的起始端定点堆料，一直堆到料堆的最终高度，形成一个很大的圆锥形料堆。然后堆料机向前移动一段距离，停下来堆第二层。第二层堆料堆好后的形状是覆盖于第一层圆锥一侧的一

个曲面外壳。之后堆料机再向前移动一段距离，开始堆第三层，这样一直达到料堆的另一端，完成整个堆料过程为止。

取料时，在垂直于料层的方向上，同时切取料层。这样，在取料的同时就完成了物料的混合均化，起到了原料均化的作用。这种方法简单形象地被称为"平铺直取"，如图2-8所示。"平铺直取"均化方法中，堆料料层平行重叠层数多，且料层厚薄均匀，取料时切割的料层也多，均化效果好。这种堆场可设在露天，也可设在厂房内。

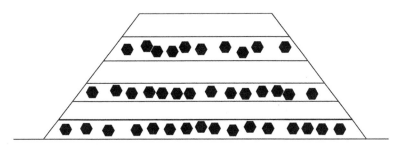

图2-8 平铺直取均化方法示意图

（4）玄武岩矿石混合料的混合均化

玄武岩混合料是指两种及两种以上玄武岩矿石混合所得。混合料的优点如下：

① 可以使玄武岩原料的成分可设计、可控制。此方法是开发高性能连续玄武岩纤维的最有效的方法，同时保持了玄武岩原料的天然性。

② 玄武岩原料经过混合，原料的成分波动进一步降低，有利于连续玄武岩纤维质量和性能的稳定。

混合料中的每种玄武岩原料在堆场堆放时，根据成分不同，分料堆堆放。每个料堆采用"平铺直取"的方法进行预均化。

玄武岩原料在混合前，要分别进行破碎，破碎至粒度小于100目的粉料。破碎过程是对玄武岩原料进行再次均化。

破碎后的玄武岩粉料按照比例投入混料机中，进行混料，此过程是玄武岩混合料的第三次均化。经过三次均化，玄武岩混合料成分的均匀性大大提高。

（5）粒度控制

玄武岩的颗粒大小及颗粒组成的均匀程度对矿石原料的均匀混合、熔融和玻璃液的均化具有重要影响。玄武岩颗粒太大时，会使熔化困难，玻璃熔体均质性差；颗粒较小而均匀时，矿石容易熔化，玻璃熔体均质化快。

矿石颗粒度越大，成分越不均匀；经粉碎并进行均化处理后，矿石成分的均匀性明显提高。粉碎至80~100目的颗粒度时，离散度基本达到较小值。SiO_2、Al_2O_3的含量波动控制在±1%之内（表2-11和表2-12）。此粒度范围，既能节约粉碎能耗，也方便窑炉加料，减少粉尘。

表2-11　矿石（1～2cm）成分均匀性检测

项目	SiO_2	Al_2O_3	CaO	MgO	K_2O	Na_2O	Fe_2O_3	TiO_2
最大值/%	55.23	14.55	7.37	8.66	2.49	4.04	10.34	1.04
最小值/%	53.29	13.58	5.57	5.45	1.83	3.19	8.20	0.52
平均值/%	54.42	14.00	6.62	6.73	2.12	3.62	9.45	0.74
标准偏差	0.6525	0.2381	0.4034	0.9851	0.1768	0.2943	0.7036	0.1854
离散度CV/%	1.1990	1.7007	6.0910	14.6408	8.3489	8.1285	7.4431	25.1465

表2-12　矿石均化处理后成分的离散度　　　　　　　　单位：%

项目	SiO_2	Al_2O_3	CaO	MgO	K_2O	Na_2O	Fe_2O_3	TiO_2
5cm	1.3389	1.9708	6.9001	16.5049	9.6838	9.2414	8.5874	27.6612
1～2cm	1.1990	1.7007	6.0910	14.6408	8.3489	8.1285	7.4431	25.1465
20～50目	0.4371	1.2639	5.6768	12.9409	6.2075	3.4722	1.1999	2.9422
80～100目	0.3934	1.1075	4.8091	10.6468	5.3868	3.0250	1.0799	2.4480
120～150目	0.3782	1.1221	4.8664	10.7695	5.4125	2.9937	1.0259	2.3256
180～220目	0.3839	1.1051	4.8320	10.4681	5.6750	3.0498	1.0891	2.7980

（6）熔制技术、成形技术

除以上技术外，还有熔制技术和成形技术，是多元混配均配理念重要的一个维度，在制备稳定化、高端化、特色化的玄武岩纤维过程中是关键技术。从熔化技术中的窑炉结构设计、耐火材料、热工参数等角度进行优化控制，得到均质的熔体；通过漏板结构设计解决高温蠕变问题，同时保证熔体在漏板中继续保持均质性，保障得到稳定的丝根，进一步为生产质量稳定的连续玄武岩纤维提供保证。具体内容将分别在第3章、第4章进行专题介绍。

2.5.4　连续玄武岩纤维矿石原料数据库及其计算软件的建立

实现玄武岩矿石原料的多元均配混配，需对某些地区的玄武岩矿石的矿藏储量、化学成分、矿物成分等情况具有充分的了解。建立玄武岩矿石原料的数据库[19]（图2-9），可以整合国内外海量玄武岩矿石数据，快速选择生产特定连续玄武岩纤维所需矿石原料、厂址建设及行业空间布局和发展提供参考依据。

研究人员对不同矿区、同一矿区不同矿石点及同一矿区不同深度矿石点的矿石进行勘测、取样、鉴定、分析，建立基于国内外地理、地质等因素考虑的玄武岩矿石原料数据库，包括：分析数据质量（方法、精确度、标准测量），取样过程（技术、日期、巡航），样品出处（地理空间坐标、位置地名、构造背景），样品描述（岩石类型、结构、年龄、储量、蚀变），样品成分（化学成分、矿物组成），样品的工艺性能（黏度、析晶温度、润湿性能），纤维的物化性能（拉伸强度、弹性模量、耐温性、耐碱性、耐酸性、介电常数、介电损耗等）。

矿石基本性能	氧化物	矿物相	工艺性能	物化性能
岩石名称 矿石类型 分布区域 年代 岩石特点 图片	SiO_2 Al_2O_3 CaO MgO Fe_2O_3 FeO TiO_2 K_2O Na_2O	石英 正长石 钙长石 钠长石 刚玉 霞石 透辉石 紫苏辉 橄榄石 磁铁矿 钛铁矿	熔融温度 拉丝温度 析晶温度 温度-黏度曲线	密度 拉伸强度 弹性模量 耐水性 耐酸性 耐碱性 耐温性 膨胀系数

图 2-9　玄武岩矿石成分与纤维性能关系数据库

开发玄武岩矿石原料数据库，通过数据库软件设计玄武岩矿石原料均配混配的配方，使用精密工业电子秤称量所需矿石，进行混配、均化，达到设计的要求。

参考文献

[1] 路凤香，桑隆康.岩石学 [M].北京：地质出版社，2002.

[2] 巴尔克（Daniel S. Barker）.火成岩 [M].黄福生等译.北京：地质出版社，1992.

[3] GB/T 17412.1—1998.岩石分类和命名方案火成岩岩石分类和命名方案.

[4] 徐志远.矿物岩石学 [M].北京：地质出版社，1990.

[5] 邵国有.硅酸盐岩相学 [M].武汉：武汉理工大学出版社，2012.

[6] 唐洪明.岩石矿物学 [M].北京：石油工业出版社，2007.

[7] 陆佩文.无机材料科学基础 [M].武汉：武汉工业大学出版社，1996.

[8] 张锐.现代材料分析方法 [M].北京：化学工业出版社，2010.

[9] 陈兴芬.连续玄武岩纤维的高强度化研究 [D].南京：东南大学，2018.

[10] Morse S A.Basalts and phase diagrams[M]. New York: Springer-Verlag, 1980.

[11] 西北轻工业学院.玻璃工艺学 [M].北京：中国轻工业出版社，2006.

[12] 张耀明，李巨白，姜肇中.玻璃纤维与矿物棉全书 [M].北京：化学工业出版社，2001.

[13] GB/T 1549—2008.纤维玻璃化学分析方法.

[14] 吴智深，陈兴芬.一种连续玄武岩纤维的生产方法.ZL201610801288.1[P].

[15] 吴智深，陈兴芬.连续玄武岩纤维生产工艺.ZL201610802163.0[P].

[16] Chen X F, Zhang Y S, Huo H B, et al. Improving the tensile strength of continuous basalt fiber by mixing basalts. Fibers and Polymers, 2017,18(9): 1796-1803.

[17] 赖阳，张楚灵，姜建明.运用配矿技术控制矿石质量 [J].采矿技术，2002, 2(1): 5-7.

[18] 黄明，崔硕.矿石均化过程中堆料机堆料方式的比较与探索 [J].轻金属，2006(9): 30-32.

[19] 玄武岩纤维生产及应用技术国家地方联合工程研究中心技术资料，2013.

3 ▶▶

玄武岩矿石熔制工艺及装备

玄武岩矿石经过高温加热熔融，形成均质、稳定并且适合于纤维成形的玄武岩玻璃液的过程，称作玄武岩玻璃的熔制。玄武岩玻璃熔制机理是矿物晶格被打开，形成非晶态构成三维网络结构的过程。玄武岩原料熔制前后的状态见图3-1。

图3-1　玄武岩原料熔制前后的状态

玄武岩矿石熔制是连续玄武岩纤维生产过程中的重要环节，也是多元混配均配第三维度中重要的一个因素。玄武岩经熔制工艺后得到玄武岩玻璃熔体的均质性、稳定性决定了纤维质量的稳定性、高端化及特色化。根据"多元混配均配"理念，在熔制工艺过程中，与其密切相关的因素，如玄武岩矿石采矿、颗粒度、成分稳定性的控制以及窑炉的结构、耐火材料、热工工艺、熔制制度等都会影响玄武岩玻璃熔体的均质性，同时这些也是影响纤维产品质量、稳定性、产量、合格率以及窑炉寿命、生产成本的重要因素。为了获得优质的连续玄武岩纤维，必须充分了解玄武岩玻璃的熔制机理和熔制工艺过程，从而制定合理的熔制制度和生产工艺路线。

3.1　玄武岩矿石熔制工艺原理

3.1.1　玄武岩矿石各组分的反应和变化

玄武岩在岩浆中已完成一系列化学反应，玄武岩在熔制过程中主要发生的是物理变化。同时，伴随着固相反应向液相的转化、玄武岩玻璃熔体趋于均质的过程，这些过程又是分阶段交叉进行的。因此，玄武岩玻璃的熔制是一个非常复杂的过程。

3.1.1.1　玄武岩玻璃熔制过程发生的反应

在玄武岩的熔制过程中，原料各组分熔化、重组，交错进行着固相反应和液相反应，是非常复杂的反应和变化。

表3-1列出了玄武岩在熔制过程中，各组分的反应和变化[1]。

表3-1　玄武岩的熔制过程

步骤	温度/℃	发生的变化或反应
1	65～120	排除水分
2	350～400	磁铁矿、钛铁矿表面发生氧化反应
3	575	石英多晶转变反应：$\alpha\text{-SiO}_2 \rightleftharpoons \beta\text{-SiO}_2$
4	550～680	碳酸盐类的分解
5	980～1200	磁铁矿、钛铁矿发生氧化反应
6	1140～1250	正长石分解，硫酸盐的晶型转变或分解
7	1200～1300	低共熔组分熔融（斜长石和透辉石），开始产生液相
8	1300～1500	其他矿物成分逐渐熔化，玄武岩玻璃形成
9	1500～1700	玄武岩玻璃澄清、均化

利用差示扫描量热分析仪（DSC）观察玄武岩的熔制过程发生的变化（见图3-2）。玄武岩试样的DSC曲线出现了四个吸热峰和两个放热峰：第一个吸热峰在65～120℃范围，是水分排除过程。第二个吸热峰在550～680℃范围内，主要是碳酸盐的分解吸热（其中α石英向β石英晶型转变温度575℃），以及。第三个吸热峰在1145～1220℃范围内，产生原因：一是正长石分解吸热，以及硫酸盐的晶型转变或分解吸热；二是斜长石和透辉石熔融吸热，开始产生液相。第四个吸热峰在1265～1330℃范围内，主要是试样熔融吸热。第一个放热峰在980～1200℃范围内，主要是由于磁铁矿和钛铁矿的氧化作用而放热。第二个放热峰在1220～1320℃范围内，为玄武岩的最高析晶温度。

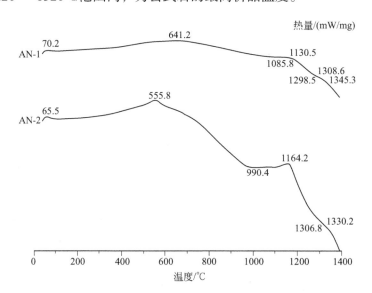

图3-2　玄武岩的DSC图

玄武岩的初始液相温度和熔融温度（用半球点温度表征，这时玄武岩熔体虽然处于黏性流动状态，但不至流淌）可通过玄武岩的高温显微镜测得，见图 3-3。1247 ～ 1260℃是玄武岩矿石开始出现液相的温度，即初始液相温度；1372 ～ 1393℃是玄武岩的半球点温度，即熔融温度。由此可见，玄武岩的熔化温度高，熔化温度范围窄。

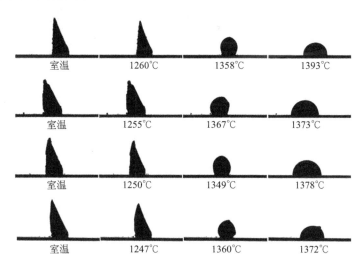

图 3-3 玄武岩熔制时的高温显微图像及特征温度

3.1.1.2 玄武岩玻璃熔体的热传导

玄武岩玻璃熔体的透热能力不但对玄武岩的熔制有重要影响，而且对拉丝过程也有重要影响。玄武岩玻璃熔体被氧化铁着成深暗色，其冷却速度与一般玻璃的冷却速度不同。例如，开始冷却时，玄武岩玻璃熔体表面层的温度下降速度就比玻璃快许多，造成表面层快速冷却。然而，在熔体下面 17 ～ 19mm 深度处，玄武岩玻璃熔体硬化速度比无碱玻璃熔体慢 1.5 ～ 2 倍。玄武岩玻璃熔体内大的温度梯度是由它的透光性差造成的。普通玻璃高温下熔体均匀性好，主要是其熔体是透明的，透热能力好。

玄武岩玻璃熔体的黑度绝对值接近 0.2，一般透明玻璃的黑度为 0.9，玄武岩玻璃熔体的热吸收系数低，透热性差，在窑炉中易造成上下温差大，不利于玄武岩纤维熔体的均质化。

3.1.1.3 玄武岩玻璃的熔制工艺特点

玄武岩矿石是天然硅酸盐岩浆硬化的产物，玄武岩的成分主要以硅酸盐矿物形式存在。根据岩石原料特性，玄武岩的熔制工艺有以下特点。

① 玄武岩为天然的含单多组分的原料，矿石原料不需配料。

② 玄武岩矿石在岩浆喷发冷却过程中已完成硅酸盐形成反应，因此，玄武岩熔化过程没有硅酸盐形成阶段。

③ 玄武岩中铁离子含量高，铁离子的导热性差，造成玄武岩玻璃液温差大、透热性差。FeO 对玄武岩玻璃液的硬化速度影响很大，会使玻璃熔体外层硬化速度大大增加而内层硬化速度减小，造成玄武岩玻璃"料性"短，纤维成形温度范围窄。FeO 还可能被还原成单质铁，单质铁与铂铑合金漏板发生反应生成低温共熔物，造成漏板"中毒"。

④ 玄武岩铁氧化物含量高，玄武岩玻璃熔体颜色深、透热性差。如果在玄武岩玻璃熔体表面加热，则熔体的上下温差大，造成玄武岩玻璃熔体的均质性差。

⑤ 玄武岩矿石中本身有晶体，各晶体的冷却速度不同。在玄武岩玻璃液冷却时，冷却速度快的晶体小而少，冷却速度慢的晶体大而多，因此玄武岩玻璃容易析晶。

⑥ 玄武岩矿石中如有难熔矿物，这些难熔矿物不利于玄武岩熔体的均质化，且在降温过程中又容易析晶。

⑦ 岩石具有所谓的记忆性，当加热到 700℃以上时，连续玄武岩纤维会按照其矿物记忆再结晶。但是，如果建立一定条件，矿物记忆性可以变化；如升高熔化温度，延长熔化时间，或是改变熔体的冷却速度。

⑧ 玄武岩的熔化过程是矿物熔化、发生晶型转变及重组的过程，矿物晶体熔化需要更多的能量，因此，玄武岩矿石熔化温度高。

⑨ 玄武岩矿石从出现液相到剧烈熔化的熔化温度区间窄，时间短，不利于玄武岩玻璃熔体的均质化；因此要提高玄武岩玻璃熔体的均质性，必须提高熔化温度或延长熔化时间。

3.1.2 玄武岩玻璃的结构

3.1.2.1 玄武岩玻璃的结构学说

玄武岩玻璃是铝硅酸盐玻璃，玄武岩玻璃的结构学说适用于玻璃结构学说中的两大流行学说——晶子学说和无规则网络学说[2,3]。

（1）晶子学说

1921 年苏联学者列别捷夫提出晶子学说，他在研究硅酸盐玻璃时发现，玻璃在573℃时性质发生反常变化，而这个温度正好是α-石英和β-石英的晶型转变温度，因此他认为玻璃是高分散晶体（晶子）的集合体。后来，晶子学说为通过X射线散射强度曲线、红外散射光谱所证实。

晶子学说的要点是：硅酸盐玻璃是由无数"晶子"组成，"晶子"是带有晶格变形的有序区域，可以是$[Si_3O_9]^{6-}$、$[Si_8O_{20}]^{8-}$等独立原子团，或组成一定的化合物和固溶体等微观多相体。"晶子"分散在非晶态介质中，从"晶子"部分到非晶态部分的过渡是逐渐完成的，两者之间无明显界线。

晶子学说揭示了玻璃的微不均匀性和近程有序性。

（2）无规则网络学说

1932年查哈里阿森提出了无规则网络学说，他认为玻璃结构是一个三维的网络结构（图3-4），这个网络是由网络形成体离子（Si^{4+}、B^{3+}、P^{5+}）的氧多面体（四面体或三角体）通过角顶上的公共氧（桥氧）相连，形成向三维发展的无规则网络结构。当玻璃中引入碱金属或碱土金属时，硅氧网络结构被切断，碱金属或碱土金属均匀而无序地分布于网络外空隙中，维持网络中局部的电中性。后来瓦伦等通过X射线结构分析证实了无规则网络学说的基本观点。

无规则网络学说强调了玻璃中离子与多面体相互间排列的均匀性、连续性及无序性等方面，这说明了玻璃的各向同性、内部性质的均匀性和随成分改变时玻璃性质变化的连续性等基本特征。

目前，对于玻璃结构比较统一的看法是：玻璃是具有近程有序、远程无序结构的非晶态物质。玻璃在宏观上主要表现在无序、均匀和连续方面，而在微观上它又是有序、微不均匀和不连续的。

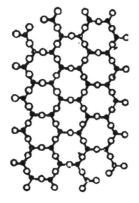
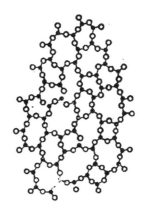

(a)石英晶体结构　　　　　　　　(b)石英玻璃结构

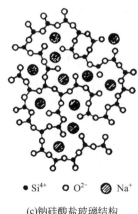

● Si⁴⁺ ○ O²⁻ ⊘ Na⁺

(c)钠硅酸盐玻璃结构

图 3-4 无规则网络学说的玻璃结构模型示意图[4]

3.1.2.2 玄武岩玻璃的结构

玄武岩的主要矿物成分为石英、正长石、斜长石和辉石。石英为硅氧四面体 $[SiO_4]^{4-}$ 构成的三维架状硅酸盐,正长石和斜长石为四个四面体(硅氧四面体或铝氧四面体)$[(Al_xSi_{4-x})O_8]^{x-}$ 相互共顶形成的四连环状的三维架状硅酸盐,辉石为硅氧四面体通过共用氧离子相连形成的 $[Si_2O_6]^{4-}$ 构成的一维链状硅酸盐。玄武岩熔化后,$[SiO_4]^{4-}$、$[(Al_xSi_{4-x})O_8]^{x-}$、$[Si_2O_6]^{4-}$ 这些多面体存在于玄武岩玻璃结构中。郭亚杰等[5]的中红外和显微红外光谱显示了玄武岩纤维内部结构岛状—环状—链状—层状—架状硅酸盐变化的趋势。红外光谱的结果正好与玄武岩矿物的结构相吻合。

吴智深等[1]研究了玄武岩玻璃的拉曼光谱图(图 3-5),在 323.2cm⁻¹ 附近有一个弱的吸收峰,是 M—O(M 为 Ca^{2+}、Mg^{2+}、Na^+ 或 K^+)的振动或 Al—O—Al 的弯曲振动引起的;547.6cm⁻¹ 附近的弱的吸收峰为 Si—O—Al 的对称弯曲振动引起的;671.8cm⁻¹ 附近有一个强烈的吸收峰,这是硅氧四面体中桥氧的对称伸缩振动;964.6cm⁻¹ 为附近的弱的吸收峰,是硅氧四面体中非桥氧的对称伸缩振动引起的。

郭亚杰等[5]分析的玄武岩纤维的拉曼光谱图中(图 3-6),1061cm⁻¹ 附近的吸收峰归属于 $Si(Al)—O_{nb}$ 的不对称伸缩振动结构单元为 T_2O_5,如 $[Si_2O_5]^{2-}$;972cm⁻¹ 附近的吸收峰可认为是由非桥氧数为 2 的结构单元中的 $Si—O_{nb}$ 伸缩振动引起的,该结构单元具有链状 $[Si_2O_6]^{4-}$ 结构特征;893cm⁻¹ 附近的吸收峰则表征了 $[SiO_4]^{4-}$ 结构中的 $Si—O_{nb}$ 的伸缩振动;740cm⁻¹ 的谱带是由 O—Si(Al)—O

弯曲振动引起的；681cm^{-1} 的谱峰是由 O—Si(Al)—O 的键角畸变造成的；592cm^{-1} 处弱的谱带是由三维网络变形和摇摆振动造成的，也可能是由高度极化的玻璃态微晶子 SiO$_2$ 引起的"缺陷"造成的；428cm^{-1} 谱带主要由三价和二价的阳离子来决定，即 M—O(M 为碱、碱土金属阳离子) 的振动造成的，也包含 Si—O—Si(Al) 的弯曲振动或与 M—O 的耦合。

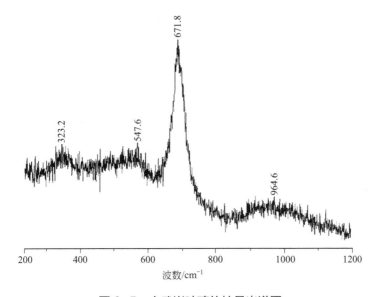

图 3-5 玄武岩玻璃的拉曼光谱图

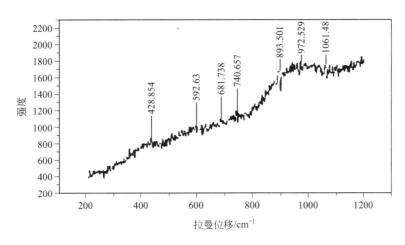

图 3-6 玄武岩纤维的拉曼光谱图

图 3-7 为不同种类的玄武岩的红外光谱图[6]。硅酸盐最强的红外吸收峰位于 480 ~ 500cm^{-1}、700 ~ 800cm^{-1}、1120 ~ 1230cm^{-1} 区域。玄武岩玻璃中出现这

些吸收峰，说明它们是由 Si—O 振动引起的。1200cm⁻¹ 峰是自由二氧化硅的吸收峰，在这里出现表明玄武岩玻璃中存在有序排列的自由二氧化硅区域。氧化铝的本征吸收带位于 460 ~ 500cm⁻¹ 和 550 ~ 950cm⁻¹ 区域，图 3-7 光谱图中由于光谱叠加使得振动带的结构模糊，这说明玄武岩玻璃中存在不同的结构区域，是玻璃结构无序性的原因。

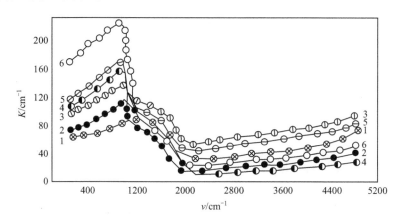

图 3-7　岩石玻璃的红外吸收光谱

1—ухтинский 的玄武岩；2—чиатурский 的玄武岩；

3—ивановодолинский 的玄武岩；4—辉石玢岩；

5—берестовецкий 的玄武岩；6—安山 - 玄武岩

　　玄武岩玻璃的结构是由硅氧四面体、铝氧四面体、硅氧六面体等多面体组成的不规则的三维网络结构，三维网络结构由架状结构和链状结构构成。Na⁺、K⁺、Ca²⁺、Mg²⁺ 等离子均匀而无序地分布在多面体的网络外间隙中。连续玄武岩纤维是在高速冷却条件下形成的，其结构与玄武岩玻璃的结构是同一性的。连续玄武岩纤维的结构是由玄武岩原料中的矿物决定的。

3.1.3　玄武岩玻璃的熔制机理

　　① 玄武岩熔制过程。玄武岩矿石的多种组分通过一系列变化形成玄武岩玻璃。

　　② 玄武岩玻璃的熔制机理。高温下，架状或链状的硅酸盐矿物成分（晶体）的晶格被打开，形成由硅氧四面体、铝氧四面体、硅氧六面体等多面体组成的架状或链状结构，这些由多面体构成的架状或链状的结构通过顶点（桥氧）彼此连接，形成无规则的三维网络结构（非晶态，即无定形态）。

玄武岩的熔化温度愈高，熔化时间愈长，材料中晶格的破坏就愈强烈，因而玻璃中原子有序排列的区域就愈少，无序结构的数量愈多。在足够高的熔体温度下，所得到的玄武岩玻璃中局部的有序结构区域的数量和尺寸都大大减少，即玄武岩玻璃的无定形度增大，也就是说玄武岩玻璃的均质性大大增加。

3.1.4 玄武岩玻璃的熔制过程

连续玄武岩纤维的原料玄武岩矿石的熔制过程，大致分为四个阶段：玄武岩矿石的粉碎和均化、玄武岩玻璃形成阶段、玄武岩玻璃澄清和均化阶段、玄武岩玻璃冷却阶段。

（1）玄武岩矿石的粉碎和均化

玄武岩矿石的颗粒粒度在一定的范围，能够促进矿石原料的均匀混合，加速玄武岩玻璃的熔制，提高玄武岩玻璃液的均质性和玻璃质量。所以，大块的玄武岩矿石必须经过破碎、粉碎和均匀化等加工处理。

粉碎后的玄武岩矿石，一般应为块状，粒度最好不超过3mm。块状玄武岩可以减少熔制的废料损失。粉碎后的原料表面积增大，分散度增大，相应地增加了矿石颗粒间的接触面积，加速了它们的熔制，提高了矿石的熔化速度和玻璃液的均匀度。

粉碎后的玄武岩矿石，必须混合均匀，保持矿石在化学成分和矿物成分上均匀一致。这样有利于提高玄武岩玻璃的均质性，保证连续玄武岩纤维的质量稳定及物理化学性能稳定。

（2）玄武岩玻璃形成阶段

玄武岩矿石在持续的加温过程中逐渐熔化，易熔的低共熔混合物首先熔化（如透辉石和钙长石），随着液相的产生，促进了其他矿物的熔化，玄武岩矿石逐渐熔化成玄武岩玻璃液。这个阶段玄武岩玻璃熔体的黏度大，流动性差、均质性差，因而玄武岩玻璃在化学成分、矿物成分和性质上不均匀。玄武岩熔化形成玻璃熔体在1250～1450℃温度范围进行。

（3）玄武岩玻璃澄清和均化阶段

玄武岩玻璃液继续升温，玄武岩玻璃的黏度降低，玄武岩玻璃中溶解的气泡（碳酸盐、硫酸盐以及原料本身携带的）升到熔体表面、破裂。由于玄武岩玻璃液中的气泡很少，这一阶段的现象不明显。

玄武岩玻璃液长时间处于高温下，玄武岩玻璃液的黏度进一步降低，促进了玻璃液的扩散和对流,使得玄武岩玻璃液的化学组成和矿物成分逐渐趋向均一。玄武岩玻璃液的均化在 1500 ~ 1600℃进行。

(4)玄武岩玻璃冷却阶段

将均质的玄武岩玻璃液降温、冷却,直至连续玄武岩纤维的成形温度(玻璃液的黏度约为 10^3Pa·s)。在冷却过程中,应避免玄武岩玻璃熔体的析晶。

3.1.5 玄武岩玻璃熔体性能参数及测试方法

与玄武岩玻璃熔体相关的熔制性能参数主要是:黏度、析晶温度、电导率、高温接触角。

3.1.5.1 高温黏度

玄武岩玻璃的黏度 - 温度关系对纤维生产工艺有着重要意义,它是选择原料及其配料、确定熔制工艺、调节漏板温度、决定工艺制度的依据,是对玄武岩熔化、成形过程中传热和流动过程进行数值模拟不可缺少的物性参数。连续玄武岩纤维生产中的熔体黏度一般为:1450℃时的熔体黏度为 30 ~ 350dPa·s,1300℃时的熔体黏度为 250 ~ 1600dPa·s。

高温熔体中的分子结构单元在内、外力(势能、热能、其他能量)作用下相互之间产生流动。这种流动通过分子结构单元依次占据结构空位的方式进行,其作用力大于分子的内摩擦阻力,该现象被称为黏滞流动。黏滞流动用黏度表示,即以面积为 S 的两平行液体层,当一定的速度梯度 dV/dX 移动时需克服的内摩擦阻力 f。

$$f = \eta S dV/dX \tag{3-1}$$

式中,η 为黏度或黏度系数,Pa·s。

高温熔体的黏度随温度的下降而增大,在玻璃液态到固态的转变过程中,其黏度是连续变化的,其中不发生数值上的突变,但是晶体会产生数值上的突变。

黏度的测定方法和仪器很多,主要包括旋转式黏度计、毛细管式黏度计及落球黏度计、拉球黏度计。由于玄武岩含铁量高,对铂球腐蚀严重,因此大多采用旋转式黏度计来测量玄武岩熔体的黏度。

旋转式黏度计主要是靠直接或间接测量剪切应力及剪切速率进而求出黏度。黏度的计算公式为:

$$\eta = \frac{\tau}{\gamma} \tag{3-2}$$

式中 τ——剪切应力，即单位面积上的内摩擦力，N/m^2；

γ——剪切速率，即液层间的相对速度梯度，s^{-1}。

只要测量出剪切应力及剪切速率，黏度就可由式 (3-1) 计算出来。由于剪切应力与旋转测头的扭矩 M(或转角 Φ) 成正比，剪切速率与带动测头旋转的电机的转速 n 成正比，所以实际测量中往往可通过测量扭矩 (或转角) 和转速来求出黏度的大小，即：

$\eta=f(M,N)$ 或 $\eta=f(\Phi,n)$

在纤维生产的温度范围内，硅酸盐熔体可认为是牛顿流体。故此处假定玄武岩熔体为牛顿流体，测量中可固定电机转速测量扭矩或转角，或固定扭矩或转角而测定电机转速，利用函数关系求黏度。

3.1.5.2 析晶温度

连续玄武岩纤维生产，析晶上限温度控制在 1200 ~ 1300℃。

析晶温度测试原理：由于玻璃的内能较同组成的晶体高，所以玻璃处于介稳状态，在一定条件下存在着自发的析出晶体的倾向。玻璃中出现晶体的现象叫作析晶，又称失透或反玻璃化。

一般玻璃析晶是在黏度为 10^3 ~ $10^5 Pa \cdot s$ 的温度范围内发生（即在液相线温度以下）。在此温度范围内的析晶程度主要取决于晶核形成速度和晶体生长速度以及玻璃在此温度下的黏度和所经历的时间。然而玻璃在最大晶核形成速度和最大晶体生长速度曲线重叠部分所对应的温度范围内最容易发生析晶，这个温度范围即通常所说的玻璃析晶温度范围。测定玻璃析晶性能就是指测定玻璃的析晶温度范围上限和下限以及在该温度范围内玻璃的析晶程度。根据测定结果可以制定合理的熔制、成形和热加工制度，从而避免析晶的产生，得到透明而理想的玻璃及制品。

析晶性能实验采用卧式管状电炉，电炉用铂丝作电极发热。通过在电炉不同部位缠绕不同疏密度的电阻丝，使得温度沿炉管方向具有一定的梯度，故这种炉又叫梯温炉。温度从炉一端最高温度沿长度方向到另一端呈梯度规律下降分布。

析晶温度测试方法为：

① 试样装入瓷舟中，放到电炉中一定位置，保温一定时间后，试样在容易析晶的温度区段中发生析晶现象。

② 经过足够长时间的保温，使晶相和玻璃相达到热平衡，取出瓷舟用肉眼或实体显微镜观察，确定玄武岩玻璃最早出现结晶的位置，此位置对应的炉中的温度就是析晶上限温度。

3.1.5.3 电导率

玄武岩熔体在 1400 ～ 1550℃范围的高温电导率在 0.2 ～ 1.0S/cm 之间。

电导率是物体传导电流的能力。电导率测量仪的测量原理是将两块平行的极板，放到被测溶液中，在极板的两端加上一定的电势（通常为正弦波电压），然后测量极板间流过的电流。

全套电导率测定装置由高温炉、温度控制仪和电导仪组成。

高温炉是采用硅钼棒的电阻炉，温度使用范围为常温至 1600℃。

温度控制选用精密温度控制仪，由 P.I.D 温度调节计调节，控温精度可以达到 ±0.5℃。

电导仪的 4 根测量电极镶嵌在刚玉架内，有一机构可对刚玉架进行上下、左右、前后调节，使电极插入玻璃液中的位置误差在 ±0.5mm 以内。

用经过 350℃高温焙烧 2h 后的 AR 级 KCl 和去离子水配制成 0.1mol/L 的 KCl 标准溶液，取其 40mL，倒入刚玉坩埚。将测量电极对准设定的位置，缓慢下降，根据示波器波形的突变，即可判断电压电极已恰好与溶液接触。然后将电流电极调节到规定的插入深度，测出 KCl 溶液的电阻值。用准确到 1/10℃的温度计读出溶液温度，并按表 3-2 查出 KCl 溶液的电导率 σ 值。

按式（3-3）计算出坩埚的池常数 K（cm^{-1}）值：

$$K = R_{KCl}\sigma \tag{3-3}$$

表3-2　KCl溶液的电导率σ值　　　　　　　单位：S/cm

T/℃	c/(mol/L)			
	1.0	0.1	0.02	0.01
0	0.06541	0.00715	0.001521	0.000776
1	0.06713	0.00736	0.001566	0.000800
2	0.06886	0.00757	0.001612	0.000824
3	0.07061	0.00779	0.001659	0.000848
4	0.07237	0.00800	0.001705	0.000872
5	0.07414	0.00822	0.001752	0.000896
6	0.07593	0.00844	0.001800	0.000921
7	0.07773	0.00866	0.001848	0.000945
8	0.07954	0.00888	0.001896	0.000970
9	0.08136	0.00911	0.001954	0.000995
10	0.08319	0.00933	0.001994	0.001020
11	0.08504	0.00956	0.002043	0.001045
12	0.08687	0.00979	0.002093	0.001070

续表

T/℃	c/(mol/L)			
	1.0	0.1	0.02	0.01
13	0.08876	0.01002	0.002142	0.001075
14	0.09063	0.01025	0.002193	0.001121
15	0.09252	0.01048	0.002243	0.001147
16	0.09441	0.01072	0.002294	0.001173
17	0.09631	0.01095	0.002345	0.001199
18	0.09822	0.02229	0.002397	0.001225
19	0.10014	0.01143	0.002449	0.001251
20	0.10207	001167.	0002501	0.001278
21	0.10400	0.01191	002553	0. 001305
22	0.10594	0.01215	0.002606	0.001332
23	0.10789	0.01239	0.002659	0.001359
24	0.10984	0.01264	0.002712	0.001386
25	0.11180	0.01288	0.002765	0.001413
26	0.11377	0.01313	0.002819	0.001441
27	0.11574	0.01337	0.002873	0.001468
28		0.01362	0.002927	0.001496
29		0.01387	0.002981	0.001524
30		0.01412	0.003036	0.001552
31		0.01437	0.003091	0.001581
32		0.01462	0.003146	0.001609
33		0.01488	0.003201	0.001638
34		0.01513	0.003256	0.001667
35		0.01539	0.003312	
36		0.01564	0.003368	

注：在空气中称取74.56g KCl溶于18℃水中，稀释到1L，其浓度为1.000mol/L（密度1.0449g/cm³），稀释得其他浓度溶液。

熔融玄武岩玻璃电导率的测试方法。

① 根据玄武岩玻璃组成估计它的熔融温度和析晶温度，并确定测定电导率的温度范围。

② 称取一定量的碎玄武岩玻璃，使坩埚中熔融玄武岩玻璃体积与测定坩埚池常数时 KCl 溶液的体积相同。

③ 将坩埚放入高温炉内，升温至所设定的温度，插入测量电极。

④ 同样根据示波器波形突变，可判断电压电极是否正好接触到玄武岩玻璃熔融体，然后下降测量电极至设定插入深度，在被测温度点恒温 20min，测出另一个温度点时的玄武岩玻璃熔融体电阻值。

⑤ 测量必要的几个温度点后，将炉温回升到1200℃左右，把电极拔出。

3.1.5.4 高温接触角

玄武岩熔体与铂铑-10在1300~1400℃条件下的高温接触角为4°~25°。

高温接触角的测试原理：熔体表面层的质点受到内部质点的作用而趋向于溶体内部，使表面有收缩的趋势，即表面分子间存在着作用力，即表面张力。其国际单位为N/m或J/m^2。润湿性实际上是表征各接触相自由表面能相互之间的关系，润湿能力可以用表面张力来表示。润湿情况越好，润湿角越小。

测试高温接触角的设备是高温显微镜（图3-8），主要技术参数：接触角测量范围：0~180°，测量精度：±0.1°；表面张力测量范围：0~2000mN/m；最大工作温度范围：1600℃。

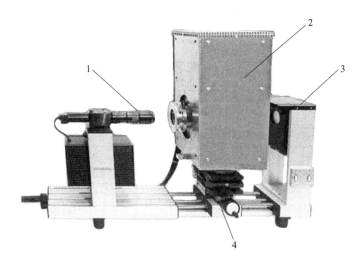

图3-8 高温显微镜

1—六倍连续变焦镜头；2—高温炉；3—亮度连续可调卤素灯；4—炉腔位置调节旋钮

应用和测试方法：取玄武岩样品约0.15g置于玛瑙研钵中，用研钵磨粉料直到粉料可均匀地分布于玛瑙表面，加适量润湿物料使其具有一定的可塑性，用模具将样品压制成$\phi5\times5mm$的圆柱体待用。

打开高温显微镜的电源，并开启水冷系统，将制备好的样品放在刚玉基片中央，小心置于热电偶的正上方。打开照明系统及测试软件，调整样品位置，调整好后进入测试程序。系统会根据设定的升温速率开始升温。然后在显示屏上看到整个样品的熔化过程，还可以录像并保存视频。图3-9~图3-11为一般样品的熔化过程示意图、高温炉中样品的体熔化情况及样品的接触角。

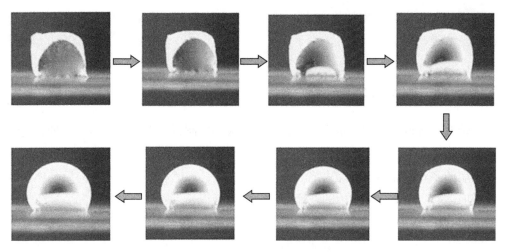

图 3-9 一般样品的熔化过程示意图

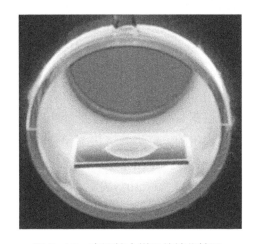

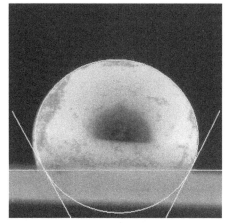

图 3-10 高温炉中样品的熔化情况   图 3-11 样品的接触角

3.2 玄武岩矿石熔制装备

玄武岩玻璃的熔制是在窑炉内实现的，此过程与熔制玻璃过程类似。但玄武岩熔体的透热性差、侵蚀性强等特点，导致其窑炉与玻璃窑炉有很大的区别。熔制所用的熔窑结构、耐火材料的选择和质量、热工方式等因素直接影响着玄武岩的熔制过程及熔融玄武岩玻璃液质量的好坏。根据窑炉的结构及容量大小，可分为坩埚炉和池窑；根据加热方式又可分为全火焰窑炉、全电窑炉、火焰-电组合窑炉三大类。

3.2.1 窑炉窑体结构设计

熔制装备最主要的设备是窑炉，最初在玻璃熔制行业中的定义是：一种熔化池狭长、用横穿炉膛的火焰燃烧和使用金属换热器预热助燃空气的窑炉。通过设在两侧胸墙的多对燃烧器，燃烧火焰与玻璃液流正交，而燃烧产物改变方向后与玻璃液流逆向运动。因此在窑炉内的玻璃熔化、澄清行程长，适合熔制难熔和质量要求高的玻璃。在连续玄武岩纤维行业，熔化玄武岩矿石原料所用的窑炉是具有一定长宽比的熔化池，用火焰加热或电加热的热工方式对炉内玄武岩矿石进行加热熔融。

玄武岩纤维窑炉的设计，首先要确定其容积和面积，这两个参数决定着玄武岩玻璃熔液的熔化能力。然后确定窑炉熔化率、熔化面积、长宽比、池深高度，根据热工原理设计能耗指标，根据投产建窑当地能源供给情况选择电加热或火焰加热方式，如果选择电加热，要考虑电极形状、结构、冷却方式、安装结构等；如果选择火焰加热，则要考虑燃烧器布置间距、火焰空间位置、在窑内位置等。

（1）熔化率

熔化率是根据纤维直径设计采用的技术，根据漏板大小、日常量、纤维产品质量控制等因素并结合窑炉运行的实际情况而设定的。窑炉的熔化率还应以窑炉大小、可能超产能力等因素而选定。连续玄武岩纤维拉丝用坩埚炉的熔化率一般设定在 $0.7 \sim 1.2t/(m^2 \cdot d)$，实际运行过程中，窑炉可允许 10% 左右的超产能力。

（2）窑池长宽比和池深

一般玻璃纤维窑炉长 L 和宽 B 的比值取 $3 \sim 4$，早期窑炉长宽比取得大些，有的达到 5，而大型窑炉长宽比有的小于 3。连续玄武岩纤维池窑，长宽比可适当减少。

玻璃纤维池窑液面深度应根据窑炉澄清工艺和窑炉保温状态而定，现阶段大型先进池窑的液深可达 $1000 \sim 1200mm$，池深与控制池底温度有关，加热方式对池深的影响很大。由于玄武岩熔体的黑度高、透热性极差，选用火焰加热方式的熔窑，熔体液深一般相对较浅，为 $300 \sim 400mm$ 左右；选用电加热方式，对透热性的依赖较弱，可在熔液内部加热，窑池深度也随之加深，熔体液深可设计在 $400 \sim 600mm$ 范围。

（3）主通路、挡砖和流液洞

这部分结构主要起到均化的作用，让熔化、澄清好的高温熔体到拉丝通路时温度非常稳定、均匀，适合拉丝作业。玻璃纤维用窑炉的主通路的长短与有没有冷却作用的挡砖和流液洞有关，外界冷却因素少，主通路要长些，反之会设计短些。而连续玄武岩纤维窑炉，由于玄武岩高温熔体透热性差、传热性差，因此主通路一般设定都比较短，更多情况是为了配合窑炉整体结构的布置而设定所需的长度。

3.2.2 加热方式

（1）火焰加热

火焰加热的燃料一般为天然气。加热时，保证提供给燃烧器的燃料压力稳定，燃料纯度高，无杂质，以免堵塞燃烧器的喷嘴。同时燃料系统有稳定的调节燃烧稳定性技术，要有良好的雾化效果，燃烧完全、充分，火焰明亮。火焰形状与窑池结构相匹配时尽量能达到小功率燃烧状态。

天然气主要成分烷烃，其中甲烷占绝大多数，另有少量的乙烷、丙烷和丁烷。具有热值高、绿色环保、安全可靠等特点。天然气燃烧热值为8000 ~ 8500kcal/m³（1kcal=4.1868kJ）。是一种洁净环保的优质能源，几乎不含硫、粉尘和其他有害物质，燃烧时产生二氧化碳少于其他化石燃料，造成温室效应较低，因而能从根本上改善环境质量。天然气无毒、易散发，相对密度轻于空气，不易积聚成爆炸性气体，是较为安全的燃气。

火焰加热的助燃材料一般有空气助燃或纯氧燃烧。

空气助燃是利用空气中21%的氧气来助燃，78%的氮气不仅不参与燃烧，还会生成大量有害的氮氧化物（NO_x）并携带热量排除，从而浪费能源和污染大气。空气助燃的优点是设备投资少。

空气预热燃烧器是一种使用气态燃料的全自动操作、负荷调节鼓风式燃烧器。可有效节约燃料和减少碳排放量。助燃空气取自环境（室温 -20 ~ 40℃），通过热交换器预先加热助燃空气。预热空气与燃料混合燃烧可有效节约燃料（约3.9%/100℃）及降低碳排放。典型空气预热燃烧器的助燃空气温度范围为50 ~ 250℃，个别情况可以高于300℃。

助燃空气密度随着温度的升高而降低，空气预热燃烧器的空气/燃料流量比例与一般鼓风式（室温）燃烧器是不同的。

纯氧燃烧是把纯度≥90%的氧气作为助燃介质，它的燃烧特点是：

① 燃烧效率高，火焰传播速率快，火焰温度高（可达2700℃）；对玻璃液热辐射强，加热效率高，降低了能耗。

② 烟气量少，烟气中的NO_x大大减少，减少了70% ~ 80%的烟气量，同时减少了废气带出的热量，实现了节能减排。

③ 纯氧燃烧时，玄武岩玻璃液黏度低，有利于澄清和均化，提高玄武岩玻璃液的熔制质量。

空气助燃的实际燃烧温度约为1440℃；空气预热是必要的，预热既能保证必要的火焰温度，又能回收烟气的部分余热，提高熔窑热效率。对纯氧燃烧来说，实际燃烧温度远大于1600℃；氧气无需预热已能满足玻璃熔化对火焰温度的要求。

玄武岩玻璃熔制，火焰加热的特点是：

① 火焰加热是在玄武岩熔体表面加热，窑炉外围散热面积大，散热损失高，热能利用率低，能耗相对较高。

② 火焰加热是在玄武岩熔体表面加热，由于玄武岩熔体透热性差，熔体纵向温差大，易造成玄武岩玻璃熔体不均质。

③ 火焰炉所用的燃料主要是天然气，如果气氛控制不当，玄武岩熔体中的氧化铁易发生还原反应，使熔体中的铁离子还原，铁离子与漏板中的铂发生反应生成低熔点合金，易造成铂铑合金漏板的铂"中毒"。

④ 火焰炉的燃料会产生较多的废气，造成环境污染。

（2）电加热

电加热一般使用板状或棒状钼电极作为加热元件，埋入到熔液内部，高温熔融的玄武岩玻璃熔液中含有碱金属 Na^+、K^+ 等离子，具有导电性能，当有电流通过时，将电能输入熔体转化成热能，对玄武岩玻璃进行内部加热。

玄武岩玻璃熔制，电加热的特点：

① 全电熔炉在玄武岩熔体内部熔化温度高，热能向窑炉的上部和下部传递，散热小，热量损失少，窑炉的热利用率高（最高达到80%），节省能源消耗。

② 生产中各个系统采用电器设备，容易实现自动化控制；生产稳定性高，质量容易控制且稳定。

③ 玄武岩中因氧化铁含量高，玄武岩玻璃熔体的热传导性能差，易造成窑炉纵向方向的温差大。全电熔炉熔化玄武岩可以大大降低窑炉内的纵向温差。

（3）火焰与电能共同加热

以火焰热源为主，熔体电阻发热为辅的混合型池窑炉，作业运行与火焰池窑相似。为了提高熔化率以增加生产能力和改善玄武岩玻璃液熔化、澄清和均化的质量，在火焰池窑的热点或加料口等部位埋入电极进行辅助加热，获得了良好效果。

优点：结合火焰加热表层热量高的特点和全电熔内部加热的特点，合理设计火焰加热和电熔加热，达到合理能耗、玄武岩玻璃均质熔化的效果。

缺点：技术难度高，所需专业的运营、维护人员多，适用于池窑；小型窑炉（坩埚窑）在经济成本投入中比单一加热方式窑炉偏高。

3.2.3 坩埚炉

连续玄武岩纤维初期生产的规模都比较小，采用的窑炉尺寸也相对较小，类似坩埚，此窑炉称为坩埚炉。坩埚炉一般是一个窑炉带一块漏板，其优点是：炉型小、产量小、投资小，方便局部工艺调整，适合小批量产品、特种产品的生产。缺点是：单台炉，热效率低、能耗偏高、生产效率低，纤维产品质量波动大，综合成本偏高。

坩埚炉的生产能力低，一般带 400 孔漏板的坩埚炉产量为 100 ~ 120 吨 / 年，窑炉寿命都比较短，一般采用白泡石砌筑的坩埚炉寿命为 4 ~ 6 个月，采用锆刚玉砌筑的坩埚炉寿命能超过 1 年。熔化率低，能耗较高；造成生产规模小，生产成本高。

3.2.3.1 火焰坩埚炉

早期使用的火焰加热的玄武岩矿石窑炉，采用单加料口方式，天然气为燃料，空气助燃，采用余热加热空气。早期火焰坩埚炉存在玄武岩矿石熔融效果不理想、只能生产单丝直径 $\phi16\mu m$ 以上的产品、燃烧器寿命短、废丝无法处理、不能在热状态下更换拉丝漏板等不足。

改进型火焰坩埚炉[7]（图 3-12），包括炉体和排气烟囱，在炉体顶部设置有进料口和燃烧器，出料口位于炉体底部，其特征是炉体上设置有两个进料口，在炉体顶部还设置有两个燃烧器。

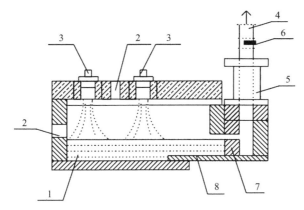

图 3-12　火焰熔融法坩埚炉的纵向剖面图

1—炉体；2—进料口；3—燃烧器；4—排气烟囱；

5—热交换器；6—调节阀；7—挡墙；8—出料口

通过两个进料口可使矿石物料或废丝更为均匀地加入到炉体内，间隔设置的两个燃烧器可有效地提高炉体内熔腔温度，提升炉内温度的均匀性，使玄武岩矿石在熔腔内具有更为良好的熔融和均化的效果，从而有利于提高连续玄武岩纤维产品的质量。为能在热状态下更换拉丝漏板，出料口开设在铺设于炉体底部的致密锆质耐火砖上。该致密锆质耐火砖能够将熔腔内的火焰与拉丝漏板隔开，并避免熔腔内火焰和温度的变化对拉丝漏板的温度影响，使拉丝漏板的温度分布均匀，为正常稳定生产创造条件，这样不仅可以减少因更换拉丝漏板给生产造成的损失，还使在一台熔炉上设置多块拉丝漏板成为可能。

3.2.3.2　全电坩埚炉

由于玄武岩中氧化铁含量较高（FeO+Fe_2O_3含量高达 10%～14%）等特点，其属于一种难熔融均化料。单独采用火焰法，熔化后的玄武岩玻璃液着色深、透热性差（是普通玻璃的 1/5），导致玄武岩玻璃液上下温差大，玄武岩玻璃熔体均质性差，熔化效率很低。

采用全电坩埚炉有以下特点：

① 由于玄武岩熔体是深色熔体，透热性差，而全电坩埚炉是从熔体内部加热，相对火焰坩埚炉散热小，节省能源消耗；

② 炉体小，占地少、筑炉、烤窑时间短；

③ 全电坩埚炉属于内部加热，熔体各点的温差小，可以克服玄武岩玻璃熔体透热性差的缺陷；

④ 生产中各个系统采用电器设备，容易实现自动控制；

⑤ 电能属于清洁能源，无废气排放，因此采用全电坩埚炉属于绿色生产。

图 3-13 是连续玄武岩纤维全电熔坩埚炉结构示意图，由耐火材料砌筑而成的炉体、电极组成。电极为平板状，玄武岩熔化后的高温熔体，在电极作用下即可导电，也是一个电阻，在电压电流作用下产生电阻热，从而促进玄武岩的熔融。

图 3-14 所示的玄武岩纤维电熔坩埚炉是在生产玻璃纤维用代铂炉基础上改进得到的，包括炉顶、加料管、炉墙、炉底、流液洞，在左右炉墙内装有一对电极[8]。炉腔的形状为长方体，长宽比为 1.5∶1～3∶1，炉腔最小净长度大于400mm，流液洞边缘离开电极端部最小距离大于 60mm，在装有电极的窑炉内墙外侧设有冷却水包，冷却水包面积大于炉中电极的面积。炉腔为长方体，便于采用浅层电熔法，可减少炉内熔体的上下温差，有利于提高熔融体的均匀性，流液洞边缘离开电极端部有一定距离，并在装有电极的窑炉内墙外，贴有面积大于炉内钼电极面积的冷却水包，可减少电极周围熔体的流动性，防止电极与熔体中的

铁离子反应生成单质金属铁，并随着熔体从流液洞中流出，从而避免铂金属漏板中毒，有利于满足连续玄武岩纤维的连续生产作业的需要。

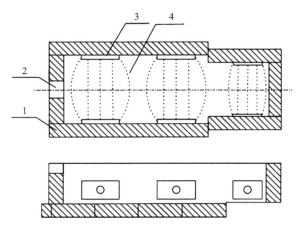

图 3-13　连续玄武岩纤维全电熔坩埚炉结构示意图

1—耐火材料；2—加料口；3—电极；4—炉体

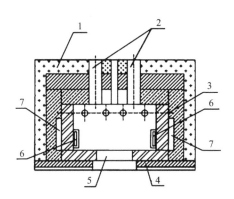

图 3-14　玄武岩纤维电熔坩埚炉

1—炉顶；2—加料管；3—炉墙；4—炉底；5—流液洞；6—电极；7—冷却水包

另有全电坩埚炉的设计方式是在熔化室的顶部有一测温孔，在熔化室、澄清池及作业室的上部均增设碳硅棒，用以辅助提高表面温度，促进玄武岩的熔化。可以用玄武岩粉料作为原料，生产时将玄武岩矿石粉料从侧面加料口处投入到熔化室，粉料在熔化室内被电极高温和辅助熔化碳棒熔化成熔体，然后熔融料经中心取液洞流入澄清池。由澄清池电极再进行均匀熔融，之后流入作业室，再由作业室电极保持熔料恒温，经流液洞进入下部拉丝工序。

3.2.3.3　火电结合坩埚炉

火焰坩埚炉和全电坩埚炉这两种熔融方法各有优缺点：火焰坩埚炉，玄武岩玻璃熔体表面温度高，但内部温度均匀性差；全电坩埚炉，玄武岩玻璃熔体内部温度均匀性好，但表面温度低，矿石原料在炉内熔化池表面熔化效果差。结合火焰坩埚炉和全电坩埚炉的优缺点，开发了火电结合坩埚炉，即在全电坩埚炉基础上，在顶盖砖上增加了火焰燃烧器（图3-15），燃烧器提供的火焰，提高了玄武岩玻璃熔体的表面温度，减少了窑炉内玄武岩玻璃熔体的上下温度差，促进了玄武岩玻璃熔体的均质化。火电结合坩埚炉不仅大大提高玄武岩矿石的熔化效率，而且有利于玄武岩玻璃熔体的均质化。

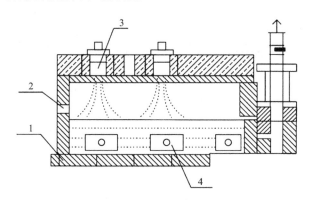

图 3-15　火电结合坩埚炉示意图

1—耐火材料；2—加料口；3—燃烧器；4—电极

3.2.4　池窑

池窑的含义是指一个窑炉带多块漏板进行玄武岩熔化、纤维成形的窑炉。就结构而言，池窑是大型熔化炉，一般具有坩埚炉的3倍以上面积，熔化矿石量大、纤维日产量高、温度控制严格、产品质量稳定。

池窑由以下几个主要部分组成：投料口、熔化部、主料道、料道，各个部分既有各自的不同功能和特点，同时又紧密联系，成为一个熔化均质玄武岩玻璃熔体的动态熔化系统。根据所选用的热工方式可分为全火焰池窑、全电熔池窑、火电结合池窑。

3.2.4.1　全火焰池窑

图3-16所示的是连续玄武岩纤维生产的全火焰池窑结构示意图[9]。全火焰

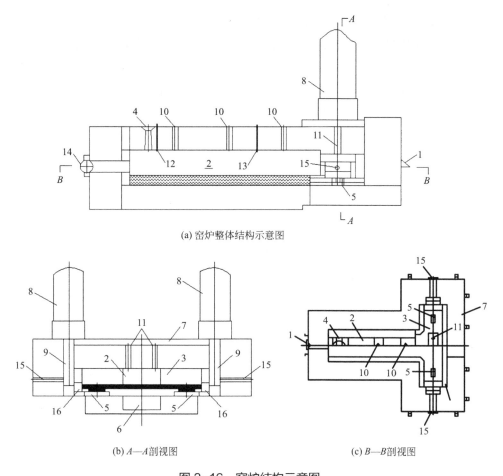

(a) 窑炉整体结构示意图

(b) *A—A*剖视图

(c) *B—B*剖视图

图 3-16　窑炉结构示意图

1—炉架；2—熔化区；3—保温区；4—加料口；5—漏板安装口；6—隔热层；7—保温材料层；

8—热交换器；9—高温废气通道；10—主烧嘴；11—保温烧嘴；12—温度传感器测量点；

13—液位测量点；14—炉门；15—观察门；16—耐火材料层

池窑，即池窑的熔化部、拉丝通道热源都是火焰加热。该池窑结构包括炉架与炉体，炉体的内部设有相互连通的熔化区与保温区，且熔化区上还设有与其相连通的加料口，保温区的水平宽度大于熔化区的水平宽度，熔化区与保温区内的任意位置上设有烧嘴组件；保温区还设有至少两个漏板安装口，漏板安装口与保温区内的熔液出口相连通，漏板安装口并排分布于保温区的底部。保温区的下方设有隔热层，隔热层置于两个漏板安装口之间；保温区的上方还设有保温材料层；熔化区底部的整体高度与保温区底部的整体高度保持一致。保温区的上方还设有热交换器，热交换器与保温区的高温废气通道相连通。熔化区与保温区相互连通水平呈 T 字形。保温区内部至少两个漏板安装口置于熔化区出口的两侧，且在同一条与保温区其中一侧相平行的直线上。保温区内的底部设有三个以上的漏板安装口，且每个漏板安装口相互之间的距离相等；置于熔化区出口两侧的漏板安装口数量相等，且相互对称。烧嘴组件包括主烧嘴与保温烧嘴，主烧嘴为多个，且朝下均布安装在熔化区内的顶部；保温烧嘴也为多个，并朝下均布安装在保温区内的顶部。熔化区的上方或侧面设有温度传感器测量点；保温区与熔化区中任意一个的上方或侧面还设有液位测量点。

通过在窑炉内分别设置相互连通且水平组合呈 T 字形的熔化区与保温区，使得保温区的底部可并排设置多个漏板安装口，玄武岩原矿石被熔化成溶液后，直接流入保温区内，由其底部多个漏板安装口中安装的漏板同时进行拉丝，使得玄武岩连续纤维的生产效率明显提高，并且缩短了玄武岩熔液在保温区内滞留的时间，节约窑炉的能源消耗；且保温区上方的热交换器可将由保温区排出的高温废气热量回收再利用。

3.2.4.2　全电熔池窑

东南大学玄武岩纤维生产及应用技术国家地方联合工程研究中心开发了一种深液面全电熔池窑技术[10]，见图 3-17。全电熔池窑，即池窑的熔化部、拉丝通道热源都是电加热的。

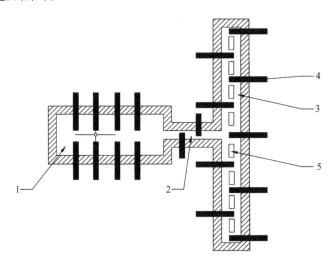

图 3-17　深液面全电熔池窑

1—熔化池；2—主料道；3—分流料道；4—电极组件；5—作业通道

深液面全电熔池窑，整体呈"T"字形。包括熔化池、隔离墙、主料道、分流料道、作业通道和电极组件。熔化池与主料道连接，隔离墙位于熔化池与主料道之间，隔离墙上设有流液洞，且流液洞连通熔化池与主料道；主料道与分流料道连接，且主料道与分流料道相连通；作业通道位于分流料道的外侧，且作业通道上设有 n 个作业单元，每个作业单元的底部设有漏板，每个作业单元的壁面上设有连通孔，该连通孔连通分流料道和作业单元；电极组件固定连接在熔化池、主料道、分流料道、流液洞和作业单元中。

电极组件由电极组构成，每个电极组由两根电极构成，且该两根电极的极性相反；或者每个电极组由三根电极构成，且其中一根电极的极性与其余两根电极的极性相反。电极均处于水平状态，且在竖直方向，池窑上的电极呈多层布设。在同一水平面上，相邻两根电极之间的距离为 400 ~ 500mm，在竖直方向上，相邻两根电极之间的距离为 150 ~ 250mm。电极组件在熔化池中，布设在熔化池相对的两个侧壁上；电极组件在主料道中，布设在主料道相对的两个侧壁上；电极组件在分流料道中，布设在分流料道的一侧壁上，且该侧壁与作业通道相对。电极由棒状耐高温钼合金制成，电极可将其所处区域的温度加热至 1650℃ 以上。

池窑的熔化池、隔离墙、主料道、分流料道和作业通道分别采用耐火砖组成的多层墙体结构。熔化池、主料道、分流料道和作业通道的顶部分别设有测温装置。

深液面全电熔池窑首先采用硅碳棒进行烤炉，当烤炉料达到导通电流的温度后，开始电极通电；然后从加料孔加入玄武岩石料，自上而下，逐层调整电极的功率，使得位于熔化池下部的电极、位于熔化池中部的电极的工艺温度达到设定要求，玄武岩石料从表面熔化，垂直运动，经历热点，形成对流、均化，到达熔化池底部，开始水平运动，穿过流液洞，依次流过主料道、分流料道和作业单元，在主料道、分料道、拉丝作业单元中，用电极加热对应区域，温度保持到相应工艺要求的范围，以维持拉丝工艺的稳定性。

3.2.4.3 火电结合池窑

火电结合池窑，即池窑的熔化部、拉丝通道热源是用火焰加热和电加热共同完成的。图 3-18 展示了一种火电结合池窑结构示意图[11]，包括投料机、熔化区、均化区和两个成形区。投料机的出料口连接在熔化区的一端，熔化区的另一端连接均化区的一端，通过烟道、熔化区或均化的另一端连接烟囱，均化区的左右两端分别连接一个成形区；熔化区的侧壁上有侧插电极，电极在熔液液面下，熔化区的碹顶设有燃烧器；成形区侧壁上有多个均匀密布燃气喷嘴，燃气喷嘴在熔液液面上，成形区底部沿成形区长度方向均匀设有多个漏板，熔化区底部设有鼓泡器。烟囱上盖有开度可调的调节板。成形区和均化区之间设有分隔墙。

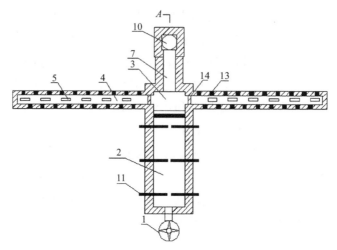

(a) 火电结合池窑整体结构示意图

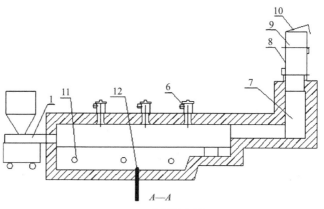

(b) A—A向剖视示意图

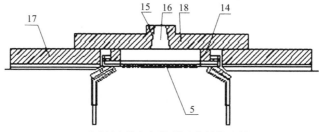

(c) 火电结合池窑成形区的底部结构示意图

图 3-18   火电结合池窑结构示意图

1—螺旋加料机；2—熔化区；3—均化区；4—成形区；5—漏板；6—燃烧器；7—烟道；
8—金属换热器；9—烟囱；10—调节板；11—电极；12—鼓泡器；13—燃气喷嘴；
14—漏板砖；15—取液筒；16—液流通道；17—成形区底砖；18—取液板砖

火焰加热装置是预混扁平火焰的燃烧器，电加热装置是棒状钼电极，侧插布置。

成形区的底部结构包括成形区底砖和漏板，成形区底砖上留有安装漏板的槽，漏板镶嵌在该槽口内。漏板砖盖在安装漏板的槽口上，且漏板砖与安装漏板的槽口周围的成形区底砖密贴。

采用火电结合 T 型窑炉，熔化小颗粒 (3 ~ 5mm) 的玄武岩矿石，生产高质量的连续玄武岩纤维。在窑炉的一端设置投料机投入玄武岩颗粒，由火焰和电结合加热在熔化区熔化，经过均化区，熔融均化好后的熔体分别流入两个成形区，由多台漏板拉制成连续玄武岩纤维。

窑炉火焰加热采用碹顶燃烧器，并选用扁平火焰的燃烧器，火焰覆盖面积大，熔体表面可均匀加热，燃料可采用重油、天然气或液化气等。燃烧产生的烟气经水平烟道，流经金属换热器，由烟囱排出，金属换热器预热的空气供碹顶燃烧器助燃，提高热效率，烟囱上的调节板开度调节烟气流量，控制窑炉的窑压。

因玄武岩颜色深，透热性差，熔化区采用电助熔加热，即在窑炉的池壁上，侧插电极，电极在熔体内部直接加热，热效率高，并可增加熔化能力。并在窑炉底部，设置鼓泡器，向熔体内鼓入压缩空气，起搅拌作用，一方面提高池窑熔体温度，强制熔化；另一方面，加速消除熔体内的气泡，加快澄清速度。成形区采用燃气预混燃烧，成形区侧墙上密布燃气喷嘴均匀加热，保证漏板拉丝玄武岩纤维的温度要求。为稳定燃烧，成形区和均化区用分隔墙隔开，互不干扰，温度稳定，易于控制。

3.2.5 异形窑炉

根据玄武岩玻璃熔体透热性差、温度均匀性差、析晶温度高、析晶速度快等特点，在玄武岩纤维窑炉设计领域，亦有一些异形炉的设计，一般分为异形窑炉和异形料道布置两种，异形窑炉有八角炉、圆形炉两种，异形料道布置是指料道分布在窑炉的四个方向进行布置。

3.2.5.1 异形窑炉之一——八角窑炉

图 3-19 所示池窑的熔化池为八角形 [12]，便于使用电熔融对电极的三相供电，利于三相平衡，亦有利于矿石熔化及熔体的均化。在熔化池内腔的上部、下部带有熔化电极，熔化池的顶部有一熔化池盖砖，熔化池盖砖上有 2 个火焰喷入口。熔化池前部为恒温池，恒温池内有一对恒温池电极，恒温池电极前部为稳定通路，稳定通路上部有稳定通路盖砖，稳定通路内有稳定通路电极。稳定通路前部为排泡作业通路，排泡作业通路内安装多块导流砖，导流砖的侧面有定位流液砖。

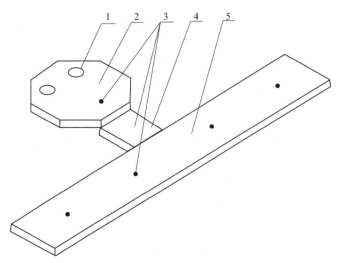

(a) 顶盖砖结构示意图

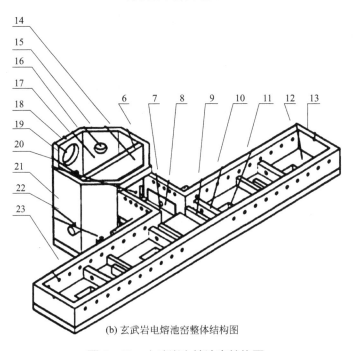

(b) 玄武岩电熔池窑整体结构图

图 3-19　玄武岩电熔池窑结构图

1—火焰喷入口；2—熔化池盖砖；3—测温孔；4—稳定通路盖砖；5—排泡作业通路盖砖；

6—挡墙砖；7—稳定通路；8—稳定通路电极；9—导流砖；10—定位流液砖；11—流液洞；

12—排泡作业通路；13—热电偶插口；14—恒温池；15—进料口；16—熔化池内腔；

17—熔化池；18—废气排放口；19—熔化后电极；20—熔化中墙电极分流孔；

21—熔化中墙电极；22—恒温池电极；23—硅碳棒插口

将玄武岩石料从熔化池侧墙两个进料口投入到熔化池中，石料在熔化池中被熔化电极高温加热和上部两处助熔火焰高温辅助加热后熔化成液态料，然后流入稳定通路，再由稳定通路电极及辅助加热硅碳棒对熔液温度进一步稳定、成分进一步均匀。由于设有熔化池和恒温池，增加了熔化池进料点并且加料点上方火焰直接正对石料辅助加热，提高了池窑的熔化速度和熔化量。

3.2.5.2 异形窑炉之二——圆形窑炉

图 3-20 所示的是用于生产连续玄武岩纤维的圆形池窑[13]，即熔化池在八角形的基础上进一步异化为圆形，采用圆形结构、三相 380V 供电，电极间夹角为120°，解决了单项大功率三相失衡造成电源污染的问题。相比于矩形熔炉更有利于矿石熔化及熔体的均化。由耐火材料砌筑而成的圆形炉体和外面的保温层构

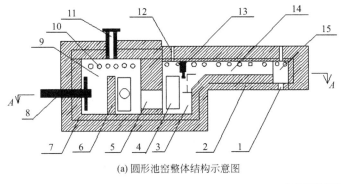

(a) 圆形池窑整体结构示意图

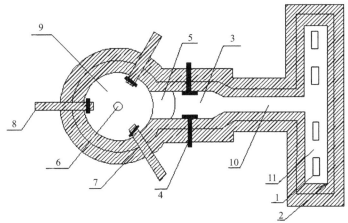

(b) 圆形池窑(A—A阶梯)剖视图

图 3-20 圆形池窑结构示意图

1—漏板；2—保温层；3—澄清部；4，8—电极；5—流液洞；6—电极；7—炉体；9—熔化部；
10—加热棒；11—加料口；12—排气兼测温孔；13—挡墙；14—均化部；15—成形拉丝部

成，整个窑炉分为熔化部、澄清部、均化部和成形拉丝部，在熔化部与澄清部之间的炉体下部设有流液洞，在成形拉丝部内安装有漏板，在熔化部的上盖中心安装加料口，在熔化部、澄清部、均化部和成形拉丝部的上部安装硅碳棒加热棒，在澄清部与均化部之间设有挡墙，以便挡住澄清部内的气泡流到均化部。

升温前，窑内先加入玻璃料，高度要超过钼电极，目的是防止钼电极高温氧化。首先硅碳棒送电，待玻璃熔化后电极送电，当窑内温度达到 1300 ~ 1400℃（即玄武岩熔化温度）后，再缓慢加入玄武岩原料，原料从窑炉顶部中心加料口加入到熔化部中，熔化好的玄武岩熔体通过流液洞进入澄清部，流液洞的功能是将熔化部内熔液表面未熔化好的原料和沉降到下部的杂质挡住，只允许中间的优质熔液进入澄清部。澄清部内设有一副小钼电极和 2 支硅碳棒对熔液加热，以利于排除气泡。熔体在成形拉丝部下沉到铂铑合金漏板，漏出并由高速拉丝机拉制成纤维。

3.2.5.3 异形窑炉之三——料道分四个方向排布

（1）全电熔池窑四向排布料道[14]

常规的池窑配置的熔化池与料道，一般呈现"一"字形，即从熔化池延伸出一条料道，整体在一条直线上；或"T"字形，即从熔化池延伸出一条短的主料道，然后布置与主料道相互垂直的料道，位置关系相互垂直；对于大型玻璃纤维池窑，料道可拓展为"干"字形，原因是玻璃的透热性好，析晶温度低，在料道中的流动性好，可流到较远位置。而玄武岩熔体透热性差、析晶温度高，温度均匀性难以控制，在料道中流动性不好，难以流动到相对远的位置。因此按常规的"一"字形布置玄武岩拉丝料道，则不能设置较长的距离，单条料道难以超过 10 块漏板，难以形成规模化生产。为解决这个问题，图 3-21 展示了全电熔池窑配置四个方向料道[13]，即以熔化池为中心，向四个方向设计料道，每个方向的料道与熔化池仍呈"一"字形，该方案可有效减小料道的长度而不影响配置漏板的数量。

该方案为生产连续玄武岩纤维的全电熔池窑，以电为熔化热源，由炉体、熔化池、均化分配池、料道、供料口、排料装置等组成，熔化池布置在均化分配池的上方，熔化池内布置电极，熔化池的底部设下料口，熔化池的下料口连接均化分配池，输送料道对称布置在均化分配池的四周，均化分配池及料道表面设置电加热结构，供料口布置在输送料道的一侧。熔化池布置在均化分配池的上方，熔化池布置电极利用熔化的玄武岩熔融液的导电性能对玄武岩进行加热熔化。在熔化池的底部设下料口，熔化池的玄武岩熔融液在可控的状态下通过下料口进入均化分配池。输送料道对称布置在均化分配池的四周，均化分配池及料道采用表面电加热设备进行温度控制，供料口布置在输送料道的一侧。

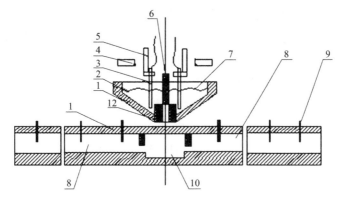

(a) 全电熔池窑的剖面布置图

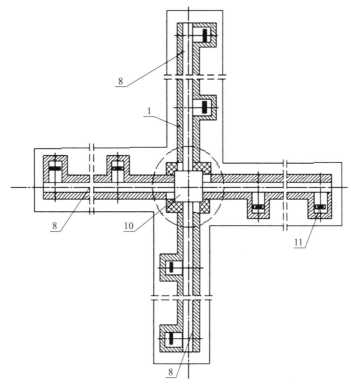

(b) 全电熔池窑配置的四个方向料道

图 3-21 全电熔池窑结构示意图

1—炉体；2—玄武岩熔融液；3—加热电极；4—加料口；5—电极固定调整装置；6—下料控制装置；

7—熔化池熔融液表面；8—输送料道；9—表面电加热；10—均化分配池；

11—供料口；12—下料口

池窑设熔化池、均化分配池和输送料道，熔化池布置在均化分配池的上方，玄武岩矿石在熔化池内熔化后进入均化分配池进一步充分熔化和均化，然后进入输送料道输送到各作业点，进行拉丝作业，熔化液在炉内流动加热的时间较坩埚炉更长，提高玄武岩熔融液的质量并减少输送热量损失，也更有利于对液面进行有效控制。

各分区联接方式为采用单一的玄武岩矿石作为生产原料，熔化后的熔融液是均匀的熔融体，熔化池内的玄武岩熔融液根据均化分配池的液面高度通过有效控制流入下方的均化分配池，玄武岩熔融液在均化分配池进一步熔化和温度调整，然后分配进入各个料道，均化分配池和料道保持平衡直接联接。

加热装置：熔化池采用电极直接加热，下部排料，以加强传热，提高熔化率，均化分配池和料道采用表面电加热方式，以准确控制玄武岩熔融液的温度，有利于拉丝作业。

（2）气电结合池窑四向排布料道

与上述四向排布料道类似，亦有"T"字形四向排布料道池窑，即以熔化池为中心，向四个方向设计料道，每个方向的料道与熔化池呈"T"字形的布置[15]，如图3-22所示，热工方式可为电熔融或是气电结合方式。该池窑包括池窑体、保温层、铂铑合金漏板、缓冲区、工作区，窑炉的形状选自菱形、圆形、正方形、长方形、椭圆形或多边形。

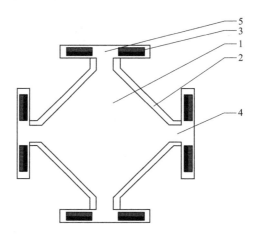

图3-22　气电结合四向排布池窑示意图

1—池窑体；2—保温层；3—铂铑合金漏板；4—缓冲区；5—工作区

熔融的玄武岩向四个方向设置的料道流动，每个料道至少设置2块以上拉丝漏板。常温时在池窑体中先装入一定数量的玄武岩矿石原料，然后用电热、天然气、煤气等热源进行升温，随温度的不断升高，不断补充矿石原料，直至装满为止；池窑体外面的保温层起到减少热量损失的作用，池窑体的温度控制在

1400 ~ 1500℃，工作区温度控制在 1250 ~ 1300℃，铂铑合金漏板温度控制在 1200 ~ 1250℃，玄武岩矿石在池窑中熔化成熔融体，随着原料不断熔融，不断填料，熔融体经过至少四个方向的缓冲区向工作区流动，同时在工作区通过铂铑合金漏板成形，成形后要经过浸润剂处理后通过拉丝机进行拉丝。可供至少 8 台拉丝机同时进行拉丝，至少相当于坩埚炉 4 ~ 8 台，产能提高 4 ~ 8 倍。

3.3 附属设备

3.3.1 投料机

通常使用的是螺旋投料机。螺旋投料机也叫螺旋给料机，与刮板输送机、斗式输送机等同属输送设备。螺旋投料机把经过的物料通过称重桥架检测重量，以确定胶带上的物料重量，装在尾部的数字式测速传感器，连续测量给料机的运行速度，该速度传感器的脉冲输出正比于给料机的速度，速度信号和重量信号一起送入给料机控制器，控制器中的微处理器对其进行处理，产生并显示累计量 / 瞬时流量。该流量与设定流量进行比较，由控制仪表输出信号控制变频器改变给料机的驱动速度，使给料机上的物料流量发生变化，接近并保持在所设定的给料流量，从而实现定量给料的要求。螺旋投料机具有输送效率高、工作安全可靠、结构简单、功能完备、密封性好、噪声小和外形美观等特点。投料机要用变速电机，通过液面控制仪，可连续调节投料量。目前常用的是水冷螺旋投料机，与窑炉配套使用的投料机要与窑炉炉体有良好的密封性。

目前连续玄武岩纤维的生产以坩埚炉为主，原料大多采用的是 5 ~ 10mm 颗粒状玄武岩矿石，加料方式基本采用重力开放式加料，在加料位置，熔炉与大气相通，高温烟气容易外溢，造成能源的损失。为克服这个问题，图 3-23 提供了一种活塞推进密封式多点加料机[16]。加料机与相应的熔炉设备配合，实现玄武岩颗粒料的均匀多点添加，在加料口实现熔炉与大气隔绝，降低能源消耗，同时也有利于熔炉燃烧控制。加料机由水平输送管、料斗、物料推进机构、下料口、出料机等构成。物料推进机构由电机、减速箱、推进螺杆和活塞推进体构成，电机轴连接减速箱，减速箱带动推进螺杆，推进螺杆连接置于水平输送管内的活塞推进体。

输送管的若干下料口错位设置，即各下料口的轴向中心线不在同一轴线上。

出料机构由下料管、连接法兰、波纹下降管和水冷出料口构成，下料管的一端与水平输送管的下料口连接，下料管的另一端经连接法兰连接波纹下降管的一端，波纹下降管的另一端连接水冷出料口，水冷出料口由内管、内管外套制的夹套、固定在夹套上并与夹套内相通的进出水管构成，波纹下降管的一端连接水冷出料口的内管。设置水平输送管、一端的料斗和物料推进机构、水平输送管若干下料口连接的出料机构，改变原料添加情况，使由料斗下降的颗粒原料沿水平输送管向前运动，经过输送管下料口的均匀分配，进入下降管，再经出料口分别进入熔炉，减少了原料与运动机械的摩擦，减少了设备易损件，也减少了设备对原料的损坏，减少了粉尘的产生，避免产生金属粉末进入熔炉。实现颗粒料的多点均匀加料，与玄武岩连续纤维池窑配合，有利于实现玄武岩连续纤维池窑的颗粒料均匀分布加料，提高熔炉的熔化能力，降低设备运行成本。

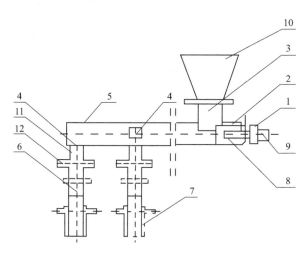

图 3-23　活塞推进密封式多点加料机结构示意图

1—减速箱；2—活塞推进体；3—进料口；4—下料口；5—水平输送管；6—波纹下降管；

7—水冷出料口；8—推进螺杆；9—电机；10—料斗；11—下料管；12—连接法兰

3.3.2　液面高度自动化控制仪

窑炉在生产过程要控制熔体液面高度，一般控制波动在 ±0.5mm，如果是用火焰加热，需要控制窑压波动不大于 ±2Pa，燃烧空间的气氛要恒定为氧化性或还原性，因此要求对燃料与助燃空气比例进行稳定调节，需使用到自动调节、控制装置。如果是用电加热，则需对供电量进行精确控制，供电是提供热量的前提，控制供给热量的多少是保证生产过程中矿石熔化、均化和熔体温度稳定的手段。供热量的控制方法被简化成供电量的控制方法，供电量控制主要是通过控制电流和电压以及延伸出来的功率来实现的，控制过程与温度的监测密切配合。

另外，先进的窑炉内会使用工业电视，对窑内总体情况进行监视，监视熔化、澄清情况，控制耐火材料侵蚀情况及熔体熔制质量情况。

在连续玄武岩纤维的生产过程中，要求漏板上方熔融液体的压力波动较小。为控制漏板上方玄武岩熔液的压力波动，保证连续玄武岩纤维成形过程稳定进行，在矿石熔化设备中要求有能够控制熔液高度的装置。行业中一般采用接触式的液面控制系统，即将一根铂金探针深入炉内的固定高度，当熔融液面与探针接触后，连接探针及熔液的电回路产生电流信号，借助该信号关闭加料装置，停止加料；当液面降低并与探针脱离时，上述电回路电流消失，加料器开始加料，以此来控制液面的高度。但此设备对生产连续玄武岩纤维来讲，存在明显的缺点：首先是由于玄武岩矿石成分中铁的氧化物含量较高，其熔融物及其挥发出来的气相组分对铂金探针腐蚀性较强，从而会大大降低系统的使用寿命；其次，玄武岩熔融物的黏度较大，铂金探针和熔融物脱离前形成较长的桥路，不能及时反馈信号，即不能及时发出指令进行加料，从而难以保证液面高度的稳定，另外还有一种借助激光探头测量液面高度的非机械接触式的测量与控制系统，但因激光探头价格昂贵，生产厂家通常难以承受。

图 3-24 提供了一种玄武岩纤维拉丝用熔炉液面高度测量装置结构示意图[17]，具体的技术方案：称重装置，设置在矿石熔炉炉体与其支撑体之间，用于称量矿石熔炉及其炉内料液的总质量；控制装置，用于控制加料装置，使其在进行加料、停止加料两种状态之间进行转换。

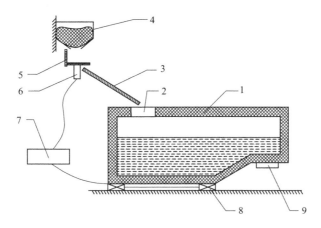

图 3-24　熔炉液面高度测量装置结构示意图

1—炉体；2—加料口；3—送料槽板；4—料斗；5—加料装置；

6—振动电机；7—控制装置；8—称重装置；9—放料口

该技术方案利用矿石熔炉液面高度与矿石熔炉和炉内料液的总质量具有一一对应的关系，通过称重装置称量得到总质量值，再根据总质量值控制或操纵加料装置工作，实现对矿石熔炉液面高度控制，由于称重装置、控制装置均设置在炉体的外部，便于调节控制其工作时的环境温度，保证系统的工作寿命和可靠性。为实现对矿石熔炉液面高度的自动控制，控制装置为与称重传感器、振动电机构成闭环控制系统的可编程自动控制器或数显可编程自动控制器。

3.3.3 电极

电熔窑炉技术的发展与合适的电极材料的开发有密切的关系。对电极材料的要求是：加热过程中至熔体通电前不会被空气氧化、能承受 > 1700℃的高温、高温时具有足够的机械强度、膨胀系数低、有与金属相当的电导率、与熔液接触电阻率低、与熔液润湿性好、不污染熔液、在各种介质中结构稳定、耐熔体的冲刷侵蚀能力强、本身含杂质很少、不与耐火材料起作用、使用寿命长。实际生产中，根据应用场合中存在的技术和经济条件，选择不同的电极材料。

电熔电极材料的研究，在硅酸盐玻璃类电熔工艺中是非常重要的。目前可供选择的电极材料有石墨、铂、氧化锡、钼和纯铁。在玻璃熔化行业，电熔电极的发展到目前经历了 4 个阶段：1907 年用石墨电极熔化一般玻璃；1925 年利用金属纯铁做电极熔化颜色玻璃；1932 年用钼做电极材料；1964 年又出现了氧化锡电极材料。最普通的电极材料是纯钼，时常做成直径为 30 ~ 100mm 的棒状；氧化锡电极属于陶瓷材料，加工制造困难，成本偏高，主要用于铅玻璃、工作池或某些特殊玻璃的熔制。就导电能力而言，钼和氧化锡两者的差别很大，钼的电流负载通常为 $2A/cm^2$，氧化锡的电流负载则不应超过 $0.3A/cm^2$。使用时一般都通水冷却电极。

在连续玄武岩纤维熔制工艺中，较适合的电极材料仍是钼电极。

20 世纪 60 年代后期，钼电极问世，开始广泛用于玻璃工业，钼电极的突出优点是：

① 与玻璃液浸润性好，接触电阻小，电极表面可以承受较高的电流密度，约 1 ~ $3A/cm^2$；

② 电极的热损失低；

③ 不易使玻璃着色。

缺点是钼电极在空气中受热时容易氧化，600℃时生成 MoO_3，易升华挥发，会加速钼电极的氧化损耗。

钼基本上能满足电熔窑炉对电极材料的要求，除了铅玻璃以外，能用于熔化难熔化、黏度大、挥发组分高等的大多数玻璃，在玻璃熔化过程中钼电极发挥着巨大的作用，广泛地用来改进窑炉设计和改善玻璃质量。钼电极的开发和利用，使玻璃工业的第二能源利用起了很大作用。

钼电极生产过程有两种方法：一是先把钼粉高压成形后烧结，经过锻打和热处理，以形成抗形变的晶粒结构。另一种方法是粉末冶金法。锻打并挤压的钼材质量比粉末冶金的好。

钼电极是金属电极，可以做成板、棒等各种形状，国外电熔窑基本上都采用钼电极。我国钼的资源丰富，钼电极的应用研究和生产也达到了较高的水平，为发展玄武岩电熔创造了有利的条件。

棒状钼电极，常用的直径在 32 ～ 50mm 之间，随着应用的推广，棒状电极有加粗的趋势，直径可做到 100mm。可提供的棒状电极长度在 1 ～ 2m 之间。提供的电极可带有平端连接螺纹，采用螺纹连接有很大的优势，电极可以被推入。当然，必须注意，螺纹接头的电阻不宜过大。

板状钼电极，常用的厚度在 2 ～ 20mm 之间，面积最大为 $1m^2$。通过钼棒向钼板供电，并用适当的方法将钼棒与钼板连接起来。

钼电极在玄武岩熔炉中长时间工作之后，会被玄武岩玻璃液中的离子 Fe^{3+}、K^+、Na^+ 及夹杂的 O_2、CO_2 气体侵蚀而最终被损坏。熔体的温度和黏度、加热电的密度和频率也是影响侵蚀速率的重要因素。

东南大学吴智深[18]等通过实验详细地研究了温度变化及玄武岩玻璃液中的 Fe^{3+}、K^+、Na^+ 对钼电极侵蚀的影响。

（1）加热温度对钼电极腐蚀的影响

图 3-25 是在玄武岩熔体中经过不同加热温度后钼电极的质量损失图。如图所示，随着温度升高，钼电极的质量损失增加。由热力学原理可知，对于氧化还原反应，当吉布斯自由能低于零时，该反应可以自发地发生。对于钼和玄武岩熔体中氧化物的吉布斯自由能来说，随着温度的升高，自由能降低。因此随着温度的升高，氧化还原反应容易进行，侵蚀变得越来越严重。

钼电极在玄武岩熔体中侵蚀后，在其表面有一层侵蚀物。图 3-26 是侵蚀层横截面的 SEM 图，根据 EDS 分析，该侵蚀层是 MoO_2。

（2）玄武岩熔液化学组成对钼电极侵蚀的影响

根据热力学计算，在玄武岩熔体中，SiO_2、Al_2O_3 和 CaO 不能与钼发生反应。当温度超过 1200℃的时候，Fe_2O_3、Na_2O 和 K_2O 能和钼发生氧化还原反应。开展实验细致研究了不同含量 Fe_2O_3、Na_2O 和 K_2O 对钼侵蚀的影响。

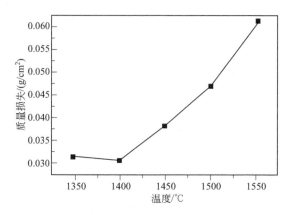

图 3-25　在玄武岩熔体中经过不同加热温度后钼电极的质量损失

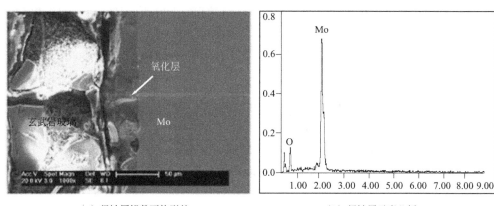

　　（a）侵蚀层横截面的形貌　　　　　　（b）侵蚀层元素分析

图 3-26　侵蚀层横截面的 SEM 图和 EDS 谱图

　　为了评估 Fe_2O_3 的影响，以玄武岩为基础，分别添加不同含量 (0、6%、10%、15%、20%、25%) 的 Fe_2O_3，1500℃熔融后，将钼电极样品放入熔体中，在 1500℃条件下保温 10h。图 3-27 是侵蚀后钼电极的质量损失图。由图可以看出，随着 Fe_2O_3 含量的增加，钼电极的质量损失增加，实验结果符合热力学计算结果。

　　图 3-28 是在不同添加量 (0、6%、10%、15%、20%、25%)Na_2O 和不同添加量 (0、6%、10%、15%、20%、25%)K_2O 的玄武岩熔体中侵蚀之后钼电极样品的质量损失图。钼电极的质量损失随着 Na_2O 或 K_2O 含量的增加而增加。

　　钼电极在玄武岩熔液中发生如下化学反应，这些反应引起了钼的侵蚀。因为 Fe_2O_3 的含量大于 Na_2O 和 K_2O 的含量，故 Fe_2O_3 的影响最大。

$$6Fe_2O_3+Mo \longrightarrow MoO_2+4Fe_3O_4 \tag{3-4}$$

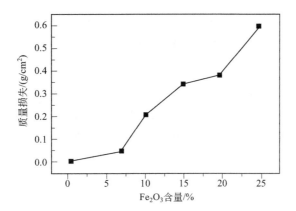

图 3-27 侵蚀后钼电极的质量损失图 (1500℃，10h)

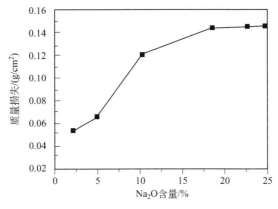

(a) 不同Na₂O含量对钼电极侵蚀的影响

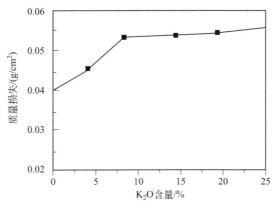

(b) 不同K₂O含量对钼电极侵蚀的影响

图 3-28 不同 Na₂O（a）和 K₂O（b）含量的玄武岩熔体侵蚀后钼电极的质量损失图

$$2Na_2O+Mo \Longrightarrow MoO_2+4Na \qquad (3-5)$$

$$2K_2O+Mo \Longrightarrow MoO_2+4K \qquad (3-6)$$

通过研究得到的结论：

① 随着温度的升高，钼电极的氧化还原反应越来越容易发生。钼电极的质量损失和被侵蚀程度随着玄武岩熔体温度升高而增加。

② 玄武岩熔体中 Fe_2O_3 对钼电极起到最主要的侵蚀作用，其次的是 Na_2O 和 K_2O。

3.3.4 燃烧器

3.3.4.1 预混燃烧器

燃料和氧气（或空气）预先混合成均匀的混合气，此可燃混合气称为预混合气，预混合气在燃烧器内进行着火、燃烧的过程称为预混燃烧。预混燃烧一般发生在封闭体系中或混合气体向周围扩散的速度远小于燃烧速度的敞开体系中，燃烧放热造成产物体积迅速膨胀，压力升高，压强可达 709.1 ~ 810.4kPa。

预混燃烧在燃烧前，燃料与氧气已经在燃烧器内充分混合。它是相对于扩散燃烧的另一种典型燃烧方式。根据预混氧化剂的含量是否能够使燃料完全燃烧，分为部分预混和完全预混燃烧两类。

预混可燃气体的燃烧是典型的预混燃烧。预混可燃气体由着火点开始进一步发展，使化学反应加剧，并出现火焰，该火焰首先发生在局部，然后向其余未燃气体中传播，直到燃烧结束，其传播速度称为火焰传播速度，也称为预混可燃气体的燃烧速度。因此，预混可燃气体的燃烧火焰处于运动传播之中，只有满足一定条件时，火焰才处于稳定平衡状态(动态平衡)。当流动达到湍流时，燃烧火焰表现的特点与层流火焰不同，其火焰锋不再平滑有序，属于湍流预混火焰。

燃烧方式有：

① 余气系数 >1，均相预混贫燃料燃烧。

② 余气系数 <1，均相预混富燃料燃烧。

燃烧特点是预混燃烧的火焰以湍流方式传播，燃烧速度取决于化学反应的速度，火焰面的温度取决于燃料空气掺混比。

预混燃烧器可分为：预混烧嘴、内混烧嘴和部分预混烧嘴。

预混系统的作用：在烧嘴和点火点之前完成一次空气和气体燃料的混合。也就是说，空气和燃气在进入烧嘴之前已经混合成为可燃气体。

预混合气的流量应考虑以下因素：可燃性气体与空气混合物的着火极限；火焰传播速度；混合压力；调节比。

保证完全预混式燃烧的条件：燃气和空气在着火前预先按照化学反应系数比混合均匀，设置专门的火道，使燃烧区内保持稳定的高温，在以上条件下，燃气-空气混合物到达燃烧区后能在瞬间燃烧完毕。火焰很短，甚至看不到，所以又称为无焰燃烧。

预混系统的优点：形成短火焰，火焰温度高，延展性好，使用集中的预混合系统可简化燃烧系统的管路。

预混系统的缺点：存在回火的可能性，调节比有限，空气/燃料比受限，难于应用在燃油烧嘴上。

3.3.4.2 纯氧燃烧器

任何燃烧过程都包括3个要素——燃料、氧气及高温，传统空气燃烧就是利用空气中21%的氧气来进行助燃，相应的燃烧器为预混燃烧器。但是空气中约79%的氮气在高温下也会部分与氧气发生氧化反应产生大量有害物质 NO_x，并且产生的烟气量较大，排放时会带走部分热量，因此空气燃烧的热效率较低，且浪费能源、污染大气。随着工业化技术的进步，从空气中分离氧气的技术日渐成熟，不但制得氧气的浓度越来越高，而且制氧的能耗在不断降低，这就为纯氧燃烧创造了有利的工业化基础，因此使用纯度大于91%的氧气，按照一定的氧气/燃料比与燃料混合燃烧，产生低动量火焰的纯氧燃烧技术应运而生。相比空气助燃技术，纯氧燃烧技术具有火焰温度高、热量传导快、燃烧效率高、废气排放少等节能环保的优良特点。

根据纯氧燃烧技术的发展和实际应用情况，玻璃纤维池窑上纯氧燃烧一般指采用纯度 ≥ 91% 的氧气为助燃介质的燃烧，它相对于传统空气助燃主要有以下燃烧特点：热效率高，提高熔化率；烟气量小，节能减排；余热可回收再利用。

纯氧燃烧系统的组成：由于纯氧燃烧是氧气与燃气直接混合燃烧，燃烧速度快，火焰温度高，因此要实现最佳稳定的燃烧状态就需要完善的系统和精密的控制来分别调节燃气与氧气的压力与流量。符合要求的燃气、氧气进入池窑车间，经过滤、调压后，按燃烧工艺要求，供给熔窑两侧的燃烧器，混合后进行燃烧。燃气量与熔窑内火焰空间控制点的温度联锁，随着温度的变化，由精密流量调节阀自动调节窑炉每支枪的燃气量，相应的氧气量也由精密流量调节阀按比例调节，保证燃烧充分。在燃气系统中需设置流量计、调压稳压阀、快速切断阀、精密流量调节阀以及各参量变送器等，以保证系统安全稳定供气及燃烧完整。

纯氧燃烧器是保证纯氧燃烧系统良好运行的主要因素之一，需要注意以下几点：

① 能够方便拆卸维护，在满足主燃料使用的同时可以方便更换枪芯与组件，以便在紧急情况下启用备用燃料。

② 能够提供要求产生热量的能力，并有足够的调节范围和良好的调节曲线，以便实现对燃烧的自动控制。

③ 有最佳的氧燃比，能够保证完全燃烧并有好的火焰形状，扩大火焰覆盖率。

④ 有足够的安全性和使用寿命，不易回火和烧坏（含烧嘴砖）。

窑炉纯氧燃烧器分为侧插式与顶插式两种。

侧插式燃烧器应用范围较为广泛，并且使用中受外界因素制约较少，几乎可以应用到所有类型玻璃纤维窑炉上；顶插式近些年开始流行，但是应用范围较小，且受外界影响多，不过据有关资料介绍顶烧热效率相比侧烧略高。

侧插式纯氧燃烧器又分为圆柱火焰与扁平火焰两种。圆柱火焰的火焰刚性强，热量较集中，比较适合对某一固定小范围内进行持续的高强度加热，如玻纤窑炉的投料区采用圆柱火焰可以使配合料能够更快的熔化，同时其火焰刚性好可以阻挡配合料粉尘向流液洞方向扩散，受窑内气流的影响小。扁平焰的火焰刚性弱，但是火焰覆盖面积广，成扇形，这样可以做到较大范围内的火焰辐射，火焰能够均匀加热，保证玄武岩玻璃液均质，一般在窑炉澄清均化区采用扁平焰纯氧枪。

顶插式纯氧燃烧器是将纯氧燃烧器安装在碹顶上，燃烧火焰的焰尖直接打到玻璃液面上，这样可以加强火焰与玻璃之间的热量传导，得到更高的热效率，同时由于热量较为集中，可以较快地在料层上形成玻璃相有助于玻璃熔化，比较适用于熔化较难的玻璃料。另外顶插式纯氧燃烧器热态安装较侧插方便，只需在碹顶进行热打孔，并可在碹顶任一位置安装喷枪，为使用过程中改变窑炉燃烧器安装位置提供了方便。但是顶插式纯氧燃烧器仅能用于不含挥发成分的玻璃料方，否则玻璃在熔化过程中产生的挥发物极易堵塞燃烧器，目前仅适用于不含明显挥发成分的无硼无氟玻璃纤维生产线。同时，由于火焰热量较为集中，会造成窑炉内玻璃液温度不均，因此窑炉设计过程中需考虑增加玻璃液行程及强制均化措施来改善玻璃液的质量，否则会对拉丝作业产生影响。

通路纯氧燃烧器也有分顶烧与侧烧式两种。采用顶烧式可以减少通路燃烧器的数量，减少投资。但是由于顶烧式火焰热量相对集中，控制不好易造成通路内熔体温度中间高两侧低，影响拉丝作业，造成经济损失；另外顶烧燃烧器易被挥发成分堵塞，更换燃烧器时易造成异物进入通路堵塞拉丝漏板。侧烧式通路燃烧器，虽然数量较多，但是对温度的调节均匀度更好，是目前通路燃烧普遍选用的燃烧器形式。

3.4 连续玄武岩纤维窑炉用耐火材料

窑炉使用的主要耐火材料分为铬质、锆质、硅质和镁质耐火材料。耐火材料的使用已经初步形成了窑用配套耐火材料生产、供应的格局，为我国大型窑用耐火材料的国内自给和合理配套使用奠定了基础。

3.4.1 连续玄武岩纤维窑炉常用耐火材料

将玄武岩矿石高温熔融的设备即为窑炉，砌筑窑炉所用耐火材料的几个砖面都经加工磨平，在制造厂进行预拼装，砌筑窑炉后耐火砖砖缝十分严密，经检验合格后才发运给用户。

耐火材料最主要的性能就是高温耐侵蚀性，耐火材料的侵蚀速度一般随温度按指数规律增加，并与时间呈线性关系。尤其是对火焰炉而言，高温下耐火材料对玄武岩熔体的耐侵蚀性是要考虑的首要因素。如果用电熔炉，还要考虑耐火材料的电阻率参数，要与所熔制的熔液相比较，如果熔液的电阻率小于耐火材料，则使用过程不会出现电蚀损坏，但熔液的电阻率大于耐火材料，则会出现电流流向耐火砖块而不通过玻璃熔液，一旦这样，将造成耐火材料的电蚀损坏。在靠近液面线、电极的四周（尤其是电极的上方），流液洞洞盖砖侵蚀速率是液面下整个砖面的侵蚀速率的 6 倍[18]。

砌筑玄武岩纤维窑炉耐火材料常用的内衬材料为：氧化铬砖、电熔锆刚玉砖、电熔铬锆刚玉砖、电熔刚玉砖、电熔石英砖[19]。

（1）氧化铬砖

氧化铬砖耐玄武岩熔体的侵蚀性能高，但高温电导率偏低，常用于玄武岩纤维、高强度玻璃纤维的高侵蚀、高热应力部位。

（2）电熔锆刚玉砖

电熔锆刚玉砖耐蚀性较好，产生小气泡的倾向小，而且不会渗出玻璃相。电熔窑炉使用量最大的是含 ZrO_2 33% ~ 41% 的电熔锆刚玉砖。

（3）电熔锆铬刚玉砖

电熔锆铬刚玉砖不含任何玻璃相，对熔液有较强的抗侵蚀性能。电熔锆铬刚玉砖的缺点是含有较高的 Cr_2O_3，会一定程度地污染熔液。适用于流液洞、池窑液面线的上排砖，加料口以及深色玻璃池窑里的鼓泡砖等。

（4）电熔锆英石砖

用注浆法或等静压法制造，其用途取决于各自的外观气孔率：气孔范围 8%~11%（体积密度 3.92g/cm³）适用于砌筑窑底、流液洞、成形部和料道。气孔率达 1%（体积密度 4.22g/cm³）的致密锆英石质耐火材料适于做池壁、池底和流液洞。锆英石质耐火材料具有非常好的耐温度变化性能和很高的电阻率。

3.4.2　玄武岩熔体对耐火材料的侵蚀

选用常用的 6 种耐火材料，分别为 SJ-41（熔铸锆刚玉）、HDZS-65（致密锆）、AZCS-30B（铬锆刚玉）、AZCS-50B（铬锆刚玉）、AZCS-60B（铬锆刚玉）、CR94-MD（致密铬砖），采用指法静态侵蚀试验方法，研究玄武岩玻璃对耐火材料的侵蚀情况。

① 耐火材料侵蚀图

各种耐火材料侵蚀后的图片见图 3-29。

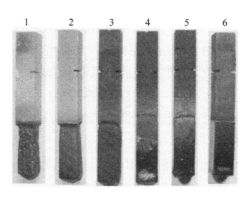

图 3-29　各种耐火材料样条侵蚀后的图片

1—SJ-41；2—HDZS-65；3—AZCS-30B；4—AZCS-50B；5—AZCS-60B；

6—CR94-MD

② 耐火材料侵蚀数据分析

耐火材料侵蚀后数据见表 3-3。试验用玻璃：玄武岩玻璃；试验温度和时间：1550℃，72h；试样形状：15mm×15mm×108mm。

表3-3　耐火材料侵蚀后数据

试样牌号	液面线处单方向侵蚀量/(mm/24h)	液面线下二分之一处单方向侵蚀量/(mm/24h)	π_α/%	ρ_b/(g/cm^3)
SJ-41	0.553	0.371	1.5	4.13
HDZS-65	0.631	0.452	0.9	4.42
AZCS-30B	0.215	0.125	13.2	3.56
AZCS-50B	0.101	0.011	17.4	3.67
AZCS-60B	0.070	0.030	18.5	3.75
CR94-MD	0.082	0.025	14.0	4.42

由表3-3可以看出CR94-MD耐侵蚀性最好。

在此基础上，进一步研究玄武岩玻璃对不同锆刚玉砖材在水平方向及向下方向的侵蚀情况。

熔体：玄武岩玻璃高温熔体

砖材：41号电熔AZS，简称41号AZS；

　　　　ZX-9510，简称X9510；

　　　　烧结致密锆砖ZRHD-65S，简称ZRHD-65S。

试验项目：玄武岩玻璃水平方向侵蚀性——指法侵蚀试验；

　　　　　玄武岩玻璃向下侵蚀性——坩埚法侵蚀试验。

① 指法侵蚀试验方法

将ϕ10mm×50mm的待测样品如图3-30所示组合好，坩埚中放入70g侵蚀用的玄武岩玻璃。将组合好的试样和坩埚放入电阻炉，升温至1500℃并保温48h后，高温下取出试样，冷却后测量试样的液面处及液面以下的尺寸并记录，计算侵蚀量。

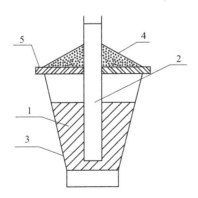

图3-30　指法侵蚀试验用坩埚和试样

1—锆英石水泥；2—试样；3—铂坩埚；4—玻璃；5—耐火垫片

② 坩埚法侵蚀试验方法

将待测试样切割成80mm×80mm正方体，在中心钻一个ϕ30mm×30mm的孔，孔的底部研磨平整，并清洗干净。再放入侵蚀用的玄武岩玻璃至坩埚容积2/3处，盖上盖板，如图3-31所示，将试样放入电阻炉，升温至1500℃并保温48h后冷却，从试样中间切开，测量试样底部侵蚀后的尺寸并记录，计算侵蚀量。

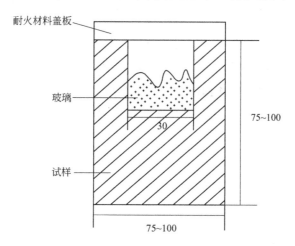

图3-31　坩埚法侵蚀试验用坩埚和试样（单位：mm）

③ 试验结果

a. 玄武岩玻璃化学成分见表3-4。

表3-4　玄武岩玻璃化学成分

组分	SiO_2	Al_2O_3	Fe_2O_3	TiO_2	CaO	MgO	K_2O	Na_2O	其他
含量/%	55.73	15.33	8.84	0.87	7.07	5.16	2.28	3.80	0.92

b. 指法侵蚀试验结果见表3-5。

表3-5　指法侵蚀试验结果

样品名称	侵蚀前尺寸/mm	侵蚀后尺寸/mm	侵蚀量/mm
41号AZS	10.06	9.64	0.21
X9510	9.02	8.80	0.11
ZRHD-65S	11.22	11.32	膨胀

c. 侵蚀后试样的照片见图3-32。

d. 坩埚法侵蚀试验结果见表3-6。

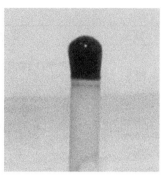

| (a) 41号AZS | (b) X9510 | (c) ZRHD-65S |

图3-32　指法侵蚀试验结果

表3-6　坩埚法侵蚀试验结果

样品名称	渗透层/mm	反应层/mm	侵蚀量/mm
41号AZS	2.86	0	0
X9510	1.80	0	0
ZRHD-65S	0.82	1.10	膨胀

e. 侵蚀后试样的照片见表3-7。

表3-7　三个样品的坩埚切断面和底面放大照片

样品	坩埚切断面	底面放大照片
41号AZS		
X9510		

样品	坩埚切断面	底面放大照片
ZRHD-65S	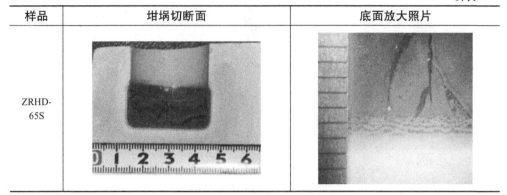	

通过以上实验研究可以得到如下结论：

在水平方向上耐玄武岩玻璃的侵蚀性，X9510 材质最佳，其侵蚀量仅为 41 号电熔 AZS 的 50%；41 号电熔 AZS 优于 ZRHD-65S；ZRHD-65S 与玄武岩玻璃反应，可能导致逐层膨胀、剥落。

在向下侵蚀方面，尽管没有观察到明显的侵蚀量，但从玄武岩玻璃液渗透情况推断，耐玄武岩玻璃的向下侵蚀性 X9510 材质最佳；41 号 AZS 优于 ZRHD-65S；ZRHD-65S 与玄武岩玻璃反应后形成 1.1mm 的剥落层。

马旭峰[20] 等研究了玄武岩熔液对致密锆英石砖、致密氧化铬砖、熔铸锆刚玉砖的侵蚀。为深入了解玄武岩高温熔体对耐火材料的侵蚀行为，参照 ASTM C621—1984（2001）分别对致密氧化铬砖、致密锆英石砖和熔铸锆刚玉砖（AZS-33）进行了 1500℃×72h 的玄武岩熔液侵蚀试验，并对侵蚀后试样进行了显微结构对比分析。侵蚀试验结果表明，致密氧化铬砖的抗熔融玄武岩侵蚀性最好，其次是致密锆英石砖，最差的是熔铸 AZS-33 砖，其在液面线处出现严重剥落现象。显微结构分析表明：致密氧化铬砖结构均匀，与玄武岩熔液反应性小，同时与玄武岩渣中的成分形成尖晶石致密层，阻止了岩渣的进一步渗透；致密锆英石砖表面与玄武岩熔液反应产生很薄的脱锆层和玻璃相，并且其致密均匀的结构也阻止了岩渣的进一步渗透；熔铸锆刚玉砖的显气孔率虽然很低，对玄武岩熔液有较好的抗渗透性，但其液相量较多，因此抗侵蚀性相对较差。

3.5 玄武岩熔体的质量控制

玄武岩纤维应用领域要求连续玄武岩纤维具有质量稳定性、均匀性，并且逐渐要求提高性能。而连续玄武岩纤维质量稳定性的先决条件是玄武岩玻璃熔体的质量的稳定性、均质性，如果熔体里夹杂微小包块、结石、析晶颗粒等不均匀物质，那么在连续玄武岩纤维生产过程中，极易造成断丝并中断连续纤维的生产。因此控制玄武岩玻璃熔体质量稳定性就显得极其重要，这也是"多元均配混配理念"的重要目标之一。通过矿石原料的混配、均配，以及通过熔制工艺、纤维成形工艺等多维度、多因素的控制，实现熔体的均质性、稳定性，最终实现连续玄武岩纤维的均质性、稳定性。

在玻璃纤维领域，玻璃质量从玻璃缺陷（气泡、结石、条纹）和成分稳定性两方面进行考虑，要求气泡、结石、条纹和节瘤含量越少越好，同时要求玻璃成分波动要小。

（1）气泡

生产玻璃纤维的玻璃熔体，由于其是透明的，里面夹杂气泡很容易被发现，因此气泡在玻璃质量评价中作为首选的因素。气泡是一种可见的气体夹杂物，直径小于 0.8mm 的称为灰泡，大于 0.8mm 的称为气泡。产生的原因有配合料在生产过程中发生反应放出气泡，澄清不良导致残留的气泡，也有玻璃在二次加热过程产生的二次气泡，或是杂质落入玻璃液产生的气泡。而玄武岩玻璃熔体，由于是火山岩熔化形成的熔体，不像玻璃熔体形成过程中会由于硅酸盐反应而生成气泡，即使含有少量的夹杂气泡，在窑炉的澄清区域也会排出；另外玄武岩玻璃是黑色玻璃，即使夹杂少量微小气泡，也很难被发现，因此，现阶段对玄武岩玻璃熔体质量的评价，很少用到气泡这个因素而提具体要求，但随技术的进步，将来也会对气泡对玄武岩熔体质量的影响进行深入研究，并提出具体质量评价指标。

（2）结石

部分连续玄武岩纤维的矿石原料中含有难熔的晶体或矿物相，在熔制过程中难以全部熔化，或是由于窑炉内温度不均匀导致玄武岩熔体析晶产生，这些难熔的晶体、析晶都以结石形式夹杂在熔体里；玄武岩矿石的熔制是在由耐火材料砌筑成的窑炉内进行的，在熔制过程中，玄武岩熔体必然会对耐火材料产生侵蚀，侵蚀下来的耐火材料小颗粒，也会以结石形式夹杂在熔体里，在纤维成形时，这些微小的结石极易造成纤维的中断，结石的危害是最严重的。

（3）条纹

与大部分熔体在成分和物理性能上存在明显差别的小团熔体称为条纹，呈滴状时又称为节瘤。一般形成的原因是矿石原料成分不均匀，偶有 SiO_2、Al_2O_3 这些含量高的成分，在熔化时形成高黏度熔团；或是耐火材料被玄武岩熔体侵蚀形成的富 SiO_2、Al_2O_3 的熔团，亦会形成条纹。条纹的黏度比周围熔体的黏度大，经常引起纤维直径的明显变化，从而质量大幅度下降，黏度太大也会造成纤维中断，对纤维成形也是很不利的。

（4）化学成分含量控制

玄武岩是生产连续玄武岩纤维的原料。大量研究表明，为生产出满足强度、化学性能、热稳定性或电绝缘性能要求的连续玄武岩纤维，必须采用化学成分、拉丝特性等符合特定要求的玄武岩矿石。对于熔融制备得到的玄武岩熔体，其化学成分的波动值也要控制在一定范围，如 SiO_2、Al_2O_3 质量含量的波动控制在 $\pm0.4\%$，MgO、TiO_2、Na_2O、K_2O 质量含量的波动控制在 $\pm0.8\%$。因此准确、快速地测定玄武岩中硅、铝、铁、钙、镁等元素的含量在实际工作中很重要，是对玄武岩熔体质量控制的主要手段。

（5）高温熔体黏度控制

高温熔体是玄武岩玻璃熔体作业性能的重要指标，不同的成分对应不同的黏度曲线，如果成分稳定、熔制工艺稳定且耐火材料侵蚀程度可控，则熔体的高温黏度趋于稳定。利用高温黏度性能指标检测熔体的稳定性，规定间隔一段时间，在窑炉料道固定位置取出熔体，按高温黏度测试规程进行检测，对比前后样品的高温黏度数值，即可判断熔体的稳定性，一般控制黏度对数值 2.5 所对应的温度变化不超过 ±5℃。

（6）析晶温度控制

析晶温度对纤维成形有较大影响，析晶温度的变化也能反映出成分的稳定性，可进一步对矿石原料、熔制工艺、耐火材料侵蚀进行分析，因此，亦可利用析晶温度性能指标检测熔体的稳定性，规定间隔一段时间，在窑炉料道固定位置取出熔体，按析晶温度测试规程进行检测，对比前后样品的析晶温度数值，即可判断熔体的稳定性，一般控制析晶上限温度数值变化不超过 ±3℃。

参考文献

[1] 陈兴芬. 连续玄武岩纤维的高强度化研究 [D]. 南京：东南大学，2018.

[2] 陆佩文. 无机材料科学基础 [M]. 武汉：武汉理工大学出版社，2006.

[3] 赵彦钊，殷海荣. 玻璃工艺学 [M]. 北京：化学工业出版社，2006.

[4] 张碧栋，吴正明. 连续玻璃纤维工艺基础 [M]. 北京：中国建筑工业出版社，1988.

[5] 郭亚杰，王广健，胡琳娜. 无机玄武岩纤维微观结构的光谱学特征研究 [J]. 淮北煤炭师范学院学报：自然科学版，2010, 31(3): 22-26.

[6] Д.Д.Джигирис, М.Ф.Махова. Основы производства базальтовых волокони изделий. Каменный век[M]. АНХ-ИНЖИНИРИНГ，2002.

[7] 俞克洪，曹柏青. 一种玄武岩纤维的生产装置及其生产方法：2015109073360[P].2016-05-04

[8] 南京玻璃纤维研究设计院 . 玄武岩化料代铂炉 :002197863[P].2001-02-28

[9] 喻克洪，刘承汉，曹柏青 . 一种用于玄武岩纤维生产的多漏板窑炉 : 2013100038216[P]. 2013-04-17

[10] 吴智深，刘建勋 . 一种用于连续玄武岩纤维大规模生产的池窑及加热方法 : 201410130881.9 [P]. 2014-07-30.

[11] 于守富，唐秀凤，吴嘉培 . 生产玄武岩连续纤维的大型火电结合池窑 : 201210438586.0 [P]. 2013-03-27.

[12] 董世成 . 玄武岩连续纤维生产用池窑 : 201020500649.7 [P].2011-04-13.

[13] 石景华，石慧敏 . 用于生产玄武岩连续纤维的电熔池窑 : 201020540457.9 [P]. 2011-04-20.

[14] 唐明 . 生产玄武岩连续纤维的全电熔池窑 : 201320266215.9 [P].2013-10-30.

[15] 高轶夫 . 生产玄武岩纤维长丝的大型池窑 : 200610012252.1 [P].2006-11-29.

[16] 唐明，马建国 . 活塞推进密封式多点加料机 : 200810195965.5 [P].2009-03-11.

[17] 李忠郢 . 矿石熔炉液面高度控制装置及控制方法 : 200610022084.4 [P].2007-03-21.

[18] Liu Jianxun, Lei Liang, Wang Y, Wu Gang, Wu Zhishen. Chemical corrosion of molybdenum electrode in a molten basalt environment[J]. Phys. Chem. Glasses: Eur. J. Glass Sci. Technol. B, 2015, 56 (5):212-216.

[19] 陈金方 . 玻璃电熔窑炉技术 [M]. 北京：化学工业出版社，2007.

[20] 马旭峰，张涛，王群伟 . 玄武岩熔液对耐火材料的侵蚀 [J]. 耐火材料，2012,46（2）:102-106.

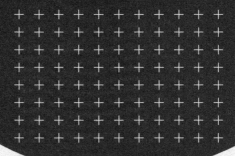

4 ▶▶

连续玄武岩纤维成形工艺

连续玄武岩纤维的成形过程是将玄武岩玻璃熔体经铂铑拉丝漏板制成纤维状，再由拉丝机高速牵伸制备成所需直径规格的连续纤维。成形工艺过程见图4-1。

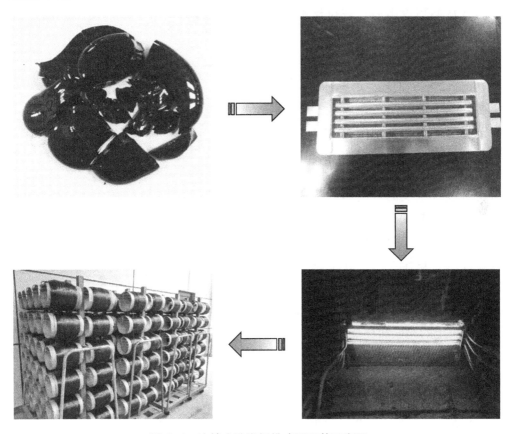

图 4-1 连续玄武岩纤维成形工艺示意图

连续玄武岩纤维成形工艺是玄武岩纤维生产过程中的重要环节，与熔制工艺同是多元混配均配第三维度中重要的一环。在漏板中熔体的均质性、温度均匀性进一步为生产质量稳定的连续玄武岩纤维提供保证。连续玄武岩纤维成形过程的关键设备是铂铑拉丝漏板，根据"多元混配均配"理念，在纤维成形工艺过程，控制与其密切相关的因素：漏板结构、漏板温度与熔体成形拉丝温度、析晶温度的协调控制，以及熔体硬化速度、张力控制等。与一般玻璃纤维的成形过程相比，玄武岩玻璃熔体黑度系数高，透热性差，熔体内部温度均匀性差，同时由于玄武岩熔体析晶温度高，析晶速度快，导致其在漏板处成形较困难，因此玄武岩纤维的成形技术是连续玄武岩纤维行业的关键技术之一。

4.1 连续玄武岩纤维成形原理

连续玄武岩纤维与玻璃纤维的成形原理相同，都是高温黏性的玻璃态熔液呈滴状从漏嘴流出后，被拉丝机以设定的速度牵伸并固化成一定直径的连续纤维[1]。

纤维从漏嘴出口到拉丝机卷取点分三部分，如图 4-2 所示：丝根、纤维成形线、拉丝作业线。丝根是在漏嘴出口下部形状如新月形的直径渐渐变细的部分，由于熔液的表面张力和牵伸力的平衡而形成的。纤维成形线是由漏嘴出口直到最终直径不变的这段距离，包含这段纤维线的区间叫纤维成形区。拉丝作业线是由漏嘴出口到拉丝机上纤维卷取点的距离，拉丝作业线根据工艺要求可设计为长作业线、短作业线。纤维成形过程中，纤维成形线总是远短于拉丝作业线。

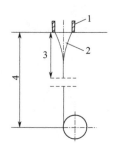

图 4-2　拉丝过程示意图

1—漏嘴；2—丝根；3—纤维成形线；

4—拉丝作业线

决定纤维的均匀性和降低纤维断头率的关键是丝根和纤维成形线的稳定性，为得到稳定的丝根和纤维成形线，首先要确保熔体成分均匀、温度均匀，然后控制熔体液面高度、漏板温度、拉丝速度等工艺参数，最后要关注冷却条件、牵伸比、气流控制等因素对纤维成形过程也有较大影响。

从流变学观点看，玄武岩玻璃熔体在漏嘴中的流动是黏性流体受简单剪切在受迫状态下的变形，丝根被牵伸成玄武岩纤维，则是黏性自由态的流股受单轴拉应力时的一种变形，这种变形是不等截面、不等温的。

（1）纤维成形线上的张力

黏性玻璃液的牵伸，是连续玄武岩纤维成形的基本过程。拉丝时会产生大小不同的张力，玻璃熔体的黏性及其流变行为会影响牵伸过程和张力。成形线上的拉力由横截面上所有轴向速度分量和拉应力分量、成形线表面上和空气产生肤层摩擦形成的剪应力等组成。拉丝过程中，希望总张力尽量小，总张力太大则严重影响拉丝作业的顺利进行，而总张力中各组成项所占比重多少，要根据具体情况进行分析。提高温度、减小漏嘴直径以及人为地控制成形线周围的气流流动，是降低张力的主要方法。

（2）成形线上的传热

玄武岩玻璃液从漏嘴中挤出时，温度高达 1300℃左右，在纤维成形时，要在很短的成形线上把热量传给周围，传热方式有辐射、对流。成形线周围的气流影响着成形线的张力，也影响成形线的冷却速率及其稳定性。成形线上横向气流的干扰对冷却速率有很大影响，也影响成形线横截面上的径向温度梯度场的对称性，进而影响纤维的结构和物理性能。

（3）拉丝过程的不稳定性

连续玄武岩纤维拉丝作业中，断头和单根纤维直径波动始终是影响大规模、高效率生产稳定性的主要问题。有三种不同因素造成拉丝不稳定性：熔体的可纺性；流体力学不稳定性；外部条件的波动。三种因素相互联系、相互影响。流体力学不稳定性必然造成纤维粗细不匀甚至断头。外部条件的波动也可以造成纤维直径变化或断头。同样，即使可纺性和流体力学满足稳定性要求，由于张力过大而使纤维脆性拉断，也可能出现拉丝过程中断。

（4）连续玄武岩纤维成形的影响因素

玄武岩玻璃熔体具有拉丝温度高、析晶温度高及析晶速度快、纤维成形温度范围窄、纤维内外层硬化速度相差比较大、与铂铑漏板的润湿性比较好、透热差等特点，是影响连续玄武纤维成形和拉丝过程不稳定性的因素。

连续玄武岩纤维成形过程中，玄武岩玻璃熔体易在漏板处析晶，漏板温度易发生不均匀性；玄武岩玻璃与铂铑合金漏板的润湿性好，玄武岩玻璃液在漏板上易引起"漫流"。这些特点也都会造成连续玄武岩纤维拉丝过程的不稳定，如断丝、飞丝、纤维直径粗细不均等。

保持玄武岩纤维拉丝过程稳定的方法，一是玄武岩玻璃液均质化和质量稳定；二是控制漏板及漏板温度均匀；三是拉丝工艺控制。

4.2 连续玄武岩纤维拉丝漏板

连续玄武岩纤维成形工艺过程与玻璃纤维类似，都需要用到铂铑合金漏板。漏板是一只呈槽形的容器，其下部底板上带有拉丝工艺上所要求数目的漏嘴。漏嘴数目有 100 ~ 2400 孔，甚至是更多一些。漏板是玻璃纤维、玄武岩纤维行业重要的拉丝设备之一，拉丝时，从流液洞中流出的玻璃液，经漏板底部的漏嘴流出后，在拉丝机的牵引下，拉制成具有一定纤维直径的纤维。玻璃纤维用拉丝漏板的特点：一般长度在 350mm 以上；漏嘴的形状为直孔式，漏嘴在底板上采用错排方式排列，这样设计的漏板较适合低熔点玻璃料的拉丝。对于熔点较高、透热性差、析晶温度高、析晶速度快的玄武岩玻璃液不适合，会造成大量的断头、飞丝，不但工人劳动强度大而且成品率低。应根据玄武岩熔体的特点进行漏板设计。

连续玄武岩纤维拉丝用漏板研究目前存在的问题如下。

（1）材料方面

目前用于连续玄武岩纤维漏板的材料是铂铑合金，一般采用 PtRh-10%、PtRh-15%、PtRh-20%。由于缺乏适合测量铂基材料高温力学性质，特别是蠕变速率的测量装置，缺乏材料高温下的力学、电学等性质的测量结果，特别是氧化物弥散强化材料的数据几乎没有，对材料高温强化机理的深入研究很少，对新型低贵金属、抗氧化、抗蠕变材料的研究进展缓慢，暂无新型可替换的漏板材料。

（2）材料加工工艺方面

对材料的制造工艺研究不够全面，如实验发现相同成分的弥散强化铂内氧化工艺制备的材料性能优于粉末冶金工艺制备的材料性能，但弥散强化铂合金材料的焊接加工工艺、退火工艺对材料高温力学性能的影响等问题尚认识不足。这些问题导致漏板在使用过程中的抗高温蠕变性，影响使用寿命。

（3）漏板设计方面

目前漏板的设计方法主要是采用经验方法和简单的热电计算，没有将实验数据、实践经验、计算机模拟技术和最优化设计方法有机地结合，对已有的漏板地结构改进和优化还有待于今后的研究开发。

4.2.1 漏板设计及要求

漏板的功能是将从坩埚炉或池窑通路供送的玄武岩玻璃熔体黏度调制到适合于拉丝的温度，然后玄武岩玻璃熔体在重力作用下通过漏板底板上的漏嘴流出，在漏嘴出口处被拉伸为连续玄武岩纤维。一般情况下，漏板的温度是由自身通电发热所产生的热量加上流过来的熔体所带的热量共同作用下进行调节的。

漏板一般由下列几个部分组成[2]：底板、侧壁、端头、电极、滤网、漏嘴。也有漏板设置有顶盖，如图 4-3 所示。

漏板设计遵守的原则是：作业过程中漏板的底板温度分布要均匀一致；各重要部件特别是底板的蠕变变形要小；在保证生产效率和使用寿命的基础上，尽量降低贵金属用量；加工制造，便于回收和循环使用。贵金属总损耗少，对环境无污染，对人体无伤害。通常认为漏板设计最重要的是对底板、电极和加强筋的位置、形状以及相互关系的综合设计。

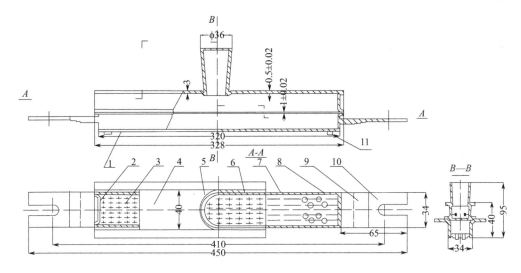

图 4-3　200 孔漏板结构

1—漏板；2—端头上壁；3—屏；4—顶盖；5—连接管；6—侧上壁；7—侧下壁；8—端头下壁；

9—侧翼；10—电极；11—漏嘴

目前，漏板设计主要采用经验方法，并配合一定量的热电计算，缺少系统的理论支持。近年来已有采用有限元方法来计算使用中漏板蠕变的报道，其基本步骤为：计算漏板的电场、电流场、漏板的温度场、漏板的使用初期应力——应变场、漏板使用中的蠕变导致的应力——应变场、综合分析结果对漏板进行设计和优化。有限元方法将在漏板的设计中起到辅助作用，成为重要的设计方法之一。

俄罗斯研制的漏板有一流液供料器，是一根弯曲的管子，两端有锥形电极（图 4-4）。供料器在工作位置用轻质耐热的保温材料绝缘。流液供料器是电加热元件，保证从

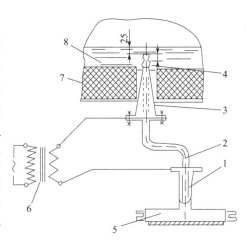

图 4-4　流液供料器装置示意图

1—下电极；2—管子；3—上电极；4—带孔的

尖帽儿；5—漏板；6—降压变压器；

7—窑底；8—熔体

料道的指定液面处取出熔体并可调地送到下面坩埚上。所以，它的上部插入料道底的孔中，而下部则插入坩埚的进液口。它取出温度均匀的熔体并稳定地送到漏板上，再被拉成原丝。

4.2.2 漏嘴设计及要求

玄武岩玻璃液从漏嘴中滴落后，被拉伸成连续玄武岩纤维，要求形成纤维的直接部件——漏嘴的设计必须满足拉丝过程连续而不间断的要求[1]。

根据纤维成形原理，想要连续进行拉丝，必须有稳定的丝根，而稳定的丝根取决于从漏嘴滴落玄武岩玻璃液的黏度大小，同时受漏嘴直径大小、长度及温度等因素的影响。因此，漏嘴的直径以及从漏嘴出来的玄武岩玻璃液的黏度是设计漏嘴时首先要考虑的因素。

玄武岩熔体是黏性流体，其流量和流速分布符合泊肃叶定律，泊肃叶公式是估算漏嘴流量的基础，用下列数学式[1]表达：

$$Q = \frac{\pi}{8} \times \frac{\Delta P R^4}{L \eta} \tag{4-1}$$

黏性流体在毛细管中流动时的速度分布可以用下列表达式表达：

$$v = \frac{\Delta P}{4 L \eta} (R^2 - r^2) \tag{4-2}$$

式中　Q——单位时间的体积流量；

ΔP——毛细管两端的流体静压力差；

R——毛细管半径；

L——毛细管长度；

r——所研究的毛细管截面上的半径；

v——所研究的半径处的流动速度；

η——流体的黏度。

在实际生产过程中，希望漏嘴排列得更紧密，使生产每吨纤维产品所需的铂合金用量大幅度减少，可提高生产效率，同时降低单位产品的铂耗。这一进步与漏嘴和漏板的加工技术进步分不开，最初是一个个漏嘴焊接在漏板上，漏嘴不可能排得太近，因为焊接工具要伸到漏嘴之间的孔隙中进行焊接操作，而现在用冷压方法加工漏嘴和漏板，即可最大幅度紧密排列漏嘴。

在工业生产中，常用的漏嘴材料为铂铑合金，由于价格昂贵，且遇到单质铁容易发生"中毒"而损坏，崔静涛等[3]研发了新型陶瓷漏嘴。陶瓷材料制作漏嘴的主要优点是保温性能好、与熔体浸润性好、耐高温变形能力强、不易中毒；缺点是可加工能力差、高温时容易产生晶体结构变化、表面粗糙度大、熔体流动阻力大、与漏板地板连接处的密封性差。

李建军、党新安等[4]研究了 1Cr18Ni9、OCr25Ni20 不锈钢材料漏嘴，不锈钢漏嘴的优点是加工性能好、加工精度高且容易控制、熔体流动阻力小、与坩埚底部连接处的密封性好、原料容易获得，缺点是耐高温性能差。

4.2.3　漏板成形方法

漏板制造方法分为分体成形法和整体成形法，两种方法的主要区别是底板和漏嘴的制造、成形以及焊接方法的不同。目前小漏板多采用分体成形法制造，大漏板的重要部件底板多采用整体成形法制造。

分体成形法的优点是：技术要求不高，投入小、设备简单，易加工多种尺寸的漏板；缺点是：漏嘴和底板的加工精度低，焊接变形大、热应力大以及弥散材料熔化焊接后强度降低。

整体成形法的优点是：加工精度高，特别是漏嘴位置和漏板的精度控制较好，使用寿命长，质量轻省材料，可增加漏嘴的数目，提高生产效率；缺点是：设备和模具的成本高，对加工技术和材料的要求也高。

分体成形法将分别加工的底板和漏嘴，经组合焊接而成。工艺主要包括底板上漏嘴孔位加工、漏嘴制造和组装焊接。

整体成形法漏板制造最早采用的整体成形法是熔滴法。该方法是通过火焰喷枪将 Pt-Zr 或 Pt-Rh-Zr 合金丝熔化后，熔滴在漏板模型上不断堆积并进行机加工后制成漏板。

4.2.4　连续玄武岩纤维拉丝用抗高温蠕变漏板

据上述介绍内容可知，漏板是连续玄武岩纤维生产中至关重要的设备之一，直接关系到纤维的成形品质及生产效率。由于玄武岩熔体具有易析晶的特点，其拉丝漏板控制温度要比玻璃纤维高，漏板容易发生高温蠕变变形，从而严重影响拉丝作业的进行。为提高漏板的使用寿命，一般采取的措施是提高底板材料的强度，例如增加铂铑合金中铑的含量，或是使用纳米氧化锆弥散增强的方式，但同时由于材料的力学性能增强会带来漏板加工困难的问题。

下面介绍几种抗高温蠕变的漏板。

4.2.4.1　生产连续玄武岩纤维的高寿命拉丝漏板用的加强筋及漏板

图 4-5 ~ 图 4-7 展示的是东南大学[5]提供的生产连续玄武岩纤维的高寿命拉

丝漏板用的加强筋及漏板，利用该结构的加强筋可以提高拉丝漏板的使用寿命。

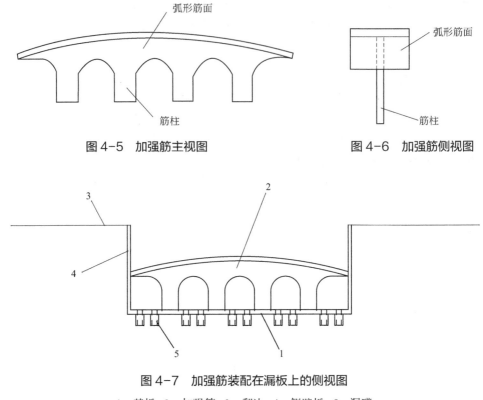

图 4-5　加强筋主视图　　　　　　图 4-6　加强筋侧视图

图 4-7　加强筋装配在漏板上的侧视图

1—基板；2—加强筋；3—翻边；4—侧壁板；5—漏嘴

　　生产连续玄武岩纤维的高寿命拉丝漏板用的加强筋，呈拱形，包括筋柱和顶部呈向上凸起的弧形筋面，筋柱焊接在筋面的下表面；相邻的两个筋柱之间形成拱洞。加强筋位于拉丝漏板的腔体中，加强筋固定连接在拉丝漏板的侧壁板和基板上。加强筋为 T 形与拱形结合的加强筋，在高温条件下，T 形拱桥状加强筋由于上表面的弧状拱面的支撑力较强，可显著抵抗筋柱的高温蠕变伸长量，从而显著减少基板的高温变形，达到提高漏板使用寿命的效果。玄武岩熔体是黑色熔体，透热性非常差，即使同一水平面的不同位置的熔体都容易形成温差而造成熔体不均匀的特性，该漏板方案设置了拱洞，增加玄武岩熔体的流动性，即可增加熔体温度的均匀性。

　　如图 4-8 所示，用于生产连续玄武岩纤维的高寿命拉丝漏板，其结构包括基板、侧壁板、堵头板、电极板、加强筋和漏嘴；基板上设有漏嘴通孔组，漏嘴位于基板下方，且漏嘴固定连接在漏嘴通孔组中的漏嘴通孔上；堵头板和侧壁板分别固定连接在基板上表面四周，侧壁板沿基板长度方向设置，堵头板沿基板宽度方向设置，堵头板、侧壁板和基板之间形成一腔体；加强筋位于该腔体中，且加强筋固定连接在侧壁板和基板上；电极板位于腔体外侧，且电极板固定连接在堵头板上；相邻的两个筋柱之间，以及位于端部的筋柱和侧壁板之间形成拱洞。加强筋至少为 2 个，加强筋沿基板长度方向分布在腔体中，且相邻两个加强筋之间的距离为 10 ~ 50mm。漏嘴通孔组横向排布或纵向排布，且相邻两个漏嘴通孔组之间的基板为筋柱定位部，筋柱定位部为 n 个，n 为大于等于 1 的整数。加强筋的筋柱底部固定连接在筋柱定位部；当漏嘴通孔组横向排布时，每个加强筋的筋柱为 n 个；当漏嘴通孔组纵向排布时，每个加强筋的筋柱至少为 1 个。漏嘴通孔组中每组漏嘴通孔组包括一排、两排、一列或者两列漏嘴通孔；漏嘴通孔数量之和为 100 ~ 4000 个。侧壁板顶部和堵头板顶部分别设有向腔体外侧延伸的外翻边；漏嘴为直形漏嘴或锥形漏嘴，或圆台圆锥组合形漏嘴，漏嘴边缘壁厚度为 0.2 ~ 0.6mm，漏嘴内径为 1.0 ~ 3.0mm，漏嘴高度为 2 ~ 7mm。

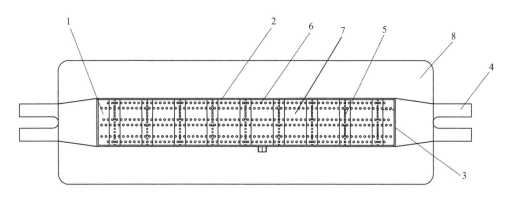

图 4-8　漏板的俯视图

1—基板；2—侧壁板；3—堵头板；4—电极板；5—加强筋；6—漏嘴；7—筋柱定位部；
8—翻边

4.2.4.2　曲面或球面底板的连续玄武岩纤维拉丝漏板

图 4-9 展示了曲面底板的漏板[6]：包括电极引板、底板、围板和若干漏嘴，漏嘴均匀分布在所述底板上且漏嘴的中心线垂直于底板的表面，从若干漏嘴中产生的若干丝根汇聚至丝束汇集点，底板为圆弧形曲面或球形曲面形状，圆弧形曲面的圆心或者球形曲面的球心与丝束汇集点重合。底板上设有加强筋，围板上设有加强筋。漏板的材质为高熔点金属或耐高温合金或耐高温陶瓷材料。

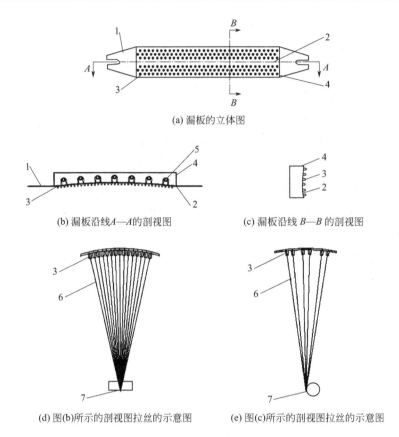

(a) 漏板的立体图

(b) 漏板沿线A—A的剖视图   (c) 漏板沿线 B—B 的剖视图

(d) 图(b)所示的剖视图拉丝的示意图   (e) 图(c)所示的剖视图拉丝的示意图

图 4-9　曲面底板的漏板

1—电极引板；2—底板；3—漏嘴；4—围板；5—加强筋；6—丝根；7—丝束汇集点

　　漏板上均匀分布的漏嘴的中心线垂直于底板的表面，这样每根丝根均位于漏嘴的中心且与漏嘴的中心线重叠，因此，不会出现由于丝根倾斜导致的掉头断丝，同时保证漏板中部与两侧丝的细度的均一性，从而提高丝束整体的强度。

　　底板的正向和侧向截面均呈圆弧形，可以改变漏板受熔体压力的方向，分散应力，通过一个水平推力把原本由荷载产生的弯矩应力大部分转化为压应力，从而消除了促使漏板变形的拉应力，从而从根本上改变了漏板内部的应力方向，提高漏板底板的抗压能力，可防止漏板高温下蠕变变形。

4.2.4.3　过滤板表面中间高两端低的连续玄武岩纤维漏板

　　图 4-10 展示了一种提高玄武岩玻璃熔体流动性、降低死料形成的连续玄武岩纤维漏板[7]。包括漏板内的过滤板，过滤板表面中间高两端低，降低漏板内部

两端死料的形成，增加了产量，提高了产品质量；过滤板两端带有向上边沿，挪出、移动方便。

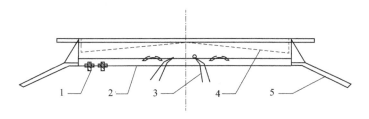

图 4-10 滤网中间高两端低的漏板结构简图

1—漏嘴；2—漏板；3—热电偶；4—过滤网；5—加热链接板

漏板通过铜夹头连接漏板加热连接板加热至可拉丝温度，玄武岩熔液从过滤网上方流入漏板，经漏嘴漏丝。

4.2.4.4 抗高温蠕变的连续玄武岩纤维漏板

图 4-11 展示了一种抗高温蠕变的漏板[8]，包括侧板、基板、漏嘴、上板、电极板。侧板设置在基板的两侧，上板设置在侧板的上端；在基板与侧板之间形成流液槽；电极板设置在漏板的横向两端；基板的底部设置有漏嘴，在漏嘴上方的基板上设置有纵向的凸形加强筋；凸形加强筋横向布置；凸形加强筋的形状为圆弧形，其一端与基板的第一连接端连接，另一端与基板的第二连接端连接；凸形加强筋将基板分割开来，每段基板与凸形加强筋间隔排列；基板的两侧斜面处设置有两个加强筋板。基板与凸形加强筋一体成形，并且厚度相同。在一个横向截面内设置有三个凸形加强筋。在漏板的中间还设置有纵向的吊筋，吊筋两端分别连接基板和上板。

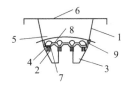

图 4-11 玄武岩纤维漏板的侧视结构示意图

1—侧板；2—漏嘴；3—电极板；4—基板；5—流液槽；
6—上板；7—连接端；8—加强筋；9—外加强板

用特制模具在底板上压出凹凸的波浪纹槽增加底板强度，以降低底板厚度，而且在底板两侧斜墙处改用两块厚筋，并在漏板中间加几条吊筋，纵横交错的结构布局，可以起到抗高温蠕变能力，比单纯加厚底板和斜墙效果好。该漏板总重只有 1500 ~ 1600g，比每块传统漏板节约至少 500g 铂金，节约投资成本。

4.3　拉丝装置中附属部件

连续玄武岩纤维在拉丝过程中，由于纤维成形工艺控制技术要求，必然要用到漏板冷却器、喷雾器、涂油器、分束器、集束器等装置。由于连续玄武岩纤维成形过程与玻璃纤维类似，因此目前连续玄武岩纤维拉丝工艺配置的附件在借鉴玻璃纤维拉丝工艺的基础之上 [1]，根据连续玄武岩纤维成形过程所呈现的特性而进行优化、升级。

4.3.1　冷却器

连续玄武岩纤维在拉丝时，要保证拉丝温度与析晶上限温度之间的差值远大于 50℃。因此要提高玄武岩玻璃液的温度，然后对新月形的丝根迅速进行冷却，必须要用到冷却器装置。

对丝根进行冷却，促使纤维连续而稳定成形的装置是冷却器。冷却器对丝根的冷却作用，对提高拉丝过程的稳定性和高效率具有重要影响。

玄武岩玻璃的析晶上限温度越低，则析晶产生的危害就越小。玄武岩熔液流经漏嘴时，会有相当大的温降，其具体的下降幅度取决于玄武岩的温度 - 黏度曲线，同时也取决于漏板作业温度。

拉丝过程须让玄武岩玻璃液的表面张力引起的向上力和黏度引起的向下的牵伸力之间保持平衡。适合于拉丝的黏度范围是 $\lg\eta=2.5 \sim 3$。当黏度太大（温度偏低）时，牵伸所造成的拉力大于刚形成的纤维的拉伸强度，纤维就会被拉断。当黏度太小（温度偏高）时，新月形丝根不稳定，会引起纤维直径粗细的波动。另外，漏嘴之间相互有热辐射影响其温度，进而影响纤维成形。在生产实际中，漏嘴温度调控问题受到了丝根表面冷却速率的限制，如在等排漏嘴之间插入片状冷却器，它们吸收了从丝根辐射出来的热量，提高了丝根的冷却速率。

常用冷却器分为两类：水冷扁管式冷却器、横插式冷却器。

（1）水冷扁管式冷却器

水冷扁管冷却器是由中空的金属平扁管组成，扁管中有冷却水通过，扁管的两端都要和总管相连，由总管供送冷却水。

扁管的材料最好用铂铑合金、钯或钯银合金做成，但价格太高，现在常用材料为铜质或不锈钢质做成。

水冷扁管冷却器 200～800 孔漏板上一般装一套，1200 孔或更多孔的漏板就要装两套或更多。注意每套冷却器的冷却水管要并联敷设，否则各套冷却器的冷却效果难于保持相同。

连续玄武岩纤维拉丝时漏板温度比玻璃纤维高，而此时黏度偏小，需进行强制冷却。水冷扁管冷却器的冷却效果强，更适用于连续玄武岩纤维成形时的冷却。但水冷扁管式冷却器一次装好后不易局部调节，这是它的不足之处。

（2）横插式冷却器

横插式冷却器是由一组组金属片组成，金属片的同一端连接在一根内部通水的冷却管上，由此管内部的冷却水对金属片进行冷却再进一步冷却丝根。冷却片的材料有银、铜等，银质冷却片冷却效果最好，但在高温下金属银很容易与铂及铂铑合金形成低熔点合金，会损坏漏板，在使用中严禁银片与高温的漏板或漏嘴接触。铜的传热效率仅次于银，一般在铜质冷却片镀银或镀镍，可提高其耐腐蚀性能。横插冷却器在使用过程中，金属片上容易沉积一层粉状物而降低冷却效果，因此要定期进行清理。

冷却片的安装高度是冷却过程中的关键点，如果安装得偏高，容易接触到漏嘴，造成漏板损坏，也容易加大对漏嘴的冷却强度，引发拉丝中断，甚至是析晶堵塞漏嘴。如果安装的偏低，则对丝根冷却强度不够，丝根不稳定也会造成纤维断头现象的产生。

4.3.2　喷雾器

在拉丝过程中，为了适当给纤维降温便于操作工人引丝上丝操作、为了纤维更好地被浸润剂所润湿，同时为了保护单丝涂油器、分束器和集束器表面潮湿，不易使断掉的纤维和浸润剂一道干燥结成皮膜而更容易清洗，一般在漏板和单丝涂油器之间的纤维扇面区要用喷雾器给纤维喷上水雾。水雾液滴一般控制为 4～5μm，喷射力要适中，对纤维拉丝扇面的冲击力不能太大。一般喷雾液体使用普通水，也可用去离子水，喷雾量一般为 5L/h。

一般连续玄武岩纤维拉丝温度高，可通过调整喷雾量大小来控制冷却效果，从而有利于拉丝工艺的调整。

随着技术的发展，在传统喷雾技术的基础上，开发了新的空气雾化喷雾技术，即引入压缩空气，使得水能够形成直径更小、数量更多、覆盖面更广的气雾层，同时水和压缩空气还能及时带走纤维成形过程中的剩余热量，促进浸润剂的涂覆[9]。

4.3.3　涂油器

连续玄武岩纤维生产过程中，一定要涂覆浸润剂，用来涂覆浸润剂的装置一般被称为涂油器，作用是使每根纤维上更均匀地涂覆一薄层浸润剂。纤维在涂油器上的包角一般为 3° 就足以保证浸润剂的涂覆。角度太大会增加纤维上的附加张力，也容易磨损涂油器的表面。

常用的涂油器主要有两种型式：一种是辊式，另一种是皮带式。

辊式涂油器中，辊子材料一般为橡胶、陶瓷或石墨，辊子浸在恒定液位的浸润剂槽中，通过电机带动而转动，同时表面挂有一层浸润剂液沫，单根纤维经过此液膜时，被涂上一层浸润剂。

皮带式涂油器是由传动辊和固定不动的硬质钢棒组成，由皮带连接在一起，转动时，传动辊浸泡在浸润剂槽中，由皮带传输浸润剂，纤维经过固定不动的硬质钢棒端时，被涂覆上一层浸润剂。

由于涂油器的运行环境为高温、高湿、浸润剂结皮及玄武岩玻璃断头、毛丝聚集，需经常清洁，另外，玄武岩纤维生产属于 24h 不间断作业，因此对涂油器的设计要求较高[10]。一般涂油器由涂油辊、涂油盒、涂油盒盖、保持架、驱动电机、传动齿轮等组成。涂油器的基本功能就是将浸润剂均匀涂覆到玄武岩纤维的表面，对涂油器的基本要求就是：涂油辊转动平稳，带油均匀，无跳动现象；浸润剂在涂油盒内的液面稳定，无震荡、无波动。满足以上要求即保证了涂油器良好的涂覆性能。

4.3.4　分束器

根据不同领域应用技术的要求，对连续玄武岩纤维在生产时进行拉丝分束处理，即将一个 400 孔或更大漏板引丝而成的 400 根或更多根纤维分成 4 束或更多束，这样生产的原丝，有利于在应用时提高纤维的分散性。把原一束纤维分成几束纤维的设备就是分束器，常安装在涂油器和集束器之间。分束器分为可转动分束器和固定式分束器两种。可转动分束器的轮子一般用石墨制成，在使用中可定时地转动，为减少摩擦和保持清洁，可向槽内喷水雾。固定式分束器一般由树脂层压板做成，由于其固定，所以经常有一处与纤维摩擦而易发生磨损，更换频率高。

4.3.5　集束器

集束器通常起到集束的作用，是将从漏板引丝而成的单根原丝或之前经分束器分束的纤维汇集为一束，形成原丝束，然后被拉丝机卷绕在绕丝筒上。集束器一般为石墨轮，分为可转动型和固定型两种，可转动型集束器寿命长，可达数月，固定型集束器寿命短，石墨炉容易被磨损。

4.4　连续玄武岩纤维拉丝工艺

连续玄武岩纤维拉丝工艺与玻璃纤维拉丝工艺类似，在借鉴玻璃纤维拉丝工艺布置的基础上，结合连续玄武岩纤维拉丝特性，在生产实践中适当进行调整、优化[1]。

4.4.1　拉丝机

拉丝机是生产连续玄武岩纤维的主要设备，主要功能是将漏嘴流出的玄武岩玻璃液拉伸成一定细度的纤维，并以特定的排线方式将其卷绕成特定要求的原丝筒，以供下道工序使用。根据排线方式的不同，拉丝机可分为直接拉丝机和合股拉丝机。在先进的连续玄武岩纤维生产车间中，一般都配置这两种拉丝机用以生产直接纱、合股纱等不同产品，直接纱的形状为规则的圆柱形，而合股纱丝饼的形状为中间高、两端低的锥形。

日本岛津A-4T拉丝机是我国最早引进的设备，主要性能参数见表4-1。

表4-1　日本岛津A-4T拉丝机的主要性能参数[11]

序号	控制指标名称	指标范围	控制方式	备注
1	机头转速/（r/min）	800～4000	变频	外置电机
2	转速精度	±0.1%	变频	

续表

序号	控制指标名称	指标范围	控制方式	备注
3	机头电机		变频	
4	排线电机	无	机械	机头电机齿轮带动排线器
5	卷绕比	2.12	机械	机头电机齿轮带动排线器
6	排线后移	无	无	
7	排线器后移方式	无	无	
8	张力控制/mm	20~60	机械	通过调整排线器高度控制张力
9	强制分束器	无	无	
10	强制分束器上下移动	无	无	
11	强制分束器左右移动	无	无	

由表4-1可知，早期拉丝机尚无卷绕比自动调节、排线后移、强制分束等功能，缺少通过改变卷绕参数从而改善产品品质的手段。

日本岛津A-402S-79拉丝机是近期引进的拉丝机，性能指标见表4-2，性能明显提高。

表4-2　日本岛津A-402S-79拉丝机的主要性能参数[11]

序号	控制指标名称	指标范围	控制方式	备注
1	机头转速/（r/min）	800~4000	变频	
2	转速精度	±0.1%	变频	
3	机头电机		变频	内置电机
4	排线电机	有	变频	
5	卷绕比	1.00~9.99	变频	可调
6	排线后移	0~60	步进电机	匀速后移
7	排线器后移方式	0.1~2	脉冲	匀速后移
8	张力控制/mm	0~60	设定	通过调整排线器高度控制张力
9	强制分束器	有	气动+自动	
10	强制分束器上下移动	0~1200	气动	
11	强制分束器左右移动	0~110	自动	与排线器联动，可任意设定

4.4.2　拉丝工艺位置线

拉丝工艺位置线是指漏板、涂油器、分束器、集束器和拉丝机的排线轮和机头之间的布局位置关系。这种布局可以是单层布置，也可以是双层布置，对应的是短作业线和长作业线。此外，不论是单层作业，还是双层作业布置，漏板的长度方向可以和拉丝机机头轴线的方向平行或垂直，由于机头端部总是朝着操作人员的，所以实际上就成为漏板的安放方式。

拉丝工艺位置线的布置，应考虑以下几方面的因素。

（1）要让纤维被涂覆浸润剂，集束成原丝并绕在机头的绕丝筒上的过程中保持最小的张力；要让纤维在集束之前的走行空间的气流易于控制。

（2）纤维成形时，由于要克服黏性牵伸阻力、表面张力以及周围介质的摩擦阻力，会在纤维上产生一定的张力。

（3）纤维经过涂油器、集束器（或分束器）和拉丝机的排线轮，都应当使包角尽可能地小些。这是确定工艺位置线的一条基本原则。

拉丝作业是单层好还是双层好，争论一直没有断过。从劳动力成本角度考虑：大批量生产时，拉丝作业正常的情况下，单/双层作业总劳动力花费相差不多。从纤维质量稳定性控制角度分析，双层作业线有如下优势。

（1）纤维原丝束内各纤维之间如果张力差别大，会造成原丝束各纤维长度一致性差，导致原丝强度降低，也会影响后续的合股、织布等质量。一般漏板两端纤维有较大的包角差，附加张力差异大，为减少纤维彼此之间附加张力不均匀程度，适当加长集束器到漏板的垂直距离是有效的方法，从这个角度分析，双层作业线布置有利。

（2）拉丝机在工作时，拉丝机头在高速运转的同时也要对纤维进行排线，即在拉丝机头增加了一种具有小幅度且一定频率的速度脉冲，如果这种速度脉冲传递到纤维成形区，则会影响纤维成形的稳定性。如果拉丝作业线比较长并且张力比较小，那么它减缓这种脉冲的能力就较大，也减缓脉冲的传递，维护纤维成型区的稳定，双层拉丝作业线有利。

（3）拉丝机的高速转动会造成周围气流的紊乱，严重时会产生不可控的上升气流，影响纤维成形区的气流从而影响拉丝生产的稳定性，也会影响纤维质量的稳定。一般应将拉丝机与纤维成形区隔开，并且让拉丝机的空间对于上部纤维成形区来说保持一定的负压，有利于成形区气流的稳定，双层作业线布置有利。

玄武岩纤维成形过程是一个复杂的工艺过程，张力影响是重要参数之一，对纤维成形作业稳定性有影响，也对丝饼卷绕、络纱等后道工序也有影响。玄武岩纤维拉丝工艺中的张力由以下因素构成：熔体在漏嘴中受迫剪切时的黏弹性效应以及施加在丝根起始端的牵引力引起的；丝根表面曲率所需克服表面能而形成的力，正比于丝根在周围介质界面处的表面张力；纤维重力，与玄武岩玻璃密度和拉丝角度有关；摩擦力，即指运动状态的原丝表面与周围介质发生表层摩擦产生的力，与拉丝工艺位置及拉丝附件材质有关。在实际生产中，影响张力的直接参数及关系为：拉丝速度和张力成正比、漏板温度与张力成反比、涂油包角在一定范围内与张力成正比[12]。

4.5 智能制造

4.5.1 "智能制造"的概念

"工业4.0"（Industry 4.0）是德国政府提出的一个高科技战略计划，是指利用物联信息系统（cyber-physical system，CPS）将生产中的供应、制造、销售信息数据化、智慧化，最后达到快速、有效、个人化的产品供应。对应"工业4.0"，我国政府立足我国转变经济发展方式实际需要，围绕创新驱动、智能转型、强化基础、绿色发展、人才为本等关键环节，提出"中国制造2025"高科技战略计划[13]。"中国制造2025"核心是"智能制造"，由智能制造再延伸到具体的工厂，就是智能工厂，是推动中国从制造大国转向制造强国的根本路径，"智能制造"也是玻纤工业、连续玄武岩纤维工业发展的必由之路。

"智能制造"主要包括：装备智能化、生产方式智能化、产品智能化、管理智能化、服务智能化五大方面[14]。

（1）装备智能化

运用先进制造技术、信息技术和智能技术，赋予物理设备具有感知、分析、推理、决策、控制功能，是实现智能工厂的基础。

（2）生产方式智能化

运用互联网技术，将智能装置、智能控制系统、通信设施等组成一个智能系统网络，让物理设备具有计算、通信、精确控制、远程协调和自治等功能。智能化生产方式将改变整个生产技术的使用，不同系统之间可以相互沟通，工作更快、做出反应更加迅速，是实现智能工厂的根本手段。

（3）管理智能化

信息技术、现代管理技术和制造技术相结合，将各个层次自动化设备、各级管理计算机有机连接起来，形成一个完整的网络整体，使企业的人、财、物、供、产、销全面结合，全面受控，实时反馈，动态协调，实现企业效益最大，是智能工厂的大脑。

（4）产品智能化

运用电子标签等作为数据载体，采集（标识、识别、跟踪）产品生产、包装、仓储、销售等环节的控制信息，实现生产的可追溯性、跟踪货物位置和存储的情况、识别产品的流向和产品的合法性等。产品智能化赋予产品"身份"信息，更加体现智能化。

（5）服务智能化

利用互联网技术，工程师可以瞬间"到达"用户身边，达到上门服务的效果，服务智能化将使服务更加专业安全、快捷高效、节约大量时间成本和使用成本。

4.5.2 玻璃纤维工业生产制造现状

与玄武岩纤维工业相比，玻璃纤维工艺智能化程度高很多，因此，玄武岩纤维工业的智能化可多方面借鉴玻璃纤维智能化技术，并根据自身特色进行优化、创新。

中国玻璃纤维生产自1996年池窑拉丝工艺技术实现规模化推广以来，经过近20年的努力，产业规模及自动化生产程度得到了较大的提升。行业领军企业实现了主生产线DCS自动控制、物流生产线的自动化以及配合料输送、浸润剂配制、水、电、燃气等公用工程的自动化控制等，并已经开始着手实施"智能制造"。但就绝大多数玻纤企业而言，生产自动化还只是孤岛，尚未连接起企业整个生产过程，信息化管理也大多停留在计划管理层，未能贯穿到企业整个生产、管理、服务环节。对整个玻璃纤维行业而言，距智能制造、智能工厂要求还有一定的差距[15-17]。

4.5.3 连续玄武岩纤维工厂生产过程自动化设计

借鉴自动化成熟度高的行业，根据连续玄武岩纤维生产工艺流程，可对生产连续玄武岩纤维工厂生产过程自动化进行设计，主要包括原料自动配料输送、池窑拉丝主生产线DCS控制、物流生产线的自动化、浸润剂配制线的自动化、工厂公用站房自动化等。

原料自动配料输送系统采用PLC加PC上位机，完成配合料各种粉料上料、称重、混合、输送至窑头料仓的自动配料、输送过程，以及配合料系统的信息化管理。

池窑拉丝主生产线DCS控制系统通过众多温度、压力、流量传感器，智能测量、调节、控制装置，计算机嵌入式终端系统，网络通信设施等组成的智能控制系统，自动调节池窑及其热工设备的工艺参数，实现玄武岩玻璃熔制、纤维成形工艺生产过程自动化和信息化。

物流生产线的自动化应用了激光导引AGV（自动导引小车）与搬运机器人，

将丝饼从卷绕区自动输送到烘干区烘干后，自动完成包装、堆垛、进出立体库等，实现了产品从生产环节到仓储的自动化识别、传输、分配、存储和管理。

浸润剂配制线的自动化采用 PLC 加 PC 上位机，按照工艺流程对预处理罐、预熔罐、配制罐、中间罐、储罐、循环罐等进行一系列的顺序过程控制和信息化管理。

工厂公用站房，如燃油站、天然气站、氧气站、变电站、循环水站、废气废水站等，通过采用 PLC 加 PC 上位机监控系统，实现供油、供气、供电、供水与废弃物的智能控制和信息化管理。

企业信息化是利用信息技术、现代管理技术和制造技术的结合，将各个层次自动化设备、各级管理计算机有机连接起来形成一个完整的网络整体，控制整个企业的全部生产活动，如物资供应、生产过程、计划调试、经营决策、企业管理、产品销售等，使企业的总体经济效益最大化。在当前和未来，企业各种管理系统及工具软件进行平滑对接，数据共享，是提升信息化管理水平的关键[14]。

4.5.4 连续玄武岩纤维企业实施智能化关注事项

① 自动化与信息化深度融合。由于工厂生产环节中自动化设备越来越多，覆盖面越来越大，设备能够提供的信息也越来越多，这些信息可以囊括生产的方方面面，从工艺运行参数、质量控制、能源管理到产品和设备数据的归类、分析、整理，最终将会形成一个庞大的数据库。因此，信息的继承与共享、自动化与信息化深度融合是实现智能化的关键。中国整个制造工业正在进行中的趋势也正是工业自动化与信息化的高度融合。

② 在规划设计阶段要充分考虑到本企业的未来发展趋势。智能制造、智能化工厂是整个工业制造系统发展的大趋势，所有的层级智能也都是在发展中，所以在计划阶段就应在系统的设计上，既要采用当前最先进的软硬件技术，又要在软硬件接口与标准化留有充足的余地。

③ 普及现场设备智能化。现场的单体设备智能化是工厂智能化的基础，只有现场单体智能化，设备智能化的现场才能接收并执行来自管理调度层的指令，上传生产运行参数。否则，即使上层采用了高端管理软件也是与现场生产管理脱节，也不可能建成覆盖整个生产运营全过程的高效的信息化网络。

④ 重视网络安全建设。没有安全的网络，企业就没有安全生产与综合管理活动的环境[14]。

4.6 连续玄武岩纤维质量评价

　　经过近20年的努力，连续玄武岩纤维在我国已经形成系列产品，连续玄武岩纤维产品的相关标准也陆续颁布，如：GB/T 8111—2019《玄武岩纤维分类分级及代号》、GB/T 25045—2010《玄武岩纤维无捻粗纱》、GB/T 23265—2009《水泥混凝土和砂浆用短切玄武岩纤维》，产品应用技术规范和指南，如：JT/T 776—2010《公路工程玄武岩纤维及其制品》，这些标准中规范了连续玄武岩纤维的质量，包括外观、纤维直径、线密度、含油率、含水率、干纱强度、浸胶纱强度、耐碱性、耐温性等性能。

　　连续玄武岩纤维的性能测试评价方法遵循相关国家标准，如：连续玄武岩纤维的化学成分含量按照GB/T 1549—2008《纤维玻璃化学分析方法》进行测定；连续玄武岩纤维的线密度、纱线的断裂强力、纤维直径分别按照GB/T 7690.1—2013《增强材料 纱线试验方法 第1部分：线密度的测定》、GB/T 7690.3—2013《增强材料 纱线试验方法 第3部分：玻璃纤维断裂强力和断裂伸长的测定》、GB/T 7690.5—2013《增强材料 纱线试验方法 第5部分：玻璃纤维直径的测定》进行测定；连续玄武岩纤维的含水率、浸润剂含量分别按照GB/T 9914.1—2013《增强制品试验方法 第1部分：含水率的测定》、GB/T 9914.2—2013《增强制品试验方法 第2部分：玻璃纤维可燃物含量的测定》进行测定；连续玄武岩纤维的浸胶纱强度按照GB/T 20310—2006《玻璃纤维无捻粗纱 浸胶纱试样的制作和拉伸强度的测定》进行测定。具体方法可查阅相关标准，本文仅做概述性介绍。

4.6.1 外观

　　连续玄武岩纤维外观，不应有影响使用的污渍、杂质、毛羽等缺陷，其颜色应均匀，呈深褐色，富有金属光泽；纱筒应紧密卷绕成规则的圆筒状，保证退绕方便。在正常光照度条件下，距离0.5m，目测法逐个检验。

4.6.2 纤维直径

　　连续玄武岩纤维直径，采用显微镜法进行观察、测量，观察纤维直径分为纵向法和横截面法，纵向法是观察纤维直径纵向方向并进行直径的测量，而横截面法是观察纤维直径的横截面并区分横截面的长短轴，测量短轴代表纤维的直径。

4.6.3 线密度

线密度是指纤维、绳索等单位长度的质量，是描述纱线粗细程度的指标，一般是指 1000m 长的纤维或纱线的质量，其法定单位为"特克斯"，符号为"tex"，1tex=1g/km 采用专用的设备对纱线进行长度的量取，选用精度为 1mg 的精密电子天平进行称量质量，即可计算得到纱线的线密度。公称线密度与取样长度关系见表 4-3。

表 4-3　公称线密度与取样长度关系

公称线密度 T_t/tex	取样长度/m
$T_t < 25$	500
$25 \leq T_t < 45$	200
$45 \leq T_t < 280$	100
$280 \leq T_t < 650$	50
$650 \leq T_t < 2000$	10
$2000 \leq T_t$	5

4.6.4 含水率

刚生产出来的连续玄武岩纤维原丝含有大量水分及浸润剂，经过烘干工艺处理后，得到的干燥的原丝，摆放在空气中一段时间后，仍会吸收水分而增加质量，会影响后续的复合材料制备工艺及复合材料的品质。

含水率的测试是按操作规程绕取一定长度的纱线试样，质量最好在 15 ~ 30g 之间，置于通风烘箱中，控制温度在 105℃ ±3℃ 范围内进行干燥，称取干燥前后纱线的质量，通过质量差法进行计算失重量即为含有水分的质量，换成所占原样品的质量百分含量，得到的数值即为含水率。

测试数据处理：

按式（4-3）计算每个试样的含水率 $w_水$，以质量分数表示：

$$w_水 = \frac{m_1 - m_2}{m_1 - m_0} \times 100\% \qquad (4\text{-}3)$$

式中　m_0——试样皿质量(当试样单独称量时，该值为零)，g；

m_1——初始质量（包括或不包括试样皿），g；

m_2——最终质量（包括或不包括试样皿），g。

4.6.5 含油率

含油率也称可燃物含量，是连续玄武岩纤维表面浸润剂含量的习惯说法，用于表征纤维表面浸润剂含量的多少。由于其是有机物，一般在 625℃马弗炉中空气气氛环境下被空气氧化而分解挥发，根据这个原理进行相关质量的称量、计算，即可得到含油率数据。

测试数据处理：

按式（4-4）计算试样的含油率，以干燥制品的质量分数 $w_{油}$ 表示：

$$w_{油} = \frac{m_1 - m_2}{m_1 - m_0} \times 100\% \tag{4-4}$$

式中　m_0——试样皿质量，g；

　　　m_1——干燥试样和试样皿的质量，g；

　　　m_2——灼烧后试样和试样皿的质量，g。

4.6.6　纱线断裂强力

采用强力机对纱线进行拉伸荷载进行测量，所得到的最大荷载即为断裂强力。测试的关键在于夹具，见图 4-12。

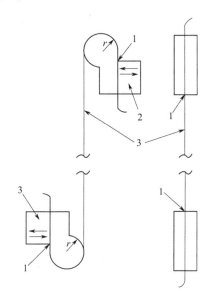

图 4-12　圆弧式和平板式夹具示意图

1—试样固定点（有效长度末端）；2—活动钳口；3—试样

对圆弧式夹具，圆弧半径为 12 ~ 25mm 的夹具适用于线密度小于 500tex 的纱线；圆弧半径为 25 ~ 45mm 的夹具适用于线密度大于 500tex 的纱线和无捻粗纱。

夹钳的两个夹持面应有保护层或用胶带粘贴，以保持纱线定位，不受损伤。

试验机应能调节到恒定速率 (200±20) mm/min。应根据夹具的类型设定移动夹具的初始位置。

典型的公称有效长度：平板式夹具为 500mm；圆弧式夹具为 250 ~ 350mm。实际有效长度应在试验报告中注明。

4.6.7　耐碱性

分别测定经碱溶液处理和未经碱溶液处理的玄武岩纤维单丝的拉伸强度，以碱溶液处理后单丝强度保留率表示耐碱性。处理条件：1mol/L NaOH 溶液，60℃，浸泡 (120±5)min。

测试数据处理：计算单丝强度保留率，修约至小数点后一位。

$$R_\varepsilon = \frac{P_1}{P_0} \times 100\% \qquad (4\text{-}5)$$

式中　　R_ε——单丝拉伸强度保留率，%；

P_1——经碱溶液处理后的10个单丝拉伸强度平均值，MPa；

P_0——未经碱溶液处理的10个单丝拉伸强度平均值，MPa。

4.6.8　耐温性

分别测定经高温处理和未经高温处理的玄武岩纤维的单丝拉伸强度，以高温处理后单丝强度保留率表示耐温性。处理条件：400℃，保温 (120±5) min。

测试数据处理：计算单丝强度保留率，修约至小数点后一位。

$$R_\varepsilon = \frac{P_1}{P_0} \times 100\% \qquad (4\text{-}6)$$

式中　　R_ε——单丝强度保留率,%；

P_1——经高温处理后的10个单丝拉伸强度平均值，MPa；

P_0——未经高温处理的10个单丝拉伸强度平均值，MPa。

4.6.9　浸胶纱强度及弹性模量

首先制备浸胶样品，将待测的原丝纤维或无捻粗纱、有捻纱，充分浸没树脂，然后按树脂固化条件进行固化，得到类似复合材料的浸胶纱样品。采用强力机对其拉伸强度、弹性模量进行测试，关键之处在于夹具的选择及样品夹持端的加强片保护，由于浸胶纱类似复合材料，横向抗剪切力弱，在夹持拉伸过程中容易被夹具剪切破坏，因此需要增加加强片对夹持段进行保护，此加强片的贴合保护过程需要特别注意。

（1）断裂强度

断裂强度 σ_τ(MPa)，由以下公式给出：

$$\sigma_\tau = \frac{F_\tau \rho_g}{10^{-3} \rho_1} \tag{4-7}$$

式中　F_τ——断裂强力，N；

　　　ρ_g——无捻粗纱玻璃的密度，g/cm^3；

　　　ρ_1——无捻粗纱的线密度，tex。

（2）拉伸弹性模量

拉伸弹性模量 E(MPa) 由以下公式给出：

$$E = \frac{F \rho_g}{10^{-3} \rho_1} \times \frac{L_0}{\Delta L} \tag{4-8}$$

式中　F——测量的对应于ΔL的力，N；

　　　L_0——引伸计的有效长度，mm；

　　　ΔL——力F下的伸长，mm。

参考文献

[1] 张碧栋，吴正明 . 连续玻璃纤维工艺基础 [M]. 北京：中国建筑工业出版社，1988.

[2] Д.Д.Джигирис，М.Ф.Махова. Основы производства базальтовых волокони изделий. Каменный век [M]. Теплоэнергетик. Москва, 2002

[3] 崔静涛，兰新哲 . 陶瓷材料成形工艺研究新进展 [J]. 陶瓷 ,2007,11:11-15.

[4] 李建军 . 玄武岩连续纤维成形工艺的研究 [D]. 西安：陕西科技大学 ,2008.

[5] 吴智深，刘建勋 . 一种生产连续玄武岩纤维的高寿命拉丝漏板用的加强筋及漏板 . 201610467196.4[P].2019.

[6] 胡斌，陈俊路，黄思辰 . 漏板 . 201520111057.9[P].2015.

[7] 刘树增，曲思宇 . 玄武岩纤维 400 孔漏板 .201620002458.5[P].2016.

[8] 高海雁 . 一种玄武岩漏板 . 201520658100.3[P].2015.

[9] 武其银，马军红，陈发东 . 空气雾化喷雾在玻璃纤维成形中的应用 [J]. 玻璃纤维 , 2010,3:8-11.

[10] 穆允广，陈宗勇，柳丽娜 . 玻璃纤维粗纱涂油器设计规范与应用 [J]. 玻璃纤维 , 2011, 6:21-24.

[11] 付凤芝，武其根，陈发东，等 . 改进拉丝机排线方式，提高多分束玻纤产品品质 [J]. 玻璃纤维 , 2009, 3:4-7.

[12] 刘立新，杨海永，马京明 . 玻璃纤维成型工艺中的张力分析 [J]. 玻璃 , 2010,225(6):24-26.

[13] 国家制造强国建设战略咨询委员会 .《中国制造 2025》重点领域技术路线图 [M]. 2015.

[14] 王承慧 . 浅谈玻纤工厂智能化 [J]. 玻璃纤维 , 2016, 2:5-9.

[15] 吴嘉培 . 玻纤工业自动化 50 年 [J]. 玻璃纤维 , 2015, 1:38-46.

[16] 姜肇中 . 我国改革开放与玻纤工业的高速发展 [J]. 玻璃纤维 , 2008, 6:1-8.

[17] 魏平 . 三十载点石成金 唱响玻纤最强音—巨石集团 "峻岭涅槃" 历程 [J]. 玻璃纤维 , 2009, 1:1-5.

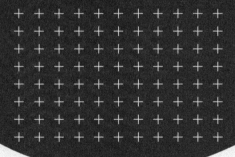

5 ▶▶

连续玄武岩纤维的性能设计

连续玄武岩纤维是一种结构工程材料，具有高强度、高模量、耐高低温、耐化学腐蚀性、抗紫外线、吸湿性低、隔声隔热、电绝缘、耐候性等优良的特性[1-3]。

连续玄武岩纤维的性能、成分和结构之间存在相互关系。连续玄武岩纤维的性能是由玄武岩原料的矿物成分和化学成分决定的。玄武岩原料的矿物成分决定着连续玄武岩纤维的工艺性能（黏度、析晶、硬化速率、表面张力等）、玄武岩玻璃熔体的结构和均质性、纤维质量的稳定性以及部分物理化学性能，从而影响连续玄武岩纤维的性能稳定性；在玄武岩玻璃足够均质和均化的情况下，化学成分决定着连续玄武岩纤维的物理、化学、电学、热学等性能。

连续玄武岩纤维的性能也与玄武岩玻璃三维网络结构的紧密度有关，玄武岩玻璃三维网络结构越紧密，其强度和模量就越高，黏度也越高。玄武岩玻璃三维网络结构是由矿物组分种类和含量决定的，玄武岩中架状和链状矿物越多，玄武岩玻璃三维网络结构越紧密。

因此说，矿物成分和化学成分对连续玄武岩纤维的性能影响相辅相成。掌握了连续玄武岩纤维的性能、成分以及结构之间的内在关系，才能制备出符合性能要求的连续玄武岩纤维。

随着高性能纤维复合材料的迅猛发展，人们对稳定化、高性能化（高强度、高模量、耐高温、高耐碱）连续玄武岩纤维提出了更高的要求。因此，连续玄武岩纤维的稳定化控制和高性能化设计成为提升连续玄武岩纤维及其制品竞争力的关键。

5.1 化学成分对连续玄武岩纤维物化性能的影响

5.1.1 拉伸强度

拉伸强度是指材料在被拉断前的最大承载应力，它表示某种材料抵抗大量塑性变形的能力，是连续玄武岩纤维力学性能的一个指标。纤维材料具有拉伸强度高的特点，因此是理想的增强材料。表 5-1 列出了不同纤维的拉伸强度。

表5-1　各种纤维浸胶纱的拉伸强度

名称	连续玄武岩纤维①	碳纤维	芳纶纤维	S-玻璃纤维①	E-玻璃纤维①
拉伸强度/MPa	3100 ~ 4840	3500 ~ 6000	3200 ~ 3700	4020 ~ 5000	2800 ~ 3800

①指新生态单丝的拉伸强度。

连续玄武岩纤维无捻粗纱是增强材料的基本形式（材料）。在实际应用中，连续玄武岩纤维无捻粗纱的拉伸强度较常用。表 5-2 列出了不同纤维的无捻粗纱浸胶纱的拉伸强度。

表5-2　不同纤维的无捻粗纱浸胶纱的拉伸强度

纤维种类		拉伸强度/MPa
碳纤维	高强PAN基	3530～6600
	高模PAN基	3820～4700
	Pitch基	2950～3400
芳纶纤维	Ⅰ	≥2920
	Ⅱ	≥3000
玻璃纤维	普通型(E)	1600～2100
	高强型（S）	2800～4000
	耐碱型（AR）	1500～1900
连续玄武岩纤维	普通型	2500～3000
	高强型	≥3000
	高弹模型	2000～2500
	耐碱性	2000～2500
PBO纤维		5300～5800

影响连续玄武岩纤维的拉伸强度的因素很多，主要有化学成分、结构均匀性、纤维表面微裂纹、纤维直径等 [4-7]。

（1）化学成分对纤维拉伸强度的影响

连续玄武岩纤维的拉伸强度与玄武岩玻璃网络结构有关，玄武岩玻璃网络结构紧密，则拉伸强度增加；玄武岩玻璃网络结构疏松，则拉伸强度降低。SiO_2 和 Al_2O_3 使玄武岩玻璃网络结构紧密，提高连续玄武岩纤维的拉伸强度。碱金属氧化物和碱土金属 K_2O、Na_2O、MgO、CaO 及 TiO_2，破坏玻璃网络结构，使网络结构疏松，降低连续玄武岩纤维的拉伸强度。

氧化铁是连续玄武岩纤维区别于玻璃纤维的一个特别的化学成分。关于氧化铁对连续玄武岩纤维拉伸强度的影响，Austin 等通过添加还原剂来控制 FeO、Fe_2O_3 含量，研究了 FeO、Fe_2O_3 对连续玄武岩纤维的拉伸强度的影响，结果见表 5-3。FeO 提高连续玄武岩纤维的拉伸强度，Fe_2O_3 降低连续玄武岩纤维的拉伸强度 [4]。

表5-3 FeO、Fe$_2$O$_3$对连续玄武岩纤维拉伸强度的影响

样品	FeO/%	Fe$_2$O$_3$/%	拉丝温度/℃	拉伸强度/MPa
1	5.7	8.5	1250	1720
			1325	1930
			1370	2090
2	7.1	7.0	1250	2140
3	6.8	7.3	1325	2420
4	9.8	4.0	1250	2840
5	9.5	4.3	1325	3070
6	9.2	4.7	1370	3170

（2）结构均匀性对纤维拉伸强度的影响

连续玄武岩纤维结构的微不均匀性，降低了连续玄武岩纤维的拉伸强度。由于连续玄武岩纤维中存在缺陷，当受到外力作用时，在这些缺陷处就会引起应力集中，导致内部产生裂纹，从而使连续玄武岩纤维的拉伸强度大大降低。连续玄武岩纤维的均匀性越好，纤维中的微不均匀结构、化学不均匀性以及微观缺陷就会减少，拉伸强度就会增大。Militky 研究证明由于纤维的不均匀性（可能在小晶体附近）导致连续玄武岩纤维的断裂[5]。

玄武岩玻璃的熔化温度区间窄导致玄武岩玻璃液均匀性差，黏度大导致熔体流动性变差，析晶倾向大导致玄武岩玻璃易于析晶，纤维成形温度范围窄导致玄武岩玻璃液的料性小，这些因素都会影响玄武岩玻璃液的均匀性，从而影响连续玄武岩纤维的拉伸强度。

（3）表面微裂纹对纤维拉伸强度的影响

格里菲斯认为纤维的破坏是从表面微裂纹开始的，随着裂纹的扩展，导致整个试样断裂。由于微裂纹的存在，使得纤维的拉伸强度降低。

连续玄武岩纤维表面微裂纹产生的原因分两种。

① A.Q. 扎克认为，在拉丝作业中，每根纤维在拉力作用下都受到一定的应力，这种应力作用于先硬化的纤维外壳时就产生表面微裂纹，而对于纤维里层尚处于塑性状态的玻璃，应力是分散的，不易产生裂纹。由此可见，提高玄武岩玻璃的硬化速度，减少连续玄武岩纤维成形时的张力，有利于减少连续玄武岩纤维表面的微裂纹，有利于提高连续玄武岩纤维的强度。

② 连续玄武岩纤维表面的机械损伤与化学腐蚀形成表面微裂纹，在连续玄武岩纤维表面涂覆一层保护膜（浸润剂），可以减少连续玄武岩纤维表面的机械损伤。

（4）纤维直径

俄罗斯学者研究连续玄武岩纤维拉伸强度与其直径的关系，发现连续玄武岩纤维的直径从 9μm 到 20.6μm，拉伸强度从 2480MPa 降到 1480MPa。说明连续玄武岩纤维拉伸强度与直径有关，纤维直径越小，强度越高。

5.1.2 弹性模量

弹性模量是表征材料应力与应变关系的物理量，表示材料变形的抵抗力。在低温和常温下，纤维基本上服从胡克定律，可以用下列公式表示：

$$E = \frac{\sigma}{\varepsilon}$$

（5-1）

式中　σ——应力；

ε——相对的纵向变形；

E——弹性模量。

表 5-4 列出了不同纤维的弹性模量及伸长率。

表5-4　不同纤维的弹性模量及伸长率

纤维种类		弹性模量/GPa	断裂伸长率/%
碳纤维	高强PAN基	230~324	1.5~2.0
	高模PAN基	343~588	0.7~1.4
	Pitch基	200~400	1.4~2.1
芳纶纤维	I	70	3.6
	II	112	2.4
玻璃纤维	普通型(E)	72~77	4.8
	高强型（S）	75~88	5.2~7.0
	耐碱型（AR）	70~74	2~3.0
连续玄武岩纤维	普通型	80~90	2.3~2.5
	高强型	80~90	2.5~3.2
	高弹模型	≥90	2~2.4
	耐碱性	80~90	2.2~2.6
PBO纤维		280~380	2.5~3.5

通过声学参数及材料的密度可以计算材料的动力性能（弹性模量，损耗模量，机械损耗角正切等）。俄罗斯学者用声学法测定连续玄武岩纤维的弹性模量，并按照式（5-2）计算：

$$E = c^2 \rho$$

（5-2）

式中　c——声音传播速度，m/s；

ρ——纤维密度，g/cm^3；

E——弹性模量。

表 5-5 是在频率为 12.8kHz 时不同拉丝速度下得到的连续玄武岩纤维中声音的传播速度和弹性模量。该表内的数据说明，比较高的拉丝速度下得到的纤维，其声音传播速度比较高，因而这些纤维按式（5-2）计算出的动力弹性模量也比较高。同时，他们还测定不同直径的连续玄武岩纤维的动力弹性模量，发现弹性模量随着直径的增大而降低。

表5-5　连续玄武岩纤维中声音的传播速度和弹性模量

纤维平均直径/μm	声音传播速度/（m/s）	弹性模量/GPa
15	5632	90.8
14	6010	104.0
11	6196	110.6
9	6285	113.8

连续玄武岩纤维的弹性模量与玄武岩玻璃的化学成分和玻璃网络结构有关。离子半径较大，电荷低的 Na^+、K^+、Ba^{2+} 等氧化物不利于弹性模量的提高；离子半径小、极化能力强的离子（如 Li^+、Be^{2+}、Mg^{2+}、Al^{3+}、Ti^{4+}、Zr^{4+} 等）能够提高弹性模量。各种氧化物对玄武岩玻璃的弹性模量提高作用由大至小为：$CaO >$ $MgO > B_2O_3 > Fe_2O_3 > Al_2O_3$。

5.1.3　热学性能

5.1.3.1　耐高温性

连续玄武岩纤维的使用温度范围为 $-296 \sim 800℃$，而玻璃纤维为 $-60 \sim 450℃$。连续玄武岩纤维具有很高的耐热性，且优于玻璃纤维和矿物棉。根据一些文献介绍，在连续玄武岩纤维的制作过程中，如果增加 SiO_2、Al_2O_3 以及 Fe_2O_3 的含量，则能够提高连续玄武岩纤维的使用温度。

连续玄武岩纤维在热处理时，纤维强度下降，纤维的长度缩短，密度增大，这是由于热处理时连续玄武岩纤维结晶引起的。而正是连续玄武岩纤维中微小结晶体的存在，使其耐温性能良好。

有研究表明[8]，连续玄武岩纤维在 $100 \sim 250℃$ 下处理后，其拉伸强度提高了 30%，而无碱玻璃纤维的强度降低了 23%。250℃热处理后，无碱玻璃纤维的强度低于连续玄武岩纤维 40%；在 300℃ 和 400℃ 热处理后，无碱玻璃纤维的强度低于连续玄武岩纤维 30% 和 28%，而连续玄武岩纤维在 600℃ 下仍保留强度。

5.1.3.2 导热性

热导率是温度梯度等于1℃时，在单位时间内通过样品单位截面上的热量来测定的。连续玄武岩纤维、矿物纤维和无碱玻璃纤维的热导率和热稳定性见表5-6。由表可见，连续玄武岩纤维的热导率低于矿物纤维和无碱玻璃纤维。

表5-6　几种纤维的热导率和热稳定性

性能	连续玄武岩纤维	矿物纤维	无碱玻璃纤维
工作温度/℃	−180 ~ +800	−90 ~ +600	−60 ~ +450
玻璃软化温度/℃	1100	800	600
热导率/[W/(m·K)]	0.032 ~ 0.036	0.04 ~ 0.047	0.036 ~ 0.042

连续玄武岩纤维的热导率随着 SiO_2、Al_2O_3、Fe_2O_3 含量的增加而增大。凡能降低玻璃热膨胀系数的组分都能提高其热稳定性。

5.1.3.3 热振稳定性

纤维的热振稳定性是纤维经受振动和高温条件下而不被破坏的性能。表5-7是3种纤维的热振稳定性数据，由表5-7可以看出连续玄武岩纤维的热振稳定性远高于矿物纤维和无碱玻璃纤维。

表5-7　3种纤维的热振稳定性

温度/℃	振动时的质量损失率/%		
	连续玄武岩纤维	矿物纤维	无碱玻璃纤维
200	—	40	12
450	0.03	75	41
900	0.45	100	100

玄武岩纤维棉的热振稳定性取决于纤维的结构、棉的恢复系数（弹性）、强度以及结晶性能。然而有研究表明：玄武岩棉的热振稳定性低于连续玄武岩纤维棉。玄武岩棉和连续玄武岩纤维棉在不同温度下振动3h后，玄武岩棉在900℃时的质量损失率为99.65%；连续玄武岩纤维棉在500℃前，质量损失率没有变化，到900℃时，质量损失率达到12%。

5.1.3.4 热膨胀系数

材料的体积或长度随温度的升高而增大的现象称为热膨胀。热膨胀系数是材料的主要物理性质之一，是衡量材料热稳定性的一个重要标志。玄武岩玻璃的热膨胀对玄武岩玻璃的成形、退火、钢化，纤维与其他材料的混杂 / 复合，以及对玄武岩玻璃的热稳定性等都有重要的意义。

玄武岩玻璃的热膨胀系数为 $0.8×10^{-7}℃^{-1}$，无碱玻璃的热膨胀系数变化范围为 $(5.8 \sim 150)×10^{-7}℃^{-1}$。

玻璃的热膨胀系数很大程度取决于玻璃的化学组成，并受所在温度区间的影响。此外，还与玻璃的热历程有关[9]。

当温度上升时，玻璃中质点的热振动振幅增加，质点间距相应变大，因而玻璃呈现膨胀。但是，质点间距的增大，是对抗着质点间的作用力来进行的。这种作用力，就氧化物玻璃来说，是各种阳离子和 O^{2-} 之间的键力：

$$f = \frac{2Z}{\alpha^2} \tag{5-3}$$

式中　Z——阳离子的电价；

　　　α——阳离子和阴离子的中心间距；

　　　f——键力。

一般来说 f 大，玻璃膨胀困难；f 小，则膨胀容易。

当玻璃从熔体状态冷却时，在转变区，α-T 曲线上有转折点；在转变温度下，玻璃的热膨胀系数与温度成直线关系，并受外界的影响较小，主要取决于玻璃网络结构和网络外体离子的配位状态。

SiO_2 是网络形成体，提高玻璃网络结构的紧密性，使得热膨胀系数小。Al_2O_3 通常是作为铝氧四面体而参加网络，也使得热膨胀系数变小。R_2O 破坏网络结构，使其变疏松，因此他们能够增加热膨胀系数，且随着 R^+ 离子半径的增大，热膨胀系数增加，即 $Li^+<Na^+<K^+$。RO（碱土金属）同样使得热膨胀系数增加，但 R^{2+} 键力较强，因此对热膨胀系数的提高作用弱于 R_2O。

5.1.4　化学稳定性

连续玄武岩纤维的化学稳定性是指它抵抗酸、碱、水等介质侵蚀的能力。连续玄武岩纤维的耐酸性、耐碱性和耐水腐蚀性，通常用纤维受介质侵蚀前后的质量损失或强度损失来衡量[7,9]。

表 5-8 中列出的是连续玄武岩纤维与玻璃纤维在不同介质中煮沸 3h 后的质量损失率，连续玄武岩纤维的耐酸性、耐碱性和耐水侵蚀性优于 E- 玻璃纤维。

表5-8 不同纤维的化学稳定性

介质	质量损失率/%	
	连续玄武岩纤维	E-玻璃纤维
H_2O	1.6	6.3
2mol/L NaOH	2.7	6.1
2mol/L HCl	9.1	38.9

表 5-9 列出了连续玄武岩纤维在不同介质中煮沸 3h 后的强度损失率，连续玄武岩纤维的耐碱性优于其耐酸性。

表5-9 连续玄武岩纤维在不同介质中的强度损失率

介质	纤维直径/μm	强度损失率/%
原始状态	11.4	0
H_2O	11.7	5
0.5mol/L NaOH	11.3	19
2mol/L NaOH	13.4	25
2mol/L HCl	11.4	41

碱溶液对连续玄武岩纤维的侵蚀机理与硅酸盐玻璃纤维的碱侵蚀机理一样，是通过 OH^- 破坏硅氧骨架而产生 Si—O^- 群，最后变成硅酸离子，溶解在碱溶液中；或是硅酸离子与吸附在纤维表面的阳离子形成硅酸盐，逐渐溶解在碱溶液中。

连续玄武岩纤维的耐碱性高于无碱玻璃纤维，原因是：连续玄武岩纤维中的 Fe^{3+} 含量高（FeO 和 Fe_2O_3 的含量高达 12% ~ 19%），在碱溶液作用下，连续玄武岩纤维表面的 Fe_2O_3 会转化成 $Fe(OH)_3$ 的胶状物，$Fe(OH)_3$ 的溶度积非常小，其胶状物经脱水聚合在纤维表面形成一层致密膜，阻止了碱溶液及水化物对连续玄武岩纤维的腐蚀[10]。

高配位、高场强的阳离子也能够提高连续玄武岩纤维的耐碱性。因此 TiO_2 能够提高连续玄武岩纤维的耐碱性。

耐碱玻璃纤维因含有 ZrO_2，具有良好的耐碱性，原因是纤维表面形成富 Zr 的保护膜，减慢了侵蚀速率，提高了耐碱性[11]。

5.1.5 密度

密度是指物质每单位体积内的质量。密度与连续玄武岩纤维的结构密切相关，是表征连续玄武岩纤维结构的一个指标。在连续玄武岩纤维实际生产中，由于密度变化可以反映连续玄武岩纤维的成分和工艺的波动，所以密度是检测连续玄武岩纤维生产质量的重要手段。

连续玄武岩纤维的密度一般在 2.5 ~ 2.8g/cm³, 与玻璃纤维相近, 高于碳纤维及有机纤维, 低于大多数金属。表 5-10 列出了各种纤维的密度。

表5-10 各种纤维的密度

名称	连续玄武岩纤维	玻璃纤维	S-玻璃纤维	碳纤维	芳纶纤维	高分子量聚乙烯	钢纤维
密度/（g/cm³）	2.5 ~ 2.8	2.5 ~ 2.7	2.54	1.4 ~ 1.9	1.3 ~ 1.6	0.97 ~ 0.98	7.8

连续玄武岩纤维的密度与成分关系十分密切。

SiO_2 是网络形成体, 能够使玻璃网络结构增加, 密度降低。

对于中间体氧化物, 当它们的配位状态改变时, 对密度的影响也会发生变化。Al_2O_3 从网络内的铝氧四面体 $[AlO_4]$ 转变为玻璃网络外的铝氧八面体 $[AlO_6]$ 时, 密度增加。一般来说, 玄武岩玻璃中 Al_2O_3 以四面体 $[AlO_4]$ 形式存在, 使连续玄武岩纤维的密度降低。

对于玄武岩玻璃中的 R_2O 和 RO 氧化物, 它们破坏网络结构, 使密度升高, 随着它们离子半径的增大, 连续玄武岩纤维的密度增加。半径小的阳离子如 Mg^{2+} 等可以填充于网络间空隙, 虽然使氧四面体的连接断裂但不引起网络结构的扩张, 使玻璃结构紧密度增加, 密度降低。阳离子如 K^+、Ba^{2+} 等半径比网络空间大, 因而使网络结构扩张, 能使玻璃结构紧密度下降, 密度增加。

总的来说, 能增加玻璃网络结构紧密度的化学成分, 使连续玄武岩纤维的密度降低; 能使玻璃网络结构疏松的化学成分, 使连续玄武岩纤维的密度增加。

5.1.6 电学性能

5.1.6.1 电阻率

电阻率是用来表示各种物质电阻特性的物理量, 是物质（常温下 20℃）的电阻与横截面积的乘积与长度的比值。电导率是电阻率的倒数。

连续玄武岩纤维的体积电阻率比 E- 玻璃纤维高出一个数量级。

玻璃或连续玄武岩纤维中的离子电导率来源于一价离子的迁移运动, 特别是 Na^+ 的迁移运动。玻璃网络的断网越多, 越有利于一价离子的迁移, 则电导率大, 电阻率小。

玻璃或连续玄武岩纤维中一价离子越多, 电导率越高, 当一价离子含量相同时，电导率 $Li_2O>Na_2O>K_2O$。当同时加入两种碱金属离子时，电导率会比相应的单碱金属玻璃的电导率要小。这也就是常说的"混合碱效应"。但是当交流电场的频率太高时，混合碱效应会失效。

玻璃或连续玄武岩纤维中加入二价金属离子后，由于它们充填在网络空隙中，阻塞了一价金属离子的迁移，从而会提高电阻。二价金属离子的半径越大，这种效果越显著，二价金属离子增加玻璃电阻率的能力的排序是 $BaO>CaO>MgO$。

R_2O_3 类的氧化物对玻璃电导率的影响具有双重性：一方面，由于它们能生成带负电的四面体，如 $[AlO_4]^-$，这些四面体牵制住 Na^+ 等阳离子的迁移，从而提高了玻璃的电阻；另一方面，由于它们参与网络结构，改变了网络空隙的大小，在外电场作用下，当 Na^+ 等一价离子已经能挣脱 $[AlO_4]^-$ 的束缚后，能否从一个空隙到另一个空隙做连续移动，取决于空隙大小。

玻璃的分相、析晶对玻璃的电绝缘性能有很大的影响。如果分出的孤立液滴相为高阻相，连续相为低阻相，则分相后玻璃的电阻率将降低；若高阻相为连续的基质相，低阻相为孤立的液滴相，则分相后玻璃的电阻率将升高。

对一般玻璃而言，析晶将使导电性下降，因为析晶使玻璃中的导电离子从原来所处的无序网络位置调整到正常晶格位置，相应地使电导活化能增加。但是，当玻璃成分中存在变价氧化物，同时又存在电子导电时，析晶后玻璃的电导率将增加 [9]。

5.1.6.2　介电性能

介电常数表征材料极化和储存电荷的能力，也是电介质极化作用的量度。材料的介电常数取决于电子或离子的极化率和偶极取向。玻璃的介电常数与玻璃的化学组成、电场频率和温度有关。

玻璃的介电常数与网络骨架的强度、离子半径、键强、浓度等因素有关。玻璃中的氧离子是最易于极化的离子。网络改性离子的引入促使形成较易极化的网络断点氧，从而增大了介电常数。处于氧离子中间的阳离子，凡属同一类电子构型的主族阳离子，其半径越小，极化力越大，则越易形成疏松的玻璃结构。

碱金属氧化物能大大地增加介电常数值，碱含量相同时，介电常数按 Li、Na、K 的顺序增大。引入二价氧化物（尤其是 PbO）及 TiO_2 也能增加介电常数。如果在氧化物玻璃中引入半径小而极化力较大的阳离子，则介电系数可能相对地减少一些。

连续玄武岩纤维具有良好的介电性能，其相对介电常数（1MHz）为 3.2 ~ 3.8，远低于 E- 玻璃纤维，因此，连续玄武岩纤维适于制作印刷电路板的基板材料。表 5-11 为连续玄武岩纤维和 E- 玻璃纤维的介电性能。

表5-11　纤维的介电性能

纤维类型	连续玄武岩纤维	E-玻璃纤维
体积电阻率/Ω·m	10^{12}	10^{11}
介电损耗（1MHz）	0.005	0.0047
相对介电常数（1MHz）	3.2 ~ 3.8	6.5

介电损耗是指晶体或玻璃作为电介质而置于交流电场中时，引起发热而造成能量损失。玻璃中的介电损耗可以分为：电导损耗、弛张损耗、结构损耗和共振损耗。

在直流电场中，玻璃结构中的电子和离子的迁移是构成介电损耗的一种形式，称为电导损耗。但是，在交流电场中，离子的极化和弛张，使得电流相位和电压相位之间小于90℃而有δ角度的相差。这是由于结构中离子产生弛张损耗的结果。在含碱硅酸盐玻璃中，离子来回迁移所消耗的能量被材料所吸收。由此可见，介电损耗在很多情况下是同玻璃中碱离子含量和它们的迁移扩散、弛张有关。疏松网架结构给离子弛张带来了有利条件，减少结构中可迁移和易产生弛张极化的离子，或者增加玻璃结构中离子的堆积紧密程度使离子挤塞在结构之中，或者增加网架的牢固性，使之不易变形，可望得到较低介电损耗的材料 [9]。

5.1.7　隔声性能

连续玄武岩纤维有着优良的隔声、吸声性能。连续玄武岩纤维的吸声系数为 0.95 ~ 0.99，高于矿物纤维和玻璃纤维（表 5-12）。

表5-12　几种纤维的吸声系数

纤维	连续玄武岩纤维	矿物纤维	无碱玻璃纤维
吸声系数	0.95 ~ 0.99	0.75 ~ 0.95	0.80 ~ 0.93

连续玄武岩纤维吸声毡的吸声系数见表 5-13。连续玄武岩纤维吸声毡的吸声系数随着声频的增加，显著增加。

表5-13　玄武岩纤维吸声毡（密度为22 ~ 64kg/m³）的性能

频段	不同厚度吸声毡的标准吸声系数			
	30mm	50mm	100mm	200mm
低频	0.05 ~ 0.17	0.11 ~ 0.38	0.22 ~ 0.82	0.85 ~ 0.70
中频	0.17 ~ 0.38	0.38 ~ 0.68	0.82 ~ 0.72	0.70 ~ 0.74
高频	0.38 ~ 0.75	0.68 ~ 0.77	0.72 ~ 0.82	0.74 ~ 0.84

由于连续玄武岩纤维的吸湿性极低，所以连续玄武岩纤维制造的隔声隔热材料在飞机、火箭、船舶制造业等需要低吸湿性的领域率先得到广泛的应用。将连续玄武岩纤维的隔热吸声材料应用于汽车中，有利于提高汽车与外界的隔声性能，以及降低汽车某些部件产生的噪声。表5-14为直径在1～3μm的玄武岩超细纤维材料的隔声特性。

表5-14　直径在1～3μm的玄武岩超细纤维材料的隔声特性

材料密度15kg/m³、厚度30mm、材料与绝缘板间距0.0mm			
频段/Hz	100～300	400～900	1200～7000
法向吸声系数	0.05～0.15	0.22～0.75	0.85～0.93
材料密度15kg/m³、厚度30mm、材料与绝缘板间距100mm			
频段/Hz	100～200	300～900	1200～7000
法向吸声系数	0.15	0.86～0.99	0.74～0.99

5.2　矿物成分对连续玄武岩纤维物化性能的影响

矿物成分对玄武岩的熔制和纤维成形工艺起着重要的作用。矿物成分决定了玄武岩玻璃熔体有无难熔矿物，熔化难易，均质性、析晶性能以及部分物理化学性能。在玄武岩玻璃足够均质和均化的情况下，连续玄武岩纤维的物理化学性能取决于化学成分。

5.2.1　矿物成分及性质

如前所述，玄武岩的矿物成分为石英、正长石、斜长石（钠长石和钙长石）、霞石、刚玉、透辉石、紫苏辉石、橄榄石、磁铁矿、钛铁矿、磷灰石等。其中石英、正长石、斜长石（钠长石和钙长石）、辉石等硅酸盐矿物成分是玄武岩的主要成分，含量近90%。

不同种类的玄武岩，所含主要的硅酸盐矿物成分不尽相同。安山岩的主要矿物成分为：石英、正长石和斜长石（钠长石和钙长石）；玄武岩的主要矿物成分为斜长石和辉石；碱性玄武岩中含霞石和橄榄石。

矿物成分的化学性质是影响连续玄武岩纤维的物理化学性能、熔制和纤维成形性能的主要因素。矿物成分的化学性质及熔点见表5-15。

表5-15　矿物成分的化学性质及熔点

矿物名称	化学分子式	结构类型	络阴离子	熔点/℃
石英	SiO_2		$[SiO_2]^0$	1713
正长石	$K[AlSi_3O_8]$		$[AlSi_3O_8]^{1-}$	1150
钠长石	$Na[AlSi_3O_8]$		$[AlSi_3O_8]^{1-}$	1118
钙长石	$Ca[Al_2Si_2O_8]$	架状硅酸盐	$[Al_2Si_2O_8]^{2-}$	1553
刚玉	Al_2O_3		—	2000～2030
霞石	$KNa_3[AlSiO_4]$		$[AlSiO_4]^{4-}$	1526
透辉石	$CaMg[Si_2O_6]$	单链状硅酸盐	$[Si_2O_6]^{4-}$	1391.5
紫苏辉石	$(Mg,Fe)_2[Si_2O_6]$		$[Si_2O_6]^{4-}$	—
镁橄榄石	$Mg_2[SiO_4]$	岛状硅酸盐	$[SiO_4]^{4-}$	1890
铁橄榄石	$Fe_2[SiO_4]$		$[SiO_4]^{4-}$	1205
磁铁矿	Fe_3O_4		—	1590
钛铁矿	$FeTiO_3$		—	—
磷灰石	$Ca_5(PO_4)_3(F)$		—	—

5.2.2　矿物成分对连续玄武岩纤维的物理化学性能的影响

5.2.2.1　矿物成分对力学性能和密度的影响

玄武岩玻璃网络结构的紧密程度决定着连续玄武岩纤维的物理化学性能，如拉伸强度、弹性模量、密度等[12]。

玄武岩玻璃的无规则网络学说中，熔体组成不同（不同 O/Si 比），离子团的聚合程度也不等。玄武岩玻璃的三维无规则网络是由不同数量的三维骨架结构，二维层状结构、一维链状结构、环状结构等构成。构成玄武岩玻璃三维无规则网络结构的结构单元的性质决定着玄武岩玻璃网络结构的紧密性，玄武岩玻璃三维架状硅酸盐越多，玄武岩玻璃网络就越紧密。

玄武岩的主要矿物成分构成玄武岩玻璃的主要网络结构的结构单元。网络结构单元的种类和数量不同，玄武岩玻璃的三维无规则网络的紧密程度就不相同。石英为硅氧四面体构成的三维架状硅酸盐，架状结构紧密，提高玄武岩玻璃网络结构紧密性，提高连续玄武岩纤维的拉伸强度和弹性模量，降低密度。正长石和斜长石（钠长石和钙长石）为四个四面体（硅氧四面体或铝氧四面体）相互共顶形成的四连环状的三维架状硅酸盐，其架状结构较石英的架状结构疏松，但仍能提高玄武岩玻璃网络结构紧密性，也能提高连续玄武岩纤维的拉伸强度和弹性模量，降低密度。辉石为硅氧四面体通过共用氧离子连接的一维单链状硅酸盐，单链状结构疏松，降低玄武岩玻璃网络结构紧密性，降低连续玄武岩纤维的拉伸强度和弹性模量，提高密度。

5.2.2.2 矿物成分对化学稳定和热稳定性的影响

连续玄武岩纤维化学稳定性及热稳定性好，这与微晶玻璃的性能相类似。微晶玻璃的化学稳定性及热稳定性好是因为玻璃中含有微晶体，微晶体比一般结晶材料的晶体要小得多，一般小于 0.1nm。微晶玻璃是由结晶相和玻璃相组成的。微晶玻璃的性质，主要由晶体种类、晶体大小，晶体多少以及玻璃相的种类及数量决定。

玄武岩熔体是矿物成分熔化所得，本身含有晶体；岩石中矿物成分具有记忆功能，在降温过程中会按照其记忆性再结晶。有关研究表明 [13]：玄武岩玻璃的无定型度（玻璃态）远低于铝硅酸盐玻璃的无定型度。玄武岩熔体中含有微晶体，这些微晶体的存在赋予了连续玄武岩纤维良好的化学稳定性及热稳定性。有关专利发明了一种制造玄武岩微晶玻璃纤维的方法，在纤维拉丝过程中设置一个加热区，纤维从漏板被拉出后，在加热区内保持 100 ~ 1100℃，时间小于 1min。经过此种热处理，连续玄武岩纤维中形成磁铁矿和辉石的混合晶体。经过热处理的连续玄武岩纤维的耐碱性能大大优于未处理的连续玄武岩纤维。

5.3 化学成分对连续玄武岩纤维成形工艺性能的影响

玄武岩玻璃熔体的黏度、硬化速率、析晶上限温度、表面张力等是影响连续玄武岩纤维成形性能的主要因素 [7]。

5.3.1 黏度

黏度是指面积为 S 的两个平行液层，以一定的速度梯度 $\dfrac{dv}{dx}$ 移动时需克服的内摩擦阻力 f。

$$f = \eta S \frac{dv}{dx} \tag{5-4}$$

式中　η——黏度，Pa·s。

玄武岩玻璃的黏度-温度关系对连续玄武岩纤维生产工艺有着重要意义，它是选择原料及其配料、确定熔制工艺、调节漏板温度、决定工艺参数的依据，是研究玄武岩玻璃熔体熔化、成形过程中传热和流动的数值模拟不可缺少的物性参数。表5-16列出了玻璃的特征黏度，可供连续玄武岩纤维生产参考。

表5-16　玻璃的特征黏度

黏度/ Pa·s	特征温度	工艺特性
10	熔化温度和澄清温度	黏度足够小以便熔制玻璃和澄清气泡
10^2	操作范围起始点	
10^3	成形温度	成形操作的温度，拉丝温度
10^4	流动点	玻璃开始有流动性
$10^2 \sim 10^7$	析晶温度范围	有结晶析出的可能
$10^3 \sim 10^7$	操作温度范围	可进行玻璃加工
$10^{6.6}$	软化温度	在自重下能变形
$10^{10} \sim 10^{11}$	变形温度	立方体研磨面开始软化
10^{12}	退火上限温度	应力能在几分钟内消除
$10^{12.4}$	转变点	玻璃化温度

玄武岩根据化学成分的不同，尤其是SiO_2含量的不同，黏度不尽相同，生产的玄武岩纤维类型也不相同。火成岩的熔体按黏度大小可分为高黏性、黏性、中黏性和低黏性，见表5-17。生产连续玄武岩纤维的玄武岩以黏性或高黏性岩石为宜，部分中黏性岩石也可以用来生产连续玄武岩纤维。

表5-17　生产连续玄武岩纤维的火成岩熔体黏度等级

| 序号 | 分类 | 不同温度下的黏度/Pa·s | | SiO_2质量分数/% | 纤维类型 |
		1450℃	1300℃		
1	高黏性	>15	>100	>55	连续纤维
2	黏性	5~15	20~100	51~55	连续纤维
3	中黏性	3~5	10~20	47~51	连续、超细纤维
4	低黏性	<3	<10	43~47	岩棉

生产连续玄武岩纤维的玄武岩中，安山岩的黏度最大，玄武安山岩的黏度次之，玄武岩的黏度最小。生产连续玄武岩纤维的玄武岩的黏度高于E-玻璃的黏度（图5-1）。

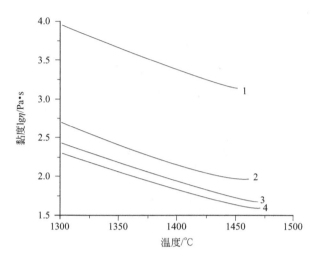

图 5-1　玄武岩类玻璃的黏度

1—安山岩；2—玄武安山岩；3—玄武岩；4—E- 玻璃[1]

表 5-18 列出了不同成分的玄武岩在不同温度下的黏度。

表5-18　不同成分的玄武岩在不同温度下的黏度

玄武岩品种	黏度/P[①]						活化能E/ (kJ/mol)
	1450℃	1400℃	1350℃	1300℃	1250℃	1200℃	
安山岩1	1401.21	2452.17	4596.55	9103.00	—	—-	123.21
安山岩2	314.25	401.77	735.47	1400.63	2821.24	—	116.57
安山岩3	802.23	959.13	1652.52	3191.34	—	—	107.69
玄武安山岩1	107.35	181.61	322.34	606.41	1222.69	2626.30	116.38
玄武安山岩2	—	178.53	323.45	557.92	1002.43	2349.98	113.33
玄武安山岩3	94.87	148.27	250.01	514.53	985.16	2000.62	120.23
玄武安山岩4	—	94.37	155.93	276.19	516.33	1080.78	104.92
玄武岩1	52.75	87.51	149.65	269.75	513.42	1064.68	108.53
玄武岩2	—	89.07	147.51	257.20	473.36	935.76	97.93
玄武岩3	34.82	53.49	87.07	149.33	272.98	570.50	100.25
玄武岩4	36.58	57.51	94.835	165.28	300.84	605.26	101.18

①1P（泊）=10⁻¹Pa•s。

　　玄武岩玻璃的黏度与熔体的结构有关，而熔体结构又取决于玄武岩玻璃的化学成分。SiO_2 和 Al_2O_3 能够提高玻璃网络的紧密度，提高黏度。这主要是随着 SiO_2 和 Al_2O_3 等含量的增加，成分中其电荷大、半径小、电离势大的阳离子 Si^{4+}

等争夺氧的能力加强，在熔体中与桥氧呈四配位，结构上常构成四面体的中心离子，起形成网络、增强聚合度的作用。使熔体的流动性减小而黏度增大。

碱金属氧化物 K_2O 和 Na_2O 破坏玻璃网络结构，使得结构疏松，黏度下降。

碱土金属氧化物对黏度的影响：在高温时，类似碱金属氧化物破坏玻璃网络结构，使得结构疏松，黏度下降；在低温时，由于键力较碱金属离子大，集聚作用使得网络结构趋向紧密，使得黏度增大。MgO 对增加黏度的作用大于 CaO。

FeO 提高玄武岩玻璃的黏度，Fe_2O_3 降低黏度。FeO 的着色强度比 Fe_2O_3 高 15 倍，把 Fe^{2+} 转化为 Fe^{3+}，可以降低玄武岩熔体的着色强度（黑度），提高熔体的传热性，从而影响熔体的黏度。

玄武岩熔体流动时会产生移动黏滞阻力，黏滞阻力可利用黏滞活化能评估。

黏滞活化能是熔体中的质点从一个位置移向另一个位置时克服的位能势垒。这种活化质点越多，则流动性越大，也就是黏滞活化能越小，则熔体流动性越大。

黏滞活化能通过 Arrhenius 公式求得：

$$\eta = \eta_0 \exp(\frac{E}{kT}) \tag{5-5}$$

式中　η——黏度，P（$1P=10^{-1}Pa \cdot s$）；

　　　η_0——常数；

　　　T——热力学温度，K；

　　　E——黏滞活化能，kJ/mol；

　　　k——玻耳兹曼常数。

在一定温度范围内，可以将黏滞活化能 E 看做常数，这时将方程（5-5）取对数，可得：

$$\lg\eta = \lg\eta_0 + \frac{E}{kT} \tag{5-6}$$

将 $\lg\eta$ 与 $1/T$ 作图，可以得到 $\lg\eta$ 与 $1/T$ 近似呈线性关系。通过数据的线性拟合，可以得到熔体的黏滞活化能。由公式（5-6）可知，熔体黏度取决于黏滞活化能和温度。黏滞活化能不仅与熔体的组成有关，还与熔体中硅氧四面体 $[SiO_4]$ 聚合程度有关。当温度高时，以低聚物为主；而温度低时，高聚物明显增多。

连续玄武岩纤维的活化能一般为 100 ~ 140kJ/mol。具有高活化能（315 ~ 320kJ/mol）的玄武岩适于生产岩棉。活化能不超过 290kJ/mol 的玄武岩适于生产超细棉。

5.3.2 析晶性能

根据热力学观点，介稳的玻璃的内能高于同组成的稳定晶体。因此，玻璃在冷却过程中存在着自发地析出晶体的倾向。玻璃中出现晶体的现象叫做析晶，又称失透或反玻璃化[9]。

一般玻璃析晶是在黏度为 $10^3 \sim 10^5 Pa \cdot s$ 的温度范围内发生（即在液相线温度以下）。在此温度范围内的析晶程度主要取决于晶核形成速度和晶体生长速度以及玻璃在此温度下的黏度和所经历的时间。玻璃最容易发生析晶的温度范围，是在最大晶核形成速度和最大晶体生长速度之间的曲线重叠部分所对应的温度范围内，即通常所说的玻璃析晶温度范围（图 5-2）。

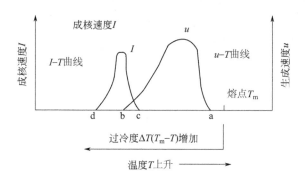

图 5-2　玻璃体的成核速度和晶体生产速度曲线

玄武岩玻璃结构和化学成分对玄武岩玻璃的析晶有重要作用。玄武岩玻璃中，玻璃网络结构的连接程度愈大，在熔体冷却过程中愈不易调整成为有规则的排列，也就愈不易析晶。SiO_2 和 Al_2O_3 能够提高玻璃网络的紧密度，降低玻璃的析晶倾向。碱金属氧化物 K_2O 和 Na_2O 破坏玻璃网络结构，使得结构疏松，增大玻璃的析晶倾向。在碱金属含量少时，一些电场强度较大的网络外体离子，如 Li^+、Mg^{2+}、Ti^{4+} 等，容易在玻璃结构中产生集聚作用，使近程有序的范围增大，因此会增大玻璃的析晶倾向。熔体的析晶能力还随着 Fe_2O_3 含量的增加而增大，Fe^{3+} 促进晶核生长速率和晶体生长速率增大。

在连续玄武岩纤维生产中，析晶是绝对不允许的，它将导致纤维的断裂，强度降低。为避免拉丝时产生析晶现象，成形温度必须要高于玄武岩纤维的析晶温度。一般的拉丝作业中使漏板温度大于析晶上限温度 50℃ 为佳。

表 5-19 中列出了安山岩玻璃、安山玄武岩玻璃、拉斑玄武岩玻璃、碱性玄武岩玻璃、E- 玻璃和 S- 玻璃的析晶性能。可以看出，玄武岩的析晶温度高于 E- 玻璃和 S- 玻璃。

表5-19 玄武岩玻璃的析晶性能

类型	T_w（拉丝作业温度）/℃	T_{ulc}（析晶上限温度）/℃	T_w-T_{ulc}（成形温度范围）/℃
安山岩1	1661.00	1245.00	416.00
安山岩2	1327.10	1250.00	77.10
玄武安山岩1	1263.20	1260.00	3.20
玄武安山岩2	1259.50	1255.00	4.50
拉斑玄武岩1	1203.40	1269.00	−65.60
拉斑玄武岩2	1194.90	1279.00	−84.1
E-玻璃	1135	1214	79
S-玻璃	1320	1243	77

5.3.3 硬化速率

玄武岩玻璃液形成连续玄武岩纤维的过程中，在牵引变形时，纤维要在很短距离和很短时间中冷却到玻璃的固化温度以下。在这种非平衡态的速率过程中，单单依据在平衡状态下测得的黏度-温度变化曲线来分析纤维成形过程不足以说明问题，还必须考虑黏度变化的速率$\frac{\partial \eta}{\partial t}[T]$，这就是硬化速率（黏度随时间变化）。为了确定硬化速率，要先确定玄武岩玻璃的黏度随温度变化的数据，以及温度随时间变化的数据，然后，根据这两个数据的曲线求出黏度-时间曲线。

玄武岩玻璃的硬化速率取决于玻璃的黏度-温度曲线，该曲线斜率越大，玻璃硬化越快。硬化速率还取决于玄武岩玻璃的比热容、比容积、导热性和光谱吸收系数。玻璃中的着色氧化物，如Fe_2O_3、MnO_2等，他们的少量波动会对硬化速率产生显著的影响。FeO含量增加，会使玻璃的透热性变差，从而使玄武岩玻璃外层硬化速率大大加快而内层硬化速率降低。硬化速率快的玻璃，其黏度随温度而变化的幅度也明显大。硬化速率会影响纤维上的张力和纤维的直径变化。

玄武岩玻璃的硬化速率与其成分有关，其硬化速率是玻璃的1.5～2倍，

5.3.4 表面张力

表面张力是指表面增大一个单位面积所需要做的功。通常用σ表示，单位为N/m或J/m^2。

熔体的表面张力对玄武岩纤维的熔制和成形工艺有着重要的作用。在连续玄武岩纤维成形时，玻璃液向上的表面张力和向下的黏性牵引力的平衡，使得漏嘴出口处的丝根保持新月形状。如果表面张力太大，而黏度相对来说太小，则由于

向上的表面张力而使丝根向上回缩成液滴状，中断了纤维成形过程。在连续玄武岩纤维生产过程中，玄武岩玻璃熔体的表面张力尽可能低些好。

玄武岩玻璃的表面张力高于硅酸盐玻璃的表面张力。硅酸盐玻璃的表面张力一般为 0.220 ~ 0.380N/m，而玄武岩玻璃的表面张力在 1450℃时为 0.35 ~ 0.41N/m，在 1300℃时为 0.4 ~ 0.5N/m，表 5-20 列出了一些玄武岩玻璃的表面张力。

表 5-20　一些玄武岩玻璃的表面张力

材料	SiO_2	Al_2O_3	TiO_2	Fe_2O_3	FeO	CaO	MgO	Na_2O+ K_2O	表面张力/（mN/m）	
									1300℃	1350℃
玄武岩	51.0	15.2	1.6	5.9	8.0	9.3	5.6	2.9	354	352
辉绿岩	48.9	16.0	1.2	10.9	2.3	12.1	5.2	3.2	352	349
玄武岩	45.9	16.7	0.7	7.6	1.3	13.1	10.8	3.5	347	337

影响玄武岩玻璃表面张力的因素有温度和化学成分。玄武岩玻璃的表面张力随着温度的升高而降低。

不同化学成分对表面张力的影响不同，SiO_2、Al_2O_3、CaO、MgO 等离子极化率小，能提高表面张力；碱金属氧化物 Na_2O、K_2O 等降低表面张力，碱金属氧化物离子半径越大，降低表面张力的作用就越大。

5.4 矿物成分对连续玄武岩纤维成形工艺性能的影响

5.4.1 矿物成分对黏度的影响

黏度与玄武岩玻璃熔体结构紧密相关，硅酸盐熔体中存在大小不同的硅氧四面体群或络合阴离子。四面体群的种类分为组群状、链状、层状和架状，主要由氧硅比决定。当熔体中的四面体群有较大的空隙（或称自由体积），可容纳小型四面体群的穿插移动。在高温时，由于自由体积（空隙）较多较大，有利于小型四面体群的穿插移动，则表现为黏度下降。当温度下降时，自由体积变小，四面体群移动受阻，而且小型四面体群聚合为大型四面体群，网络连接程度变大，则黏度上升。当熔体中架状四面体群较多时，网络连接程度变紧密，黏度上升；当熔体中链状四面体群多时，网络连接程度变疏松，黏度下降。

玄武岩玻璃熔体的黏度视岩石中成岩矿物的含量而定，黏度是玄武岩化学组分和矿物成分的函数。

玄武岩的矿物成分中，石英、正长石和斜长石（钠长石和钙长石）为架状结构，增大玄武岩玻璃的黏度；透辉石为链状结构，降低玄武岩玻璃的高温黏度。从矿物自身的黏度来看，石英的高温熔体黏度大；正长石的高温熔体黏度较石英小，较钠长石和钙长石的高温熔体黏度大；透辉石的黏度小，可降低玄武岩玻璃的黏度。

5.4.2 矿物成分对析晶性能的影响

玄武岩的矿物成分是影响连续玄武岩纤维析晶性能的主要因素。

玄武岩纤维生产中，熔化温度高的矿物被称为难熔矿物，这种矿物不但影响玄武岩玻璃熔体的均质性，在玄武岩熔体降温过程中易最先析出。如橄榄石，根据鲍文反应系列，橄榄石是高温高压下的最先析出产物，析晶温度高达1300℃。

从矿物相图上看，当玄武岩的矿物组成位于相图中的相界线上，特别是低共熔点时，因系统要同时析出两种以上的晶体，在初期形成晶核结构时相互产生干扰，从而降低了玻璃的析晶能力。根据透辉石 - 钠长石 - 钙长石的矿物相图（Di-Ab-An相图），斜长石和辉石在1133～1250℃析出。

如前所述，岩石中矿物成分具有记忆功能，当矿物被加热到熔融温度，在降温过程中他会按照其记忆性再结晶，也会造成玄武岩玻璃容易析晶。玄武岩玻璃的矿物特性，可通过提高熔化温度和延长熔化时间，改变矿物性能，提高熔体的均质性，可降低熔体的析晶倾向。

玄武岩的熔化过程就是矿物成分的晶体结构被破坏，由有序结构形成玻璃网络无序结构的过程。晶体熔化的特点是：温度达到熔点，需持续吸热；在熔化过程中不断吸热，但温度保持不变。因此，玄武岩的熔化需要吸收更多的热量，通过提高熔化温度和延长熔化时间可以实现。如果矿物成分在熔融过程中未完全熔化，它在熔体降温过程中会首先析出，造成玄武岩玻璃容易析晶。

在玄武岩中，石英、正长石和斜长石为架状结构的硅酸盐矿物，提高玻璃网络结构的连接程度，降低析晶倾向；辉石为链状结构的硅酸盐矿物，降低网络玻璃网络结构的连接程度，提高析晶倾向。

玄武岩玻璃析出的晶体主要是磁铁矿和辉石，这是通过对连续玄武岩纤维的析晶动力学研究得到的。也有研究表明：玄武岩玻璃析出的晶体主要是斜长石、磁铁矿和辉石。根据成分不同，析晶温度从720℃到1010℃变化（磁铁矿的析晶温度为720℃，辉石的析晶温度为830℃，斜长石的析晶温度为1010℃）。Senol Yilmaz[14]通过研究玄武岩玻璃的析晶动力学，认为玄武岩玻璃在788℃析出透辉石，845℃析出辉石。初始的液相 - 液相分离造成磁铁矿（Fe_3O_4）自发形成晶体并析出，从而磁铁矿晶体成为辉石结构的析出物的成核中心，三维扩散控制的类辉石晶体在固定数量的成核中心形成。Mikhail S. Manylov[15] 研究了连续玄武岩纤维的析晶机制，认为析晶从 1048K 形成镁铁尖晶石（$MgFe_2O_4$）开始；镁铁尖晶石作为辉石 [Ca（Fe，Mg）Si_2O_6] 的成核中心，促进了辉石的形成，并在 1175K 下析出；在 1365K 时，以钙长石（$CaAl_2Si_2O_8$）和赤铁矿（Fe_2O_3）为主晶相的晶体析出。

5.5 高性能连续玄武岩纤维的稳定化生产技术

生产出连续玄武岩纤维不难，但生产出质量和性能稳定、合格的高性能连续玄武岩纤维是连续玄武岩纤维产业发展和壮大的关键所在。我们在 2.5 节已经讨论了玄武岩原料的稳定化方法。采用多元均配混配技术，可提高玄武岩混合料的均匀性，玄武岩混合料的析晶上限温度降低、纤维成形温度范围增大，减少了析晶等内部缺陷，从而提高了连续玄武岩纤维的拉伸强度。可见，多元均配混配技术在玄武岩矿石原料均化中起着重要的作用。

5.5.1 矿石原料的质量管理

玄武岩矿石进厂后，必须进行化学成分、矿物成分、粒度的分析，来控制原料的波动。

进厂的玄武岩矿石一定要有批量，每批次至少 500t 以上才能保证其质量的稳定性。

玄武岩原料的堆场必须是水泥混凝土地，防止泥土等其他杂质混入。玄武岩进堆场前应保证堆场清洁干净无污染。进场后玄武岩要分堆码放，每批次一堆。每堆矿石插上标牌，标明品名、产地（具体到某矿某坑口）、批量、进货日期等。

堆场中的玄武岩原料要进行清洗，以去除原料中的杂质。

玄武岩在运输过程中，应避免污染物进入，尤其是要避免含单质铁杂质进入，必要时还要进行除铁处理。

更换矿点、坑口须及时联系连续玄武岩纤维生产厂家，约用户和厂家一起现场取样分析，避免出现异常情况。

每批次的矿石在料堆的不同地方取样，测定样品的化学成分和矿物成分，建立原料成分的波动图，以检查、监督原料的质量。

5.5.2 玄武岩玻璃液的均质化

玄武岩熔体的均质化对连续玄武岩纤维的性能和质量稳定也有重大影响。

玄武岩玻璃熔体的均质化比玻璃熔体难，主要是因为：①矿石原料中的矿物成分难熔化且容易析晶；②玄武岩玻璃熔体的颜色深，透热能力差，易造成熔体上下温差大。

玄武岩熔体的均质性是由玄武岩中有无难熔矿物成分及矿石的熔化、均化难易程度决定的。

根据鲍文反应系列中的不连续反应系列，当温度下降时，每一种矿物会变成系列中的下一个矿物，高温高压下首先析出橄榄石、依次是辉石、角闪石、黑云母；鲍文反应系列最后析出的是石英。含橄榄石的玄武岩，因熔融温度高，熔融均化较难，且在玄武岩玻璃熔体降温过程中，又最先析出，使得拉丝过程易断丝，不利于生产，所以橄榄石属玄武岩熔融过程中的难熔物质，生产连续玄武岩纤维的矿石最好不含橄榄石等难熔矿物。

玄武岩玻璃在 1250℃以上才开始出现液相，到完全熔融温度的温度区间 < 200℃。E-玻璃在 > 900℃时开始出现液相，1200℃完全熔融，熔融温度区间约 300℃。与 E-玻璃相比，玄武岩玻璃的熔融温度高且熔融反应温度区间窄。再者，玄武岩的熔化过程，就是玄武岩中矿物的熔化，矿物熔化的特点是：熔点高，且当温度达到熔点，在熔化过程中持续吸热，但温度保持不变。因此，玄武岩熔化不但需要高的温度，还需要足够的时间。否则，容易造成玄武岩中熔点高的矿物成分（晶体）不能够完全熔融，熔体在短时间内不能实现均一化。

玄武岩的熔制过程是其矿物成分（晶体）熔化，形成均一熔体的过程。熔制机理是玄武岩矿物成分（晶体）的晶格结构被破坏，形成三维空间发展的无规则玻璃网络结构。玄武岩熔融温度越高，熔化时间越长，矿物晶格破坏就愈强烈，原子有序排列的区域越来越少，无序结构数量增多。因此，提高熔化温度和延长熔化时间有助于玄武岩玻璃的熔化和均化。将玄武岩熔体加热到 1550℃以上，或者是在 1500℃下保温 3h，或是改变熔体的冷却速度。这些条件将影响纤维的非结晶性和熔体的均质性。

玄武岩玻璃由于氧化铁含量高，颜色深，透热性差，也会造成熔化池和熔炉中的熔体沿高度方向上的温度梯度大。如果温度梯度足够大，则温度低处的玄武岩熔化不充分，则不利于玄武岩的均质化。

玄武岩的原料中含高温挥发或分解的矿物成分极少，且玄武岩熔化没有硅酸盐形成阶段，因此熔化过程中产生的气泡极少。气泡对玄武岩玻璃液的澄清和均化作用不明显。玄武岩玻璃液的均化受玄武岩玻璃液的流动和黏滞流动有关。玄武岩窑炉中各处玄武岩玻璃液的温度不同，形成了玄武岩玻璃液的对流，成形生产引起玄武岩玻璃液的流动，这会起到一定的搅拌作用。熔点中的质点都处于相邻质点的键力作用之下，这些质点要移动必须有克服此位垒的足够能量。如果这种活化能质点数越多，则流动性越大；反之流动性越小。黏滞流动随着玻璃液黏度的降低而增加，也就是说降低玻璃的黏度可以提高玻璃液的黏滞流动，从而促进玄武岩玻璃液的均化。

采用气体搅拌（鼓泡装置）、辅助电加热等措施，可以促进玄武岩玻璃液的自然对流形成的扩散作用，达到玄武岩玻璃液均质化的目的。

5.6 连续玄武岩纤维的高性能化

由以上内容得知，影响玄武岩纤维性能的主要因素为玄武岩矿石原料的化学成分、矿物相成分，成分首先影响着熔体的熔制性能、纤维成形工艺，同时也决定着纤维的物理、化学、力学等性能。本节深入探讨玄武岩纤维的高性能化技术。

5.6.1 高强度连续玄武岩纤维

连续玄武岩纤维属于硅酸盐体系，该体系中已有的强度较高的产品是高强玻璃纤维。高强度玻璃纤维是随着军事工业的发展而被开发出来的，它具有强度高、耐高温、抗冲击、透波高、耐腐蚀等优异的性能，被广泛应用于航天航空、武器装备以及高压容器等领域。目前，市场上销售的高强度玻璃纤维主要有美国的 S-2 玻璃纤维，法国的 R 玻璃纤维，日本的 T 玻璃纤维和中国的 HS 玻璃纤维。表 5-21 列出了不同国家的高强度玻璃纤维的主要成分，表 5-22 列出了不同国家的高强度玻璃纤维的性能[16,17]。

表5-21　不同国家的高强度玻璃纤维的主要成分　　　　单位：%

高强纤维制造企业的牌号	SiO_2	Al_2O_3	MgO	CaO
美国AGY公司S-2纤维	65	25	10	—
法国圣戈班 R纤维	58 ~ 60	23.5 ~ 25.5	5 ~ 6	9 ~ 11
日本日东纺 T纤维	65	23	11	<0.01
俄罗斯玻璃联合体BMJI	60	25	15	—
中国中材科技 HS2	55	25	12	—
中国中材科技 HS4	55	25	16	—

表5-22 不同国家的高强度玻璃纤维的性能

高强纤维制造企业的牌号	新生态单丝强度/MPa	浸胶纱强度/MPa	弹性模量/GPa
美国AGY公司S-2纤维	4500～4890	3500～3900	84.7～86.9
法国圣戈班 R纤维	4400	≥3400	83.8
日本日东纺 T纤维	4650	≥3400	84.3
俄罗斯玻璃联合体BMJI	4500～5000	≥3300	95.0
中国中材科技 HS2	4020	2600～3400	82.9
中国中材科技 HS4	4600	3300～3800	86.4

高强度玻璃纤维的成分是以 SiO_2-Al_2O_3-MgO 或 SiO_2-Al_2O_3-CaO-MgO 系统玻璃为基础,引入 CeO_2、La_2O_3、Li_2O、B_2O_3、ZrO_2、TiO_2、Fe_2O_3 等氧化物制成。

高强度玻璃的生产存在熔制温度高,玻璃熔体黏度大、气泡不易排除,析晶温度高和析晶速度快等问题。如美国 AGY 公司的 S-2 玻璃纤维,其熔制温度高达 1650℃,析晶上限温度为 1471℃,拉丝漏板温度 1571℃。所以高强度玻璃的生产工艺壁垒较高,生产成本也较高,目前只用于军工领域或要求很高的民用品上。

高强度连续玄武岩纤维的拉伸强度,与高强度玻璃纤维的拉伸强度相当,新生态单丝强度大于 4000MPa。近年来我国国家级研究中心——玄武岩纤维生产及应用技术国家地方联合工程研究中心,对高强度连续玄武岩纤维进行了初步的研究,而目前国外还未见到关于高强度连续玄武岩纤维的报道。

高强度连续玄武岩纤维的化学成分主要是 SiO_2 和 Al_2O_3,SiO_2+Al_2O_3 > 70%,其中 SiO_2 > 57%。主要矿物成分为石英、斜长石和正长石,其中,斜长石 45%～60%,石英 >10% 或正长石 >10%[12]。

高强度连续玄武岩纤维矿石原料的来源:在火成岩矿石中寻找能够生产高强度的连续玄武岩纤维的矿石;或是选用两种、两种以上玄武岩通过混料来调节玄武岩的成分,达到生产高强度连续玄武岩纤维的要求。

以天然玄武岩矿石为原料的高强度连续玄武岩纤维,SiO_2 和 Al_2O_3 含量增加,则纤维的强度升高。SiO_2 > 57% 时,玄武岩玻璃熔体的黏度高,一般 1300℃下的黏度大于 120Pa·s,玄武岩玻璃熔体难于澄清和均化;拉丝温度(黏度 $\lg\eta$=3 对应的温度)大于 1300℃;由于 SiO_2 和 Al_2O_3 含量高,其析晶上限温度低,一般为 1245～1255℃,有利于拉丝作业;纤维成形温度范围(拉丝温度与析晶上限温度的差值)宽,一般大于 70℃,也有利于拉丝作业。因此,为了得到均质化的玄武岩玻璃熔体,以天然玄武岩矿石为原料的高强度连续玄武岩纤维的熔化温度高,一般要在 1600℃以上。

以玄武岩混合料为原料的高强度连续玄武岩纤维，在玄武岩混合后，玄武岩玻璃熔体的熔化温度、黏度、拉丝温度、析晶上限温度降低，纤维成形范围变宽，这些工艺性能的优化，大大提高了玄武岩玻璃熔体的均质化程度。在化学成分相近的情况下，尤其是 SiO_2 含量相同的情况下，混合后的玄武岩混合料与天然存在的单一玄武岩相比，玄武岩混合料的拉伸强度高于单一玄武岩的拉伸强度。这是因为：

① 混料后，玄武岩混合料的主要矿物成分发生变化，使得玄武岩玻璃的网络结构发生变化，玄武岩组合料玻璃中的架状结构多面体增加（石英、正长石含量增加），链状结构多面体减少（辉石含量减少），使得玄武岩组合料玻璃的结构更紧密，连续玄武岩纤维的拉伸强度提高；

② 混料后，玄武岩混合料的拉丝性能和成形性能得到优化，玄武岩玻璃熔体的均质化大大提高，因此连续玄武岩纤维的质量稳定性也大大提高。

5.6.2 高模量连续玄武岩纤维

连续玄武岩纤维的弹性模量与玄武岩玻璃网络结构有关，使玻璃网络结构紧密的成分，可提高连续玄武岩纤维的弹性模量。

对比研究了五种不同产地的玄武岩玻璃和 E- 玻璃弹性模量及硬度，结果显示玄武岩玻璃的杨氏模量在 95 ~ 102GPa 之间变化不大，硬度在 7.9 ~ 8.5GPa 之间。而 E- 玻璃的杨氏模量和硬度分别为 84.6GPa 和 4.6GPa，远低于玄武岩玻璃，见图 5-3。同时发现玄武岩玻璃的杨氏模量和硬度虽然在小范围内波动，但随着铁含量的增加，杨氏模量和硬度有增加的趋势。

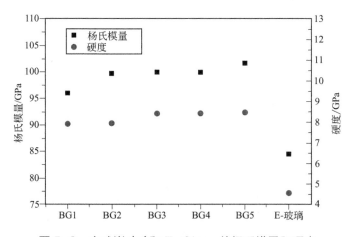

图 5-3 玄武岩玻璃和 E-Glass 的杨氏模量和硬度

进一步研究 Fe_2O_3 对玄武岩玻璃弹性模量的影响，以超基性岩、基性岩和中基性岩为原料，分别命名为 BF1、BF2 和 BF3 三种玄武岩。BF1、BF2 和 BF3 的初始二氧化硅含量（质量分数）分别为 55%、48% 和 44%。逐步改变总 Fe_2O_3 含量（0、2%、4%、6%），获得的弹性模量和硬度如图 5-4 所示。从 BF1 的角度来看，弹性模量通常随 Fe_2O_3 含量的增加而增加，在玄武岩玻璃中加入 6%Fe_2O_3，弹性模量由未加入时的 91GPa 增加到 98GPa。对于 BF2，弹性模量在 Fe_2O_3 含量 2% 时达到峰值，然后降低。对于 BF3，随着 Fe_2O_3 含量增加到 4% 时，弹性模量从未加入时的 85GPa 增加到 113GPa；在 Fe_2O_3 含量达到最大的 6% 时，弹性模量反而降低。

可以看出，Fe_2O_3 含量的增加会导致弹性模量的增加，但具体的影响机理，有待于进一步的研究。设计高弹性模量的玄武岩纤维，除了如前所述，增加网络形成体 SiO_2 和 Al_2O_3 的含量外，可以考虑适当地增加原料中 Fe_2O_3 的含量。

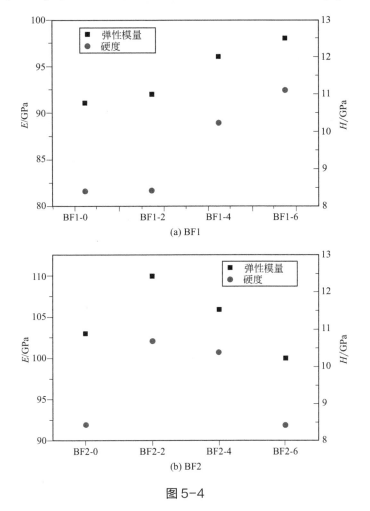

图 5-4

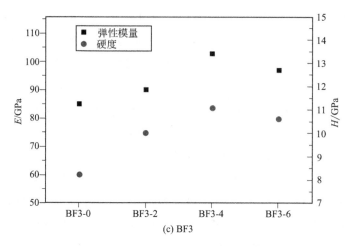

图 5-4 玄武岩玻璃的弹性模量及硬度

5.6.3 耐高温连续玄武岩纤维

通用型连续玄武岩纤维经 25 ~ 200℃热处理后，其拉伸强度较原始强度轻微降低。但是当在 400 ~ 500℃加热 2h 后，连续玄武岩纤维的拉伸强度显著降低，但依旧能够保持 50% 以上。由此可知，纤维的拉伸强度随着温度的提高呈现降低的趋势。

从根本上提高连续玄武岩纤维的耐高温性，需要改变玄武岩原料的成分。即寻找适合制备耐热型玄武岩纤维的矿石、混配料或者在玄武岩原料中添加氧化物，如 SiO_2、Al_2O_3 等，通过提高玻璃网络结构的连接程度，来提高连续玄武岩纤维的耐高温性[18,19]。

在玄武岩原料中增加 SiO_2 和 Al_2O_3 的含量，能够提高连续玄武岩纤维的耐高温性。表 5-23 和图 5-5 为连续玄武岩纤维经 400℃和 500℃热处理后的强度保留率。样品 B0 到 B4 的 SiO_2 和 Al_2O_3 总量的不断增加，可见连续玄武岩纤维的耐温性能增加。

表5-23 400℃和500℃处理后连续玄武岩纤维的强度保留率

样品	强度保留率/%	
	400℃	500℃
B0	50.73	30.55
B1	54.19	31.96
B2	57.15	35.76
B3	59.05	38.09
B4	62.24	42.59

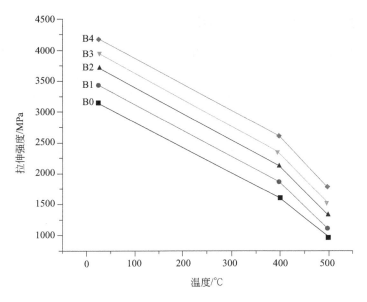

图 5-5　试样在不同处理温度下的拉伸强度

将添加了 SiO_2 和 Al_2O_3 的耐高温玄武岩纤维与 E- 玻璃纤维及 S- 玻璃纤维同时在 800℃保温 2h，E- 玻璃纤维和 S- 玻璃纤维均发生了不同程度的粘连，而连续玄武岩纤维未发生明显的粘连，如图 5-6 所示。

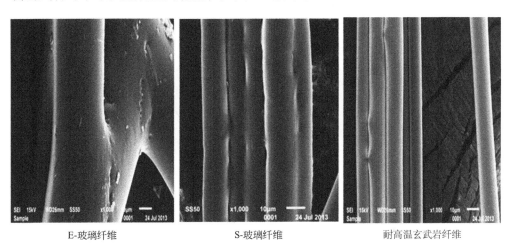

| E-玻璃纤维 | S-玻璃纤维 | 耐高温玄武岩纤维 |

图 5-6　不同纤维在 800℃，2h 处理下的 SEM 形貌

5.6.4　耐碱连续玄武岩纤维

与耐高温玄武岩纤维一样，制备耐碱性玄武岩纤维，需从改变连续玄武岩纤维的化学成分及混配料入手，达到生产耐碱性玄武岩纤维的目的[10,20]。

5.6.4.1 普通连续玄武岩纤维的耐碱性

取一定尺寸的连续玄武岩纤维在 2mol/L NaOH 溶液介质中分别侵蚀 2h、4h、6h、8h、10h 和 12h，侵蚀温度均为 80℃。图 5-7 和图 5-8 为连续玄武岩纤维在 2mol/L NaOH 溶液中的质量损失和单丝强度损失情况。

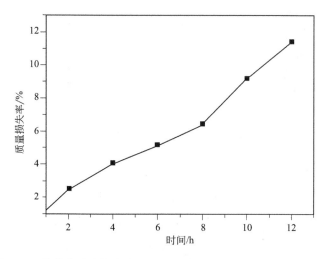

图 5-7　连续玄武岩纤维在 NaOH 溶液中不同时间的质量损失率

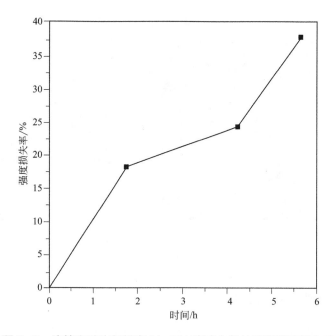

图 5-8　连续玄武岩纤维在 NaOH 溶液中单丝断裂强度损失率

由图 5-7 和图 5-8 可见，普通连续玄武岩纤维的质量损失率和强度损失率均随着其在 NaOH 介质中的时间的增加而增大。这是由于随着处理时间的延长，连续玄武岩纤维中的 Si^{4+} 和 Al^{3+} 逐渐被析出，导致连续玄武岩纤维空间结构的损坏和腐蚀层的脱落，如图 5-9 所示。

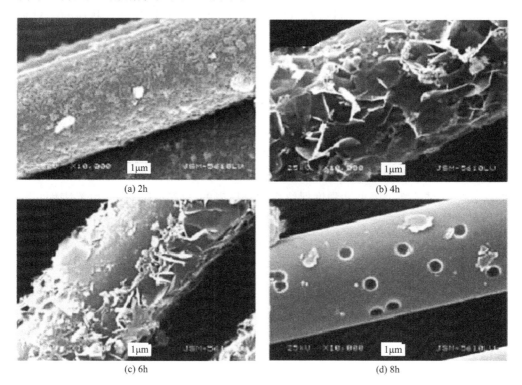

(a) 2h

(b) 4h

(c) 6h

(d) 8h

图 5-9　连续玄武岩纤维在 NaOH 溶液中不同处理时间的形貌

5.6.4.2　耐碱连续玄武岩纤维

（1）Fe_2O_3 对连续玄武岩纤维耐碱性影响

查阅溶度积常数表，$Fe(OH)_3$ 的 $K_{sp}=4.0\times10^{-38}$，可见 $Fe(OH)_3$ 具有较低的溶度积。在碱溶液作用下，连续玄武岩纤维表面的 Fe_2O_3 会转化成 $Fe(OH)_3$ 的胶状物并经脱水聚合在玻璃表面上形成一层致密膜，阻止了碱溶液及水化物对连续玄武岩纤维的腐蚀。因此，增加 Fe_2O_3 的含量有望提高连续玄武岩纤维的耐碱性。但由于 FeO 与 Fe_2O_3 在不同的温度下存在不同的转换形式，很难在高温条件下把握 Fe_2O_3 的量是否全部存在或者被还原。美国宾西法尼亚大学 Weyl 教授为代表的一些科学家，也对其进行了系统的研究，认为铁的氧化态存在下列的动态平衡关系：

$$温度低、碱性强、氧化性\rightarrow$$

$$Fe^{2+}\longleftrightarrow Fe^{3+}$$

$$\leftarrow温度高、酸性强、还原性$$

由于自然界中纯的 FeO 是不存在的，而当温度达到 1475℃时，Fe_2O_3 会部分分解放出氧，生成 Fe^{2+}，所以说，硅酸盐玻璃中 Fe^{2+} 和 Fe^{3+} 总是共存的，只是随熔制条件不同而已。

（2）浸润剂对耐侵蚀性的影响

浸润剂是指在纤维生产过程中涂覆于纤维表面的，使有机材料和无机材料结合在一起的高分子材料。利用浸润剂的化学作用可改变纤维的性能，提高纤维的电学、力学等性能。因此浸润剂的作用对纤维质量的优劣有重大的影响。

连续玄武岩纤维经涂层处理，能够改变纤维的性能。经碱溶液浸泡 1 天后涂层处理和未处理的粗纱强度均发生大幅度下降，而腐蚀稳定后，经过涂层处理后的玄武岩纤维的断裂强度和强度保留率均是后者的 2 倍，观察微观纤维表面，涂层与碱溶液不会出现大面积的反应。可以证明在高温碱溶液的环境下，涂层可以在玄武岩纤维表面形成有效阻止碱溶液对纤维腐蚀的保护膜，进而提高了玄武岩纤维的耐碱性能。

经纳米 SiO_2 表面涂层改性后的玄武岩纤维经强碱腐蚀后其强度大于未经改性的玄武岩纤维碱腐蚀后的强度 [21]，其原因在于 SiO_2 涂层在一定程度上阻碍了溶液向纤维表面扩散，其中纳米 SiO_2 粒子会与溶液中的 OH—发生化学反应，产物聚集在涂层中进一步保护纤维基体免受碱溶液的进一步侵蚀。

参考文献

[1] Dhand V，Mittal G，Rhee K Y，et al. A short review on basalt fiber reinforced polymer composites [J]. Composites Part B: Engineering，2015（73）: 166-180.

[2] 吴智深，吴刚，汪昕，等 . 玄武岩纤维在土建交通基础设施领域研究与应用若干新进展 [J]. 工业建筑，2009（增）: 1-14.

[3] Fiore V, Scalici T,Di Bella G, Valenza A. A review on basalt fibre and its composites[J]. Composites Part B: Engineering, 2015(74):74-94.

[4] Helen F. Austin, Ravanasamudram V. Subramanian.Method for forming basalt fibers with improved tensile strength. United States Patent : 4149866,1979.

[5] Jiri Militky, Vladimir Kovacic, Jitka Rubnerova. Influence of thermal treatment on tensile failure of basalt fiber[J]. Engineering Fracture Mechanics, 2002, 69: 1025-1033.

[6] Chen Xingfen, Zhang Yunsheng, Haibin Huo and Zhishen Wu. Study of high tensile strength of natural continuous basalt fibers[J]. Journal of Natural Fibers,2018: 1-9.

[7] 张耀明，李巨白，姜肇中 . 玻璃纤维与矿物棉全书 [M]. 北京: 化学工业出版社，2001.

[8] Sokolinskaya M A，Zabava L K，Tsybulya T M, et al. Strength properties of basalt fiber [J]. Glass and Ceramics, 1991, 48(10), 435-437.

[9] 西北轻工业学院主编 . 玻璃工艺学 [M]. 北京：中国轻工业出版社，2006.

[10] Liu J X，Yang J P, Huo H B，Wu Z S, et al. Study on the effect oF different Fe$_2$O$_3$/ZrO$_2$ rate on the propertie of silicate glass fibers[J]. Advances in Materials Science and Engineering, 2017, https://doi.org/10.1155/2017/9523174.

[11] Rybin V A，Utkin A V, Baklanova N I. Alkali resistance, microstructural and mechanical performance of zirconia-coated basalt fibers [J].Cement and Concrete Research，2013（53）: 1-8.

[12] 陈兴芬 . 连续玄武岩纤维的高强度化研究 [D]. 南京：东南大学，2018.

[13] Rittler H L. Method for making basalt glass ceramic fibers [P]. United States Patent, 05/945507. 1980-04-22.

[14] Yilmaz S,Özkan O T, Günay V. Cystallization kinetics of basalt glass[J]. Ceramics International, 1996, 22(6): 477-481.

[15] Manylov M S，Gutnikov S I, Pokholok K V，et al. Crystallization mechanism of basalt glass fiber[J]. Mendeleev Communications，2013（23）: 361-363.

[16] 祖群，陈士杰、孔令柯 . 高强度玻璃纤维研究与应用 [J]. 复材制造 ,2009, 15: 92-94.

[17] 祖群 . 高性能玻璃发展历程与方向 [J]. 玻璃钢 / 复合材料 , 2014, 9: 19-23.

[18] 吴智深，刘建勋，杨剑平 . 一种高耐碱玄武岩纤维组合物 [P]. 201910333473.

[19] Liu Jianxun, Yang Jianping, Wu Zhishen, et al. Effect of SiO$_2$, Al$_2$O$_3$ on heat resistance of basalt fiber[J]. Thermochimica Acta, 2018 (660) : 56-60.

[20] Liu Jianxun, Jiang Ming, Wang Yang, Wu Gang, Wu Zhishen. Tensile behaviors of ECR-glass and high strength glass fibers after NaOH treatment[J].Ceramic International, 2013(39):9173-9178.

[21] 魏斌 . 玄武岩纤维的化学稳定性能及其涂层改性研究 [D]. 哈尔滨：哈尔滨工业大学，2011.

6 ▸▸

连续玄武岩纤维浸润剂

在连续玄武岩纤维拉丝生产过程中，纤维表面被涂覆一层专用的表面处理剂，即浸润剂。浸润剂对连续玄武岩纤维原丝起到保护和润滑的作用，同时赋予连续玄武岩纤维特定的加工特性。浸润剂能够改变连续玄武岩纤维的表面缺陷和性质，在连续玄武岩纤维及复合材料生产中发挥重要作用。

连续玄武岩纤维浸润剂（图6-1）是在玻璃纤维浸润剂、碳纤维上浆剂的基础上发展而来的，由于连续玄武岩纤维与玻璃纤维、碳纤维的表面性能不同，连续玄武岩纤维浸润剂与玻璃纤维浸润剂、碳纤维上浆剂不尽相同。根据连续玄武岩纤维的应用和市场情况，目前连续玄武岩纤维浸润剂以用于增强热固型树脂的纤维纱和织物浸润剂为主，品种单一。今后随着连续玄武岩纤维品类的增多和应用领域的扩大，与各种连续玄武岩纤维增强复合材料成形工艺相匹配的浸润剂种类会越来越多。

图6-1　连续玄武岩纤维浸润剂

6.1　纤维的表面处理概述

连续纤维的表面处理工艺是纤维生产过程中不可或缺的重要环节。纤维表面处理的目的：一是保护纤维，防止纤维在空气环境中性能变差；二是赋予纤维特定的加工性能（如成带性、硬挺性、短切性等），以保持或提高纤维制品的性能；三是提高纤维与树脂基体的相容性和黏结性。

不同种类的纤维表面性能不同，表面处理剂也不尽相同。玻璃纤维表面处理剂为浸润剂，碳纤维的表面处理剂为上浆剂。连续玄武岩纤维浸润剂工艺刚刚起步，主要借鉴的是玻璃纤维浸润剂，但由于碳纤维上浆剂比较成熟，对连续玄武岩纤维浸润剂也有一定的借鉴作用。

6.1.1 浸润剂概述

浸润剂是以水或有机溶剂为介质，以成膜剂、偶联剂、润滑剂、抗静电剂等为多种水溶性有机物（或有机物乳液）和无机物混合而成的一种多组分水溶液或水乳液。浸润剂既能把数百根乃至数千根纤维单丝集成一束，又使纤维表面具有润滑性，避免纤维生产过程产生飞丝、断丝；同时，赋予纤维各种加工性能以及与增强基体（如树脂、沥青等）的结合性能。因此，浸润剂对连续玄武岩纤维的生产和应用都非常重要。

浸润剂能够有效地改变连续玄武岩纤维表面缺陷和性质，决定着连续玄武岩纤维的加工性能及连续玄武岩纤维增强复合材料的最终性能。浸润剂的主要作用是连接连续玄武岩纤维与基体，并在界面层传递应力，其作用概括如下 [1-2]：

（1）集束和黏结作用

浸润剂可使连续玄武岩纤维原丝中的单丝黏结成一束，赋予其良好内聚力，减少散丝或断丝，便于合股、退解和纺织加工。在短切纱加工过程中，保持纤维集束的完整性。

（2）润滑和保护作用

浸润剂赋予连续玄武岩纤维原丝良好的润滑性、滑爽性和保护性，减少原丝在拉丝、烘干、络纱、退解、织造等加工过程中因机械磨损产生的毛丝。

（3）赋予纤维一定的加工性能

浸润剂能够为连续玄武岩纤维提供后道工序所需的加工性能，如短切性、硬挺性、集束性、成带性、分散性、纺织性等。

（4）纺织纤维表面产生静电

摩擦产生电荷，对于连续玄武岩纤维这种不导电材料来说，纤维表面没有消除静电荷的电气通路，易造成纤维表面静电荷积聚，妨碍连续玄武岩纤维的加工。浸润剂中的抗静电剂能够消除静电。

（5）使纤维与基体具有良好的相容性

浸润剂赋予连续玄武岩纤维和基体之间良好的相容性，使复合材料具有良好的性能。

6.1.2 浸润剂的黏结机理

连续玄武岩纤维的主要应用是纤维增强复合材料。浸润剂介于连续玄武岩纤维表面和树脂基体表面之间，起着浸润、黏结纤维和基体树脂，传递纤维和基体树脂之间应力的作用。

对纤维增强复合材料来讲，材料之间的相互浸润是复合的首要条件。浸润性仅仅表示液体与固体之间发生接触时的情况，并不能表示界面的黏结性能。当被增强基体浸润纤维后，紧接着便发生基体与纤维的黏结[1,3-4]。

（1）浸润机理

浸润剂和纤维、纤维和被增强基体之间的浸润性，决定纤维与浸润剂，以及纤维与被增强基体的界面结合的好坏。欲使纤维被完全浸透，浸润剂和液态的基体树脂要完全、充分地铺展在纤维表面上。如果浸润剂不能对纤维表面形成有效的浸润，则影响拉丝作业和纤维性能。如果基体树脂不能对纤维表面形成有效的浸润，在两者的界面会留下空隙，导致界面缺陷和应力集中，使界面的黏结强度下降。同时水汽也会沿着此缺陷浸入复合材料制品内部，导致制品耐老化性能大幅度下降。

浸润剂和树脂在纤维表面的铺展由固气（SV）、固液（SL）、液气（LV）三个界面的表面张力所决定。其平衡关系由式（6-1）确定：

$$\gamma_{SV} = \gamma_{SL} + \gamma_{LV} \cos\theta \tag{6-1}$$

式中　γ_{SV}——固相、气相之间的表面张力；

　　　γ_{SL}——固相、液相之间的表面张力；

　　　γ_{LV}——液相、气相之间的界面张力；

　　　θ——润湿角（又称接触角）。

当 $\theta=0°$，完全润湿；$\theta < 90°$，润湿；$\theta > 90°$，不润湿；$\theta=180°$，完全不润湿。θ 越小，液体对固体的润湿性越好。浸润的先决条件是 $\gamma_{SV} > \gamma_{SL}$，或是 γ_{LV} 十分微小。当固 - 液两相的表面能很接近时，可以满足这一要求。

按照热力学条件，只有体系自由能减少时，液体才能铺展开来，即：

$$\gamma_{SL} + \gamma_{LV} < \gamma_{SV}$$

因此，铺展系数 SC（spreading coefficient）被定义为：

$$SC = \gamma_{SV} - (\gamma_{SL} + \gamma_{LV})$$

浸润剂的表面能要低于纤维表面能，这样浸润剂乳液在拉丝过程中能够快速润湿连续玄武岩纤维。从热力学角度看，浸润剂乳液表面张力越小，溶液在纤维表面铺展系数越大，固-液接触角越小，浸润剂乳液在纤维表面铺展得越好，这就能够充分发挥浸润剂对纤维表面的处理作用。

（2）黏结机理

黏结是指不同种类的两种材料相互接触并结合在一起的一种现象。不同种类的材料之间的黏结强度，直接影响复合材料的力学性能、化学性能等。复合材料的黏结机理，主要取决于基体与增强材料的种类以及偶联剂的类型。界面黏结机理主要有机械黏结作用、静电引力黏结作用、化学黏结作用、界面反应（或界面扩散）作用[3]。

对于连续玄武岩纤维增强复合材料来说，主要发生的是化学黏结作用。

化学黏结作用是基体表面上的官能团与纤维表面上的官能团起化学反应，在基体与纤维之间产生化学键的结合。化学黏结作用最有效的是使用偶联剂。偶联剂应既含有能与增强材料起化学作用的官能团，又含有能与树脂基体起化学作用的官能团，由此在界面上形成共价键结合，可获得最强的界面黏结能。

连续玄武岩纤维浸润剂中的硅烷偶联剂是化学黏结作用的主要因素。硅烷偶联剂中的三烷氧基硅 [—Si(OCH$_3$)$_3$] 水解为三醇基硅 [—Si(OCH$_3$)$_3$]，三醇基硅中的羟基与连续玄武岩纤维表面的羟基在高温下发生醚化反应，生成醚基，即硅烷偶联剂与连续玄武岩纤维形成牢固的共价键。硅烷偶联剂中的有机基团，能与树脂发生化学反应形成化学键，这样偶联剂把连续玄武岩纤维与树脂这两种不同的材料通过化学键桥联起来。

连续玄武岩纤维浸润剂中的成膜剂也具有与连续玄武岩纤维表面良好的黏结力，与基体树脂之间有良好的溶解性，同时能够产生固化反应。

6.1.3 玻璃纤维浸润剂

6.1.3.1 玻璃纤维浸润剂的组分和种类

玻璃纤维浸润剂是伴随着玻璃纤维的研发、生产、应用而产生和发展的一种中间工艺技术。玻璃纤维浸润剂应用技术已有 80 多年的历史，由最初的淀粉-油基纺织型浸润剂发展到增强型浸润剂玻璃纤维，浸润剂技术已形成较为成熟的技术体系。

（1）玻璃纤维浸润剂的组分

玻璃纤维浸润剂的主要成分为成膜剂（也称黏结剂或集束剂）、偶联剂、润滑剂、抗静电剂，某些浸润剂中还会加增塑剂、交联剂、消泡剂、PH调节剂、防腐剂或杀菌剂等。6.2节将对浸润剂组分进行详细介绍。

（2）玻璃纤维浸润剂的分类

玻璃纤维浸润剂按照不同的标准划分成不同的类别，根据浸润剂的作用，把玻璃纤维浸润剂分为三类：增强型浸润剂，纺织型浸润剂，增强纺织型浸润剂。

① 增强型浸润剂

增强型浸润剂是指直接用于热固性树脂、热塑性树脂、橡胶、沥青等增强玻璃纤维制品生产的浸润剂。增强型浸润剂的显著特点是：浸润剂里面加有偶联剂；浸润剂中各组分与被增强树脂等基体材料具有相溶性或反应性；浸润剂应具有良好的拉丝、络纱工艺，同时还赋予玻璃纤维二次加工性能，如短切分散性、成带性、浸透性等。

增强型浸润剂是国内外使用最普遍、发展最快的一类浸润剂。增强型品种较多，不同的玻璃纤维制品或复合材料成形工艺，要有相匹配的浸润剂。

② 纺织型浸润剂

纺织型浸润剂系指用于玻璃纤维的纺织加工而使用的一类浸润剂，该浸润剂具有良好的拉丝、加捻、合股、织造等纺织加工性能。这类浸润剂仅提供拉丝和纤维纺织加工工艺性能。如果玻璃纤维织物作增强材料，需要去除玻璃纤维表面的浸润剂并做进一步表面处理。用纺织型浸润剂生产的玻璃纤维不能用作增强材料。目前淀粉性浸润剂是世界玻璃纤维工业普遍采用的一种纺织型浸润剂。

③ 增强纺织型浸润剂

增强纺织型浸润剂既赋予玻璃纤维纺织加工工艺性能，又与各种基材树脂具有良好的浸透性和结合力。解决了增强型浸润剂纺织性能不适用于加工细纱薄布，纺织型浸润剂又必须经热清洗处理后方能使用的矛盾。

6.1.3.2 新型玻璃纤维浸润剂的发展方向

近年来，随着化工工业和纤维增强复合材料的迅速发展，玻璃纤维应用领域的扩大，玻璃纤维浸润剂技术在向原料专用化及多功能化、配方系列化及专用化、品种多样化、工艺规范化、成本降低化方向发展。浸润剂技术发展方向主要如下。

① 浸润剂原料的"复合"。如偶联剂和黏结剂结合为一体，润滑剂及抗静电剂结合成一体等。

② 增强热塑性塑料浸润剂。纤维增强热塑性塑料在汽车等领域的应用越来越广泛，尤其是玻璃纤维织物增强热塑性塑料将成为未来发展的重要方向。

③ 耐热性浸润剂。玻璃纤维用作烟气过滤材料、防火布等，要求具有与之匹配的耐高温浸润剂。

④ 耐碱性浸润剂。用于增强水泥或砂浆的耐碱浸润剂，另外，是与耐碱网布涂层相匹配的浸润剂。

⑤ 风力叶片用玻璃纤维浸润剂。大风力叶片一般需要的是线密度大（4800tex 以上）的玻璃纤维直接纱或直接纱加工成的多轴向编织物，因此玻璃纤维不仅要柔软、成带性好，还要纺织性能好。

6.1.3.3　玻璃纤维浸润剂与连续玄武岩纤维浸润剂的区别

连续玄武岩纤维浸润剂是从玻璃纤维浸润剂发展而来的，但由于玻璃纤维与连续玄武岩纤维的表面性能不同，因此浸润剂配方的原料种类和用量有所不同。

① 连续玄武岩纤维的表面能大、表面张力大，因此浸润剂配方中，须选用高化学极性、高表面能的黏结成膜组分，同时尽量减少润滑剂等油类物质对浸润剂表面能的降低。同时，由于连续玄武岩纤维表面极性强，浸润剂中须采用极性较大的组分，赋予纤维制品表面以较高的表面能。

② 玻璃纤维某些制品、如透明板、增强热塑性塑料制品等对玻璃纤维及其浸润剂有耐黄变的要求，因此玻璃纤维浸润剂会采用一些价格较贵的浸润剂原材料。连续玄武岩纤维本身是金黄色，不存在耐黄变的问题，可采用价格较便宜的浸润剂原材料，降低浸润剂成本。

6.1.4　碳纤维上浆剂

碳纤维原丝表面由大量惰性碳微晶堆砌而成，表面呈非极性，表面能小；极性官能团少且呈化学惰性；表面光滑，比表面积小，与树脂基体的浸润性差，界面结合能差，因此，必须对碳纤维进行表面处理。工业生产中，碳纤维的表面处理采用的是上浆处理，上浆就是在碳纤维表面涂覆一层保护膜，这层保护膜就是上浆剂[5]。上浆剂是国内外碳纤维生产厂家的核心技术秘密，也是碳纤维研究领域的技术制高点。

6.1.4.1　碳纤维上浆剂的作用

碳纤维上浆剂的作用如下[5-6]。

① 保护作用。降低碳纤维的摩擦系数，减少毛丝，降低碳纤维在加工过程中的损伤。

② 集束功能。提高碳纤维的集束性，有利于后续加工。

③ 浸润作用。改善碳纤维的浸润性能，使碳纤维能够被树脂基体浸润，减少碳纤维复合材料的制备时间，提高产品质量。

④ 偶联作用。改善碳纤维与树脂基体之间的化学结合，提高复合材料的界面性能。

⑤ 传递界面应力的作用。通过界面的剪切应变可有效传递载荷，大大提高复合材料承受外力的整体能力。

6.1.4.2 碳纤维上浆剂的分类

碳纤维上浆剂根据所使用的溶剂类型分为溶剂型、水溶型和乳液型三种类型[8-9]。

（1）溶剂型上浆剂

早期的碳纤维上浆剂主要采用溶剂型上浆剂。溶剂型上浆剂是将环氧树脂、聚乙烯醇、聚乙酸乙烯酯、聚丙烯酸及丙烯酸酯、聚酯型聚氨酯、不饱和聚酯、聚苯乙烯、聚酰亚胺等树脂溶解在低沸点的有机溶剂（如丙酮、四氯呋喃、甲苯等）中，形成均一的有机溶液体系。不同的基体树脂，选择与基体树脂结构相似的树脂上浆。

溶剂型上浆剂实现碳纤维集束性、耐磨性、柔韧性和开纤性等性能要求。但是，溶剂型上浆剂中的溶剂容易挥发，造成残留的树脂粘在导辊上，对后续通过的纤维造成伤害；且挥发的溶剂污染环境，对人体造成伤害。从环境、安全、经济等综合角度考虑，溶剂型上浆剂将逐渐被水溶型和乳液型上浆剂所取代。

（2）乳液型上浆剂

乳液型上浆剂是树脂在乳化剂的作用下形成均一的水性乳液。乳液型上浆剂中除了主成分树脂和乳化剂(表面活性剂)外，有时还含有偶联剂、集束剂、稳定剂、增韧剂、流平剂、分散剂、交联剂等成分。

乳液型上浆剂一般不会在导辊上残留树脂，不会对后续纤维造成损伤，且无溶剂污染环境；乳化剂的加入大大提高碳纤维表面的润湿性能；各种助剂的加入也会提高纤维和基体树脂界面的黏结性能，使复合材料的层间剪切强度得到提高。目前，国外碳纤维生产线多采用乳液型上浆剂；国内生产线中既有溶剂型，也有乳液型的。

（3）水溶型上浆剂

水溶型上浆剂是将水溶性的聚合物（如聚丙烯酸共聚物、聚乙烯醇、水溶性聚氨酯、聚乙烯基吡咯烷酮等）溶解在水中形成的均相水溶液。水溶型上浆剂中的聚合物树脂由于分子链中引入亲水性某团或者亲水链段，实现自乳化，不需要加入乳化剂和其他助剂。水溶型上浆剂与乳液型上浆剂最本质的区别就在于它是在分子链中引入亲水性基团或者亲水链段，实现自乳化，不需要再加入乳化剂和其他助剂。

目前用于水溶型的聚合物树脂种类很少，普遍存在上浆以后不能实现由亲水到憎水性的转变，导致上浆碳纤维的吸湿性高的问题。水溶型上浆剂的结构不稳定，水溶型碳纤维上浆剂的应用还比较少，但已成为国内外的研究趋势。

6.1.4.3　碳纤维上浆剂的组分

碳纤维上浆剂主要由控制上浆剂主要性能的主浆料和调节上浆剂综合性能的助剂组成，前者为高分子化合物，后者为表面活性剂 [7,8]。

（1）主浆料——树脂

主浆料也被称为黏着剂，与碳纤维具有良好的黏着性，并能形成良好的浆膜。根据"相似相溶"原理，在选择主浆料树脂时，要选择与增强树脂基体相近的树脂，复合材料才可能有良好的黏结性。

目前广泛应用的主浆料主要有环氧树脂、乙酸乙烯树脂、丙烯酸树脂、聚氨酯树脂、酚醛树脂、不饱和聚酯树脂等。

（2）乳化剂（表面活性剂）

乳化剂大多为表面活性剂，其分子结构具有两亲性：一端为亲水基团，另一端为疏水基团，降低碳纤维上浆剂的表面张力和表面自由能。乳液性上浆剂中常用的表面活性剂为阴离子表面活性剂和非离子表面活性剂。

（3）流平剂

流平剂促使上浆剂在干燥成膜过程中形成一个平整、光滑的浆膜，提高其流平性和均匀性，增加覆盖性，使成膜均匀、自然。常用的流平剂为聚醚改性聚硅氧烷。

（4）润湿剂

润湿剂降低溶液的表面或界面张力，使水溶型上浆剂能展开在碳纤维表面上，把碳纤维润湿。

6.1.4.4　碳纤维上浆剂与连续玄武岩纤维浸润剂的区别

碳纤维上浆剂的作用和连续玄武岩纤维浸润剂的作用是相同的，都起到保护、润滑纤维的作用，增强纤维的集束性，改善纤维的加工性能，同时还可提高纤维与基体的浸润性，改善复合材料的界面黏结。

由于碳纤维和连续玄武岩纤维的生产工艺不同，纤维表面性能不同，碳纤维上浆剂和连续玄武岩纤维浸润剂有很大的区别。

① 碳纤维上浆剂中没有偶联剂，连续玄武岩纤维浸润剂中的第二大主成分是偶联剂。由于偶联剂含量不同，因此，碳纤维复合材料的黏结机理与连续玄武岩纤维复合材料的黏结机理不同，碳纤维复合材料的黏结机理主要是主浆料树脂的黏结作用，连续玄武岩纤维复合材料的黏结机理主要是硅烷偶联剂的偶联作用。

② 表面活性剂的作用不同。碳纤维上浆剂中的乳化剂（表面活性剂）的作用是提高乳液的稳定性，降低溶液的表面张力，改变体系的界面状态。连续玄武岩纤维浸润剂中的表面活性剂是指润滑剂，起到润滑、降低纤维的摩擦系数的作用，还具有提高短切纱的流动性、分散性的作用。因此，碳纤维上浆剂和连续玄武岩纤维浸润剂的表面活性剂的种类和用量不相同。

6.2 连续玄武岩纤维浸润剂

6.2.1 连续玄武岩纤维的表面特性

连续玄武岩纤维表面较粗糙，极性大。凹凸不平的表面形貌增大了浸润剂对玄武岩纤维的润湿作用；较高的极性表面有利于树脂对纤维的浸润黏结，为纤维增强复合材料提供了良好的黏结界面[5]。

连续玄武岩纤维表面的金属离子因配位数未能满足而从空气或水中缔合质子或羟基，导致表面的羟基化，使得纤维表面由负离子构成，是阴离子性的，对带正电的阳离子和基团有亲和性。

连续玄武岩纤维的表面张力约为 60mN/m，玻璃纤维和碳纤维表面张力分别约为 40mN/m 和 20mN/m，见表 6-1。

表6-1 三种纤维表面张力

未涂浸润剂纤维	连续玄武岩纤维	玻璃纤维	碳纤维
表面张力/（mN/m）	60	40	20

连续玄武岩纤维的表面张力和表面能高于玻璃纤维和碳纤维，连续玄武岩纤维的化学惰性大。因此，连续玄武岩纤维的浸润剂的表面张力和表面能应比较

大。在连续玄武岩纤维的浸润剂配方中，须选用高化学极性、高表面能的黏结成膜组分，同时尽量减少润滑剂等油类物质对浸润剂表面能的降低。同时，由于连续玄武岩纤维表面极性强，浸润剂中必须采用极性较大的组分，赋予纤维制品表面以较高的表面能，使基体树脂充分浸润纤维表面[8]。

由于连续玄武岩纤维的表面能大于浸润剂的表面能，所以浸润剂能够很好地分散在连续玄武岩纤维表面。当涂覆浸润剂的连续玄武岩纤维被烘干后，纤维表面只剩下有机涂层，这时连续玄武岩纤维的表面张力会下降，大约为45mN/m。常用的树脂基体材料的表面张力为 35 ~ 45mN/m（如聚酯树脂的表面张力为35mN/m，环氧树脂和乙烯基树脂的表面张力约为42mN/m）。生产连续玄武岩纤维增强树脂基复合材料时，树脂的表面能小于或接近覆有浸润剂的连续玄武岩纤维的表面能，树脂才能有效浸透连续玄武岩纤维，保证连续玄武岩纤维增强复合材料的力学性能。

6.2.2　连续玄武岩纤维浸润剂的分类

连续玄武岩纤维浸润剂是从玻璃纤维浸润剂发展而来的，由于连续玄武岩纤维的表面性能跟玻璃纤维表面性能不同，连续玄武岩纤维浸润剂跟玻璃纤维浸润剂不尽相同。

根据目前连续玄武岩纤维制品及应用领域，连续玄武岩纤维浸润剂主要分为两大类：增强型浸润剂和增强纺织型浸润剂。

（1）增强型浸润剂

增强型浸润剂可用于增强热固性树脂（环氧树脂、聚酯树脂、乙烯基树脂、酚醛树脂等）、热塑性树脂（聚氨酯、聚乙烯、聚丙烯、尼龙、PBT、PET、ABS 等）、沥青、水泥和橡胶等。增强型浸润剂的品种最多，分类也较多。

不同种类的浸润剂赋予纤维制品、FRP 制品加工和生产所需要的特殊性能。增强型浸润剂必须赋予原丝以下特性：

① 纤维与聚合物之间有良好的黏结性，这主要通过偶联剂来实现。
② 纤维具有良好的集束性和浸透性，这主要通过成膜剂来实现。
③ 纤维在各加工工序中受到保护，降低摩擦，这主要是通过润滑剂实现。
④ 纤维的抗静电性，通过加入抗静电剂来实现。
⑤ 设计浸润剂的组分与含量，使纤维具有良好的加工性能，如成带性、硬挺性、柔软性、切割性等。

（2）增强纺织型浸润剂

增强纺织型浸润剂主要用于连续玄武岩纤维纺织制品（有捻纱／纤维布等）。增强纺织型浸润剂既能保护连续玄武岩纤维在加捻、合股和织造过程中，不受磨损，保持连续玄武岩纤维织物光洁、平整、无毛丝；又能使纤维和树脂基体之间有良好的浸透性和结合力。

目前，国内连续玄武岩纤维增强纺织型浸润剂主要是在南京玻璃纤维研究设计院开发的 140 系列增强纺织型浸润剂基础上进行配方调整的。

增强纺织型浸润剂的关键技术为成膜剂，成膜剂可选用聚氨酯树脂、环氧树脂、丙烯酸树脂等。一般选用聚氨酯树脂，因聚氨酯树脂成膜后，膜富有弹性、黏结性强，能赋予纤维良好的集束保护作用，同时由于聚氨酯树脂为强极性分子，与大部分基体树脂均有良好的相容性及浸透性。

6.2.3　连续玄武岩纤维浸润剂的主要组分

浸润剂中主要组分为偶联剂、成膜剂、润滑剂、抗静电剂，以及其他一些辅助成分，如 pH 调节剂、增塑剂、交联剂等。下面介绍一下浸润剂中各组分的性能与作用。

6.2.3.1　偶联剂

偶联剂，顾名思义具有偶合联结的作用，通过其本身不同的反应官能团，把纤维和树脂牢固结合起来。偶联剂能够改变连续玄武岩纤维和树脂之间的界面能，并在界面之间形成化学或物理的"分子桥"。偶联剂可以增强连续玄武岩纤维与树脂之间的黏结力，并起到传递应力的作用。偶联剂在连续玄武岩纤维浸润剂中用量约为 0.1% ～ 1.5%。

偶联剂品种繁多，主要有硅烷偶联剂、络合物偶联剂、钛酸酯偶联剂、有机磷化合物偶联剂等。硅烷偶联剂是连续玄武岩纤维、玻璃纤维和碳纤维最常用的一种浸润剂。

硅烷偶联剂的一般结构式为：

$$Y—R—Si—X_3$$

式中，Y 为有机官能团，如氨基、环氧基等，Y 可与聚合物通过范德华力或氢键结合；R 为亚烷基 $+CH_2+_n$，将有机官能团和硅酯键连接起来；X 是结合在硅原子上的水解性基团，如氯基、甲氧基、乙氧基、乙酰氧基等；$Si—X_3$ 为硅酯键，此基团水解产物可与玄武岩纤维表面形成化学键。

硅烷偶联剂的作用机理是：硅烷偶联剂一端的有机基团跟有机树脂反应或相互溶解，另一端的烷氧基团水解反应后跟纤维表面反应形成硅氧键。进一步解释为：硅烷偶联剂首先接触水分发生水解反应，之后脱水缩合形成低聚物。这种低聚物能够与连续玄武岩纤维表面的羟基形成氢键，进一步受热脱水形成共价键，实现与连续玄武岩纤维的结合。硅烷偶联剂与无机材料的作用是从羟基作用开始的，因此对于表面含有羟基的无机材料如玻璃纤维、连续玄武岩纤维等，这类偶联剂的作用效果较好。

表6-2列出了常用的硅烷偶联剂的牌号、化学名称、适用范围等，以供参考。

表6-2 常用的硅烷偶联剂

国内牌号	国外牌号	化学名称	适用范围
KH-550	A-1100	γ-氨基丙基三乙氧基硅烷	环氧树脂、酚醛树脂、聚碳酸酯、聚乙烯、聚丙烯酸酯、聚酰胺、PVC、聚氨酯
KH-560	A-187	γ-（2,3-环氧丙氧基）丙基三甲氧基硅烷	环氧树脂、聚酯、酚醛树脂、PVC、ABS、聚碳酸酯、聚苯乙烯、聚酰胺、聚乙烯、聚丙烯、聚氨酯、热塑性聚酰胺
KH-570	A-174	γ-（甲基丙烯酰氧基）丙基三甲氧基硅烷	聚酯、环氧树脂、聚乙烯、ABS、聚丙烯、聚甲基丙烯酸甲酯、热塑性的PP/PE
A-151	A-151	乙烯基三乙氧基硅烷	聚酯、硅酮树脂、聚乙烯、聚丙烯、PVS、SBR、EPM、EPDM

硅烷偶联剂中官能团不同，与有机物和无机物和作用效果也各不相同。因此，在选择硅烷偶联剂时，根据增强材料的种类来选择。如：以酸酐或酰胺固化的环氧树脂，一般选择KH-560。以胺固化的环氧树脂，一般选择KH-550。如果增强材料为双马来酸酐改性的聚丙烯树脂，一般选用KH-570，KH-570中的双键可与改性后的聚丙烯树脂表面键合；如果聚丙烯树脂未加改性，一般选用KH-550。增强聚酰胺（PA6或PA66），一般选用KH-550或KH-560。

近年来，随着偶联剂技术的发展，人们开发了集多种性能为一体的偶联剂，这种偶联剂的有机基团千变万化、适应性更强，尤其是增加了偶联剂有机基团的反应性，使偶联剂的偶联作用更强。如有的偶联剂具有成膜黏结集束作用，有的偶联剂具有润滑抗静电作用。

6.2.3.2 成膜剂

成膜剂也称黏结剂或集束剂。成膜剂在连续玄武岩纤维浸润剂中用量最大，约占2%～20%。成膜剂是对连续玄武岩纤维制品影响最大的关键组分，其作用是在拉丝和卷绕生产时，将连续玄武岩纤维单丝黏结成一束原丝，在后续加工工序中保护纤维，并赋予纤维良好的加工性能和成形性能，如集束性、短切性、分散性、平滑性、流动性、成带性及适度的渗透性，以满足不同品种连续玄武岩纤维制品的工艺要求。

浸润剂的表面张力主要取决于成膜剂的表面张力，成膜剂的分子极性越大，其表面张力也就越大，各类成膜剂极性大小顺序为：聚氨酯树脂＞环氧树脂＞聚酯树脂＞聚乙酸乙烯酯乳液。根据增强树脂的种类，可选择适当极性的成膜剂。

成膜剂必须具有极好的黏结能力，以保护连续玄武岩纤维原丝，防止机械磨损，同时成膜剂选择直接影响到连续玄武岩纤维制品的外观和性能。对于同一成膜剂树脂，成膜剂的分子量越大，纱线硬挺度越大，成膜剂在烘制过程中迁移性越小，以及在连续玄武岩纤维与基体树脂的界面作用力越强。

常用的成膜剂主要为环氧乳液、聚酯乳液、聚氨酯乳液、聚乙酸乙烯酯乳液（PVAc）、聚丙烯酸酯乳液等。

（1）环氧树脂

凡分子结构中含有环氧基团的高分子化合物统称为环氧树脂。环氧树脂成膜剂分为乳液型和水溶型两种。

环氧乳液是由环氧树脂与乳化剂、溶剂经过专用的乳化装置进行机械乳化，形成一定粒径的乳状液体，乳液能够均匀地分散在水溶液中。水溶型环氧树脂是以环氧树脂为基料，与醇类、酸类或胺类的反应物进行缩合反应，生成能溶于水的透明液体，也可以直接用环氧氯丙烷与多元醇或带其他亲水基团的反应物，在催化剂存在的条件下，直接进行开环反应制成环氧树脂。浸润剂中使用的环氧树脂成膜剂主要是双酚 A 型环氧，学名为双酚 A 缩水甘油醚。

环氧树脂结构中的羟基（—OH）和醚基（—O—）有高度的极性，使环氧分子与相邻界面产生较强的分子间作用力；活泼的环氧基与介质表面（特别是金属表面）的游离键起反应，形成化学键。

环氧树脂成膜剂的特点是：一是集束性高、黏结性好，主要是因为环氧树脂中的环氧基团化学活性强，为高极性基团，分子链中又含有极性强的醚基与羟基，对其他分子产生很强的吸力。二是浸透性好，由于环氧基团能与树脂中的不饱和键形成化学键，因此可获得良好的相溶性。

环氧树脂的分子量分布广，其分子量为 350 ~ 8000。用不同品种的环氧树脂易调节成膜剂的软硬，以适应不同纤维制品的需求。如分子量小的环氧树脂可用作缠绕、拉挤、增强纺织型等软质纱的成膜剂，分子量大的环氧树脂可用作 SMC、BMC、喷射纱等硬质纱的成膜剂。

（2）聚酯树脂

聚酯树脂成膜剂是由二元羧酸与二元醇经缩聚反应制得。聚酯树脂的分子主链上，含有许多重复的酯键、不饱和双键和亲水基团（磺酸盐、羧酸盐或醚键等），使其具有典型的酯键和不饱和双键特性外，还具有亲水性和自乳化性。

聚酯成膜剂不论是聚酯乳液还是水溶性聚酯，在其长分子链上有酯基—CO—O—和不饱和双键—CH=CH—，与基材中的活泼单体（如苯乙烯）的双键进行共聚反应发生交联作用，进而固化形成牢固的化学键。聚酯树脂作为成膜剂，对连续玄武岩纤维单丝的黏结集束作用好。

水溶性聚酯成膜剂的性能根据所选用的酸醇品种配比而变，可以根据成膜剂的软、硬、韧性、浸透速度、耐碱性、玻璃化转变温度等性能要求进行选择。

聚酯树脂广泛应用到喷射纱、SMC、短切毡、缠绕纱、拉挤纱等浸润剂中。

（3）聚乙酸乙烯酯树脂

聚乙酸乙烯酯树脂又称为PVAc乳液，是乙酸乙烯酯经聚合生成的聚合物。聚乙酸乙烯酯树脂是浸润剂中使用最广泛的成膜剂之一，其优点是黏结性能好，容易赋予原丝以良好的硬挺性和切割性。速溶型PVAc乳液，与不饱和聚酯树脂的亲和性最好。交联型PVAc乳液，交联密度高，集束性更好，树脂的纵向穿透力强。

PVAc乳液与聚酯乳液同时用，在浸润剂中加入固化剂、交联剂，烘干成膜时可使聚酯乳液部分固化，这样可以有效地调节SMC、BMC的浸透速度，并保证SMC在压制成形时不开纤，纤维流动性好，分布均匀。此外PVAc乳液还普遍用于增强水泥制品的无捻粗纱浸润剂，增强水泥制品的无捻粗纱不仅要求浸润剂具有良好的集束性、黏结性、硬挺度和短切性，还要有优良的耐碱性能。

PVAc乳液可用于短切毡、喷射、SMC、BMC纱用浸润剂。它的不足之处是浸透性不及酯类和环氧类成膜剂。

（4）聚氨酯树脂

聚氨酯树脂是聚氨基甲酸酯的简称，其分子链上含有重复的氨基甲酸酯键—NH—CO—O—。氨基甲酸酯键具有高极性及高化学性能，对纤维的黏结集束性好，分子中软链段和硬链段相结合，所以膜的弹性特别好。聚氨酯树脂具有高强度、耐磨性、高弹性等优异性能，成为浸润剂成膜剂中发展最快的一种新型成膜剂。

在浸润剂配方中添加少量聚氨酯乳液，即可有效提高连续玄武岩纤维的集束性、短切性和耐磨性。

聚氨酯树脂主要用于增强纺织型浸润剂和增强热塑性塑料浸润剂。

（5）聚丙烯酸酯树脂

聚丙烯酸酯树脂是以丙烯酸酯类为单体的均聚物或共聚物。聚丙烯酸酯成膜剂对连续玄武岩纤维有较强的黏结力，成膜较硬，与苯乙烯有良好的相容性。

该成膜剂主要用于喷射纱、短切毡用纱、增强热塑纱等硬质纱浸润剂，其缺点是乳液久置，容易交联沉淀。

表 6-3 列出了国内外的成膜剂的种类与性能。

表6-3 常用的成膜剂

类型	代号	性能及应用
环氧乳液	Neoxil 965	柔软性好、乳液稳定性高
环氧乳液	Neoxil 8294	适合增强热塑性树脂
润滑改性环氧	Neoxil 9614	提高力学性能，减少毛丝
聚氨酯改性环氧	Neoxil 4298	辅助成膜剂，适合高强玻纤
聚酯改性环氧	Neoxil 962D	膜较硬
环氧树脂	NBR-210	拉挤、缠绕
环氧树脂	NBR-220	拉挤、缠绕
环氧树脂	NBR-230	缠绕、BMS、喷射、SMC
环氧树脂	NBR-240	喷射、短切毡
环氧树脂	NBR-250	拉挤、缠绕
环氧树脂	NBR-260	SMC、PA纱
环氧树脂	NBR-280	软质纱、硬质纱
不饱和双酚聚酯乳液	Neoxil 954D	浸透速度快、透明性好、适合短切原丝毡、喷射纱、缠绕纱
高度不饱和聚酯	Neoxil 966M	浸透慢、分散性好、适合SMC、DMC纱
聚酯树脂	NBR-110	BMC短切原丝纱
聚酯树脂	NBR-120	石膏、喷射、短切毡纱
聚酯树脂	NBR-130	拉挤、缠绕
聚酯树脂	NBR-150	喷射、短切毡
聚氨酯乳液	Neoxil 9851	通用
聚氨酯乳液	Neoxil 6158	适合增强热固性塑料
聚氨酯乳液	Baybond 3497	喷射纱、SMC、DMC纱、毡用纱等
聚氨酯乳液	Baybond 407	耐热性优异、增强热塑性塑料
聚氨酯乳液	NBR-410	增强纺织型
聚氨酯乳液	NBR-430	PA、PET纱
聚乙酸乙烯酯树脂	Neoxil 8800	短切原丝毡
聚乙酸乙烯酯树脂	Neoxil 9900	通用
聚乙酸乙烯酯树脂	Vinamul 8828	喷射纱、SMC、DMC纱、预浸料
聚乙酸乙烯酯树脂	Vinamul 8837	SMC、DMC纱、预浸料、制造用无捻粗纱
聚乙酸乙烯酯树脂	Vinamul 8848	短切原丝毡、喷射纱
聚乙酸乙烯酯树脂	Vinamul 8851	短切原丝毡、透明瓦
聚乙酸乙烯酯树脂	Vinamul 8853	短切原丝毡、透明瓦用无捻粗纱
聚乙酸乙烯酯树脂+DBP	Vinamul 8813	喷射纱
聚乙酸乙烯酯树脂	NBR-310	喷射纱
聚乙酸乙烯酯树脂	NBR-320	BMC、SMC纱
聚乙酸乙烯酯树脂	NBR-330	BMC、石膏纱
聚乙酸乙烯酯树脂	NBR-340	毡用纱
聚乙酸乙烯酯树脂	NBR-350	BMC、SMC纱

6.2.3.3　润滑剂

润滑剂在浸润剂中的主要作用是润滑、减少摩擦。按润滑剂的作用细分的话，可分为湿润滑剂和干润滑剂两种。湿润滑是指润滑剂在拉丝过程中，可降低纤维原丝与涂油器的石墨辊、集束槽与钢丝排线器之间的磨损，保持纤维原丝的完整性。干润滑是指在纤维原丝烘干后的后续制品的加工（如合股、加捻等）中，润滑剂可有效地降低动摩擦系数，保持滑爽，减少毛丝。润滑剂在连续玄武岩纤维浸润剂中用量约为 0 ~ 10%，一般是两种或两种以上润滑剂配合使用。

常用的润滑剂有脂肪酸类、硬脂酸类、咪唑啉类和矿物油类润滑剂等（表6-4）。

表6-4　常用的润滑剂

类型	代号	性能及应用
阳离子型	Neoxil 88710	通用
阳离子型	6760	通用
矿物油型	7607	通用，可与6760配合使用
阳离子型	阳离子软片	油滑、抗静电性强
阳离子型	TEGO W-30	油滑、柔软
阳离子型	TEGO G-50	干爽、柔软
硅烷类	GFA-2	耐高温、润滑性好、退解性好
硅烷类	GFA-7	减少毛丝、柔软性好、毡平铺性好
阳离子型	S9	软质纱主要用润滑剂，降低纱的摩擦系数、减少毛丝。两
阳离子型	O9	种配合使用，可调节纱的软硬
阳离子型	1025	润滑

国外浸润剂配方中，润滑剂多采用长键脂肪族咪唑啉，也可以采用含双键的酸与长键醇单羟基酯，润滑剂及抗静电剂结合成一体。最新动态为有机金属化合物，如聚氧乙烯 - 聚氧丙烯醚 - 单脂肪族（如单月桂酸、单棕榈酸）锑铝化合物，润滑效果更好兼有良好的有机抗静电性能。

6.2.4　连续玄武岩纤维浸润剂的制备工艺

6.2.4.1　浸润剂配方设计

浸润剂工艺中最关键的工艺是配方设计，浸润剂的配方设计不仅涉及各种单组分原料、浸润剂原料的稳定性，还涉及拉丝工艺、纤维加工性能以及纤维增强复合材料工艺及性能等连续玄武岩纤维生产剂纤维增强复合材料成形的各个方面，是一个综合、统筹的设计工艺。

在浸润剂配方设计时，要考虑以下几方面：

① 充分了解客户对纤维制品的性能和应用要求。

② 充分了解纤维制品的加工工艺和加工特性，如成带性、分散性、短切性、浸透性、抱合性、可溶性、黏结性等。

③ 充分了解浸润剂原材料的性能。对构成浸润剂的各种单组分原材料进行性能分析，尤其是成膜剂，如原料的固含量、pH 值、稳定性、膜的形态、乳液的粒度及分布、分子量及分布、分子结构及分子极性、乳液的离子类型、熔融温度和玻璃化转变温度、表面张力、结晶性、在苯乙烯中的溶解度等。

④ 在挤出机中易于搅断、混料均匀。

⑤ 与基体树脂相容性好，制品强度高、表面光洁。

6.2.4.2 浸润剂的配制工艺

浸润剂的配制对浸润剂的应用效果有重要影响。浸润剂的单组分原料的浓度都比较大，如果将这些浓度大的单组分原料直接混合在一起，再用水稀释，容易产生胶凝或沉淀。此外，硅烷偶联剂必须充分水解，如果水解不充分将影响其应用效果，甚至会应影响拉丝工艺。

浸润剂的配制工艺包括如下步骤。

① 偶联剂水解。水解容器中加入偶联剂用量 20 ~ 30 倍的水，然后加入乙酸（也可用柠檬酸等其他有机酸）调节 pH 值至 3 ~ 4。在缓慢搅拌情况下（注意不能有气泡搅入水中）缓慢加入硅烷偶联剂（一般为呈细线状缓慢加入），搅拌 30min 以上（各工厂视情况而定），直至溶液澄清，表面无油花状，即表示水解完毕。水解完后的溶液 pH 值不能大于 6，如过大，需补加酸，将 pH 值调至 5 ~ 6。

② 成膜剂稀释。将几种成膜剂分别用 2 ~ 5 倍的去离子水充分稀释。

③ 润滑剂稀释。将几种润滑剂分别用 2 ~ 5 倍的去离子水充分稀释（有时需要用热水将其溶解）。

④ 抗静电剂溶解。在抗静电剂中加去离子水溶解并充分吸水。

⑤ 在浸润剂的配制容器中加入少量去离子水并搅拌；然后依次将稀释后的成膜剂、润滑剂、抗静电剂、偶联剂倒入浸润剂的配制容器中继续搅拌；最后加入余量的水，搅拌至混合均匀。

配制好的浸润剂，需尽快使用，一般使用周期不超过 72h。主要是防止偶联剂自聚成多聚体后失去反应活性。

6.2.4.3 浸润剂的烘干工艺

涂覆浸润剂的连续玄武岩纤维原丝，必须通过彻底的烘干，才能进行后续加工。烘干的目的：一是排出水分；二是浸润剂在纤维表面成膜，即浸润剂中的单组分原料在连续玄武岩纤维表面发生化学反应，形成一层保护膜。浸润剂的烘干工艺对连续玄武岩纤维的性能及应用都有重要影响。

浸润剂的烘干工艺一般分为两个阶段：

第一阶段：90 ~ 110℃，时间 2 ~ 6h。这一阶段是排湿阶段，即水分被排出。

第二阶段：110 ~ 130℃，时间 6 ~ 12h。这一阶段是成膜阶段，即单组分原料发生化学反应，形成保护膜。

连续玄武岩纤维表面的浸润剂烘干机理是一个动态的变化过程，如图 6-2 所示。当浸润剂涂覆在纤维表面时，浸润剂是以颗粒的形式附着在纤维表面。当涂覆浸润剂的纤维在加热炉中被烘干时，该颗粒会慢慢扩散，直至在纤维表面形成保护膜[6]。

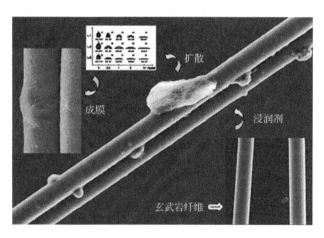

图 6-2 浸润剂的烘干机理

浸润剂扩散速度的快慢跟浸润剂配方和烘干制度有关。在浸润剂配方相同的情况下，烘干温度越高，浸润剂扩散越快。浸润剂配方中的润滑剂含量高时，相同温度下，浸润剂扩散快。浸润剂配方中并不是润滑剂含量越高越好，在其他成分不变的情况下，润滑剂含量越高，其复合材料中界面结合力越低。

浸润剂烘干温度过高，会使水分迁移加快，使得原丝筒内外温度不一致；温度过低，纤维表面成膜不致密，起不到保护作用，而且易造成毛丝、散丝等。烘干时间过短，水分不能充分排出，纤维表面成膜不充分，影响原丝质量；烘干时间过长，使得纤维表层发黄。

不同类型的浸润剂，烘干工艺略有不同；同一种浸润剂在不同的时间（如夏天和冬天）的烘干工艺也不尽相同。浸润剂的烘干工艺要根据纤维的烘干效果、生产状况、天气等时时进行调整。

6.3　连续玄武岩纤维浸润剂现状和发展方向

6.3.1　连续玄武岩纤维浸润剂现状

当前，连续玄武岩纤维浸润剂的种类较单一，主要是用于增强热固性树脂型的纤维纱浸润剂，这与连续玄武岩纤维的应用领域有关。目前连续玄武岩纤维主要用于增强环氧基、聚酯基复合筋材、板材、网格等无捻粗纱类浸润剂，连续玄武岩短切纤维增强沥青路面等。连续玄武岩纤维生产厂家的浸润剂是在玻璃纤维浸润剂配方的基础上进行调整，并根据客户的要求不断改进，某些厂家已探索出自己的常规浸润剂配方，但很多厂家的浸润剂配方还不成熟，有待于技术提升。

虽然我国已经掌握了连续玄武岩纤维生产技术，但是浸润剂技术的研发几乎处于空白。浸润剂技术是一项非常保密的技术，如同中药配方一样。一些厂家为了保护公司利益不受侵犯，申请了技术专利；但为了保护公司专有技术，专利内容中的关键技术被隐蔽了。尽管如此，这些专利还是为浸润剂开发者提供了思路和方向。本文摘取了一些专利中的浸润剂的应用实例[11-19]。

（1）缠绕纱用浸润剂

硅烷偶联剂	0.2% ~ 0.6%
pH 调节剂	0.05% ~ 0.3%
聚乙酸乙烯酯乳液	3.0% ~ 10.0%
聚氨酯乳液	0.2% ~ 2.0%
水溶性环氧树脂成膜物	0.5% ~ 3.0%
聚烯烃乳液	1.0% ~ 5.0%
有机硅乳液	0.1% ~ 1.0%
抗静电剂	0.1% ~ 1.0%
水	余量

此配方以期解决连续玄武岩纤维与沥青混合后的分散均匀性不足，以及与沥

青界面结合弱等技术问题。

（2）缠绕纱用浸润剂

偶联剂（KH-550 或 KH-570）	0.1% ~ 2.5%
成膜剂（环氧乳液）	2% ~ 20%
助成膜剂（改性环氧水溶液及水溶型聚氨酯）	0.1% ~ 5%
润滑剂（矿物油类阳离子或非离子润滑剂）	0.01% ~ 2%
pH 调节剂	0.1% ~ 3%
水	余量

此配方生产的连续玄武岩纤维断裂强度高、柔软性适宜、成带性好、毛纱少，而且树脂浸润速度快、浸润效果好，可满足缠绕气瓶生产和使用过程中的各项要求。

（3）无捻粗纱浸润剂

水性环氧树脂乳液	1.2% ~ 4.5%
水性非离子酰氨基脂肪酸乳液	0.10% ~ 0.50%
阳离子聚乙二醇乳化胺冷凝液	0.10% ~ 0.50%
KH-550	0.10% ~ 0.50%
阳离子润滑剂	0.20% ~ 0.40%
水	余量

此浸润剂减少连续玄武岩纤维在缠绕和制成无捻粗纱的过程中的毛羽。

（4）增强乙烯基树脂型浸润剂

偶联剂	0.1% ~ 0.8%
阳离子抗静电及玄武岩纤维增黏剂	0.1% ~ 0.8% 固含量
乙烯基树脂成膜剂	0.1% ~ 1% 固含量
脂肪酰胺和硬脂酸酯混合润滑剂	0.1% ~ 0.8%
其他助剂	100%

此配方改善连续玄武岩纤维与乙烯基树脂基体的相容浸润性，使树脂纤维复合材料的力学性能提高 40%。

（5）增强热固性树脂型浸润剂

水溶性环氧树脂	2% ~ 8%
聚酯乳液	1% ~ 5%
乙烯基树脂乳液	2% ~ 4%
增塑剂	0.6% ~ 1.2%
偶联剂	0.5% ~ 1.0%
抗静电剂	0.2% ~ 0.8%

pH 调节剂	0.08% ~ 0.25%
水	余量

此配方适用于连续玄武岩纤维增强热固性酚醛环氧树脂/聚酯树脂复合材料的增强纺织型浸润剂，纺织性能好且能促进连续玄武岩纤维与被增强的热固性高分子聚合物的结合力。

（6）SiO_2 纳米粒子改性的热固性树脂浸润剂

SiO_2 纳米粒子	0.2% ~ 0.3%
环氧乳液成膜剂	4% ~ 10%
润滑剂	0.2% ~ 1.1%
硅烷偶联剂	0.4% ~ 0.9%
抗静电剂	0.05% ~ 0.2%
去离子水	余量

由于 SiO_2 纳米粒子的粒径小，能够很好地进入到浸润剂分子间较大的微观孔隙内，进而降低了浸润剂的表面粗糙度、弥补浸润剂缺陷、提高浸润剂的浸润性能，使得连续玄武岩纤维的表面粗糙度及拉伸强度均得到改善。

（7）连续玄武岩纤维短切细纱用浸润剂

水溶性环氧树脂	2% ~ 4%
水溶性聚氨酯	2% ~ 4%
有机硅乳液	0.5% ~ 1%
阳离子表面活性剂	0 ~ 0.1%
抗静电剂	0.5% ~ 1%
硅烷偶联剂	0.2% ~ 0.5%
pH 调节剂	0.1% ~ 0.2%
水	余量

该配方适用于纤维直径 3.5 ~ 7.5μm 的连续玄武岩纤维短切细纱的生产。该浸润剂生产出来的连续玄武岩纤维短切细纱，强度高、柔韧性好，制成的高温针刺过滤毡，不需要热处理，可以直接涂覆硅油和四氟涂层，与制品基材的界面结合好、强度高。

（8）增强橡胶型浸润剂

成膜剂 1（45% ~ 50% 丁苯橡胶乳液）	3.0% ~ 4.0%
成膜剂 2（50% ~ 55% 低分子量环氧树脂乳液）	0.5% ~ 1.0%
润滑剂	1.0% ~ 2.0%
偶联剂	0.5% ~ 1.5%

增塑剂	0.5% ~ 1.0%
润湿剂	0.005% ~ 0.008%
pH 调节剂	0.005% ~ 0.01%
水	余量

此浸润剂体系既保证连续玄武岩纤维成形时的润滑性能,又能满足连续玄武岩纤维跟橡胶基体的良好结合。

(9)增强聚丙烯 (PP) 浸润剂

硅烷偶联剂	0.2% ~ 0.8%
复合成膜剂	3.0% ~ 6.0%
PP 乳液	2.0% ~ 4.0%
润滑剂	0.2% ~ 0.5%
抗静电剂	0.2% ~ 0.4%
水	余量

此浸润剂生产的连续玄武岩纤维,用于连续玄武岩纤维增强聚丙烯复合材料中,具有高强度、高耐热性、良好的稳定性和力学性能,良好的性价比,可部分代替碳纤维和玻璃纤维制品,可广泛应用于家用电器、汽车工业等领域。

6.3.2 连续玄武岩纤维浸润剂的发展方向

浸润剂的发展是随着连续玄武岩纤维的种类和应用而发展的。从种类上说,连续玄武岩纤维向高强度、耐高温、高耐碱等方向发展,必然也需要相匹配的浸润剂。从应用上来说,连续玄武岩纤维增强热塑性塑料(聚乙烯 PE、聚丙烯 PP、聚氯乙烯 PVC、丙烯腈 - 丁二烯 - 苯乙烯 ABS、尼龙 Nylon、聚碳酸酯 PC、聚氨酯 PU、聚四氟乙烯 PTFE)的应用领域将越来越广泛,增强热塑性树脂浸润剂也将是开发的热点。

(1)耐高温型浸润剂

连续玄武岩纤维突出特点之一是耐高温,可作为烟气过滤的过滤材料,制成防火布应用于防火领域。但由于常规浸润剂不耐热,使得连续玄武岩纤维制品在400℃以下强度下降迅速。因此,耐高温浸润剂是发展的主要方向。

耐高温型浸润剂的开发方向之一,采用耐高温的浸润剂原料,如酚醛树脂、酚醛环氧树脂、聚酰亚胺、聚砜等。

耐高温型浸润剂的开发方向之二,在以有机物为主的浸润剂体系中加入无机物或纳米材料,提高浸润剂的耐温性,这是目前研发的热点。在耐高温浸润剂中加入的无机物主要有：蛭石、石墨、炭黑、有机硅、纳米 SiO_2、石墨烯等。

专利 202010052358.4[18] 中在有机物体系的浸润剂中加入低温熔融玻璃粉，低温熔融玻璃粉与甲基苯基有机硅树脂形成以有机硅包裹、低温熔融玻璃粉为包芯的微胶囊结构。低温熔融玻璃粉由多个熔点的玻璃粉组成，当工作温度达到某一玻璃粉的熔点时，这部分玻璃粉熔融，剩余玻璃粉仍处于固体状态，这样保证了微囊和基体的稳定，解决了浸润剂不耐高温易分解的问题。专利 202010052359.9[19] 在有机物体系的浸润剂中加入氧化镁、六水氯化镁、七水硫酸镁三种无机物，氧化镁在六水氯化镁、七水硫酸镁和水的作用下，生成 $Mg(OH)_2$ 等镁系凝胶颗粒，镁系凝胶颗粒和硅丙乳液在连续玄武岩纤维表面形成均匀致密的无机 - 有机混杂薄膜。当连续玄武岩纤维长时间在 300℃ 以上甚至更高温度使用时，无机 - 有机混杂薄膜中的硅丙乳液固化产物中的有机硅组分会分解成硅氧化物，同时 $Mg(OH)_2$ 等凝胶物质也会发生分解产生镁氧化物。高温下，高化学活性的硅氧化物和镁氧化物以及连续玄武岩纤维本身所含的氧化硅、氧化铝、氧化铁等组分将会发生复杂的化学交互作用，进一步在连续玄武岩纤维表面形成均匀连续、高稳定性的硅氧和镁氧化物薄层。

（2）耐腐蚀型浸润剂

高耐碱性也是连续玄武岩纤维的主要特点。连续玄武岩纤维耐碱，与之相匹配的浸润剂也要具有耐碱性。

耐碱型浸润剂在连续玄武岩纤维表面形成的膜越致密，碱性溶液或物质越不能侵蚀纤维；因此，耐碱型浸润剂多采用交联型成膜剂来提高膜的致密度，如：交联型丙烯酸乳液、聚氨酯乳液等。

在耐碱型浸润剂中加入无机成分，如乙酸锌、纳米 SiO_2 等，也能提高浸润剂的耐碱性。

（3）增强热塑性树脂浸润剂

热塑性树脂的种类较多，为了提高连续玄武岩纤维与热塑性树脂的结合力，针对热塑性树脂的性能与应用要求，来开发相匹配的浸润剂。热塑性树脂比热固性树脂的化学惰性大，须用极性大、黏结能力强的热塑性树脂乳液或水溶液作为成膜剂，这样纤维和增强基体树脂才能形成良好的界面结合力。采用滑爽、隔离作用效果好的润滑剂，如改性有机硅、乳化剂与咪唑啉复配物。

参考文献

[1] 张碧栋，吴正明. 连续玻璃纤维工艺基础 [M]. 北京：中国建筑工艺出版社，1988.

[2] 洛温斯坦 K L. 连续玻璃纤维制造工艺 [M]. 高建枢，钱世准，王玉梅，姜肇中，译. 北京：中国标准出版

社 ,2008.

[3] 刘光华 . 现代材料化学 [M]. 上海：上海科学技术出版社，2000.

[4] 古托夫斯基 TG，先进复合材料制造技术 [M]. 李宏运等，译 . 北京：化学工业出版社，2004.

[5] 刘保英，王孝军，杨杰，等 . 碳纤维表面改性研究进展 [J]. 化学研究，2015（02）：111-120.

[6] 李金亮，高小茹 . 碳纤维上浆剂的研究进展 [J]. 纤维复合材料，2015，4：37-40.

[7] 邓锐，李敏，张佐光，等接触角法测玄武岩及玻璃纤维表面能实验 [J]. 北京航天航空大学报，2007，33（11）：1349-1352.

[8] 连续玄武岩纤维用浸润剂研究进展 . 东南大学玄武岩纤维生产及应用技术国家地方联合工程研究中心工作报告，2013-2016.

[9] 徐鹏，陈中武，鲜平，等 . 玄武岩纤维表面改性浸润剂及其制备方法 .201210401128.X[P].2013-01-30.

[10] 王国才，吴海强，黄兴明，等 . 一种全缠绕复合气瓶用玄武岩纤维纱浸润剂及其制备方法 .201810014384.0[P]. 2018-06-22.

[11] JEON KYUNG JINSHIN JUNG HOON.Sizing Composition for Basalt Fiber Roving. KR20060074695.

[12] 杨春才 . 一种玄武岩纤维复合材料用乙烯基树脂型浸润剂及其应用 .201710034518.0[P].2018-04-06.

[13] 晏玲莉 . 玄武岩纤维增强型浸润剂 .201510979756.X[P].2016-05-25.

[14] 刘中生，刘国玲 . 一种用于玄武岩纤维复合筋的 SiO_2 纳米粒子改性的热固型浸润剂及制备方法 .201911298384.9[P].2020-05-12.

[15] 王玉华，李永军，王民，等 . 玄武岩纤维短切细纱用前处理增强型浸润剂及制备方法 . 201110390804.3[P]. 2012-06-27.

[16] 李军，唐昌万，姚云建，等 . 一种增强橡胶用玄武岩纤维浸润剂及制备方法 .201711090947.6[P]. 2018-03-16.

[17] 黄兴明，王国才，许加阳，等 . 一种专用增强 PP 玄武岩纤维浸润剂制备方法 .201610021021.0[P]. 2017-07-18.

[18] 汪涛 . 一种有机 - 无机杂化成膜 / 微胶囊型高温自修复玄武岩纤维水基浸润剂及其制备方法 .202010052358.4[P].2020-05-15.

[19] 汪涛 . 一种硅镁基耐高温玄武岩纤维浸润剂及其制备方法 .202010052359.9[P].2020-05-29.

7 ▶▶

连续玄武岩纤维制品

连续玄武岩纤维制品分四大类：纱线、织物、无纺织物、复合材料。每大类又分成很多小类，见图7-1。

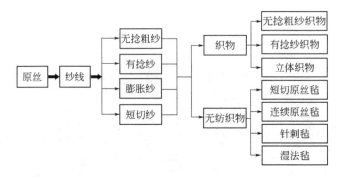

图7-1 连续玄武岩纤维制品

目前连续玄武岩纤维制品有五六十种，随着连续玄武岩纤维应用领域的扩大，连续玄武岩纤维制品种类也在不断增加。

7.1 连续玄武岩纤维纱线

7.1.1 连续玄武岩纤维无捻粗纱

连续玄武岩纤维无捻粗纱是由多股平行玄武岩纤维原丝或单股玄武岩纤维原丝不加捻并合而成的圆筒状制品，见图7-2。连续玄武岩纤维无捻粗纱分为合股无捻粗纱（也称合股纱）和直接无捻粗纱（也称直接纱）两种。

图7-2 连续玄武岩纤维无捻粗纱

我国连续玄武岩纤维无捻粗纱的产品代号在国家标准 GB/T 25045—2010《玄武岩纤维无捻粗纱》中做了明确表示，举例如下：

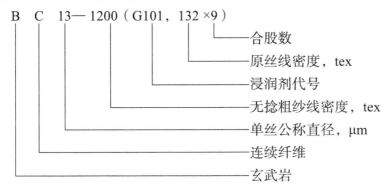

连续玄武岩纤维无捻粗纱代号中的线密度，用 1000m 长的纱线的质量表示，常记为 tex。线密度与连续玄武岩纤维的直径有关，直径愈粗，线密度愈大。表 7-1 列出了连续玄武岩纤维原丝的直径、根数与线密度的关系。

表7-1 连续玄武岩纤维原丝直径与线密度关系

单丝公称直径/μm	一束原丝根数/根	原丝线密度/tex
5	200	11
6	200	16.5
7	200	22
9	200	33
11	200	50
12	200	55
13	200	66
16	200	99
18	200	132
20	200	150
22	200	200
23	200	222
24	200	240
11	400	99
12	400	110
13	400	132
16	400	198
17	400	230
20	400	300
21	400	336
22	400	400
23	400	444
24	400	480

7.1.1.1 连续玄武岩纤维无捻粗纱的性能

国家标准 GB/T 25045—2010《玄武岩纤维无捻粗纱》对连续玄武岩纤维无捻粗纱的性能做了规定。

（1）力学性能

连续玄武岩纤维无捻粗纱的断裂强度≥ 0.4N/tex。

拉挤和缠绕用连续玄武岩纤维无捻粗纱的浸胶纱的拉伸强度≥ 2000MPa，弹性模量≥ 85GPa，断裂伸长率≥ 2.5%（注：以上的拉伸强度数值是 2010 年制定国家标准时确定的数据，而经过技术的进步，2019 年国家标准 GB/T 38111—2019《玄武岩纤维分类分级及代号》中确定的拉伸强度数据为 2500MPa）。

织造、拉挤和缠绕用连续玄武岩纤维无捻粗纱的棒状复合材料，标准状态下弯曲强度≥ 850MPa；潮湿状态下弯曲强度≥ 700MPa。

（2）耐碱性

在 1mol/L NaOH 溶液中，60℃下浸泡 (120±5)min 后，连续玄武岩纤维单丝强度保留率≥ 70%。

（3）耐温性

在 300℃保温 (120±5)h 后，连续玄武岩纤维单丝强度保留率≥ 70%。

（4）硬挺度

短切类连续玄武岩纤维无捻粗纱应测定其硬挺度，硬挺度为 80 ~ 200mm，测定值的极差应≤ 30mm。

（5）短切率、分散率

短切类连续玄武岩纤维无捻粗纱的短切率≥ 95%，分散率应≥ 95%；单束线密度在 30tex 及以下的，其分散率应≥ 80%。

（6）悬垂度

非短切类连续玄武岩纤维合股无捻粗纱应测定其悬垂度，悬垂度≤ 50mm。

7.1.1.2 连续玄武岩纤维无捻粗纱合股工艺

数根连续玄武岩纤维从原丝筒退解，经过张力控制器，合股成一定线密度要求的无捻粗纱。连续玄武岩纤维的无捻粗纱分为内退纱和外退纱。从原丝饼内层开始由内向外进行退解、合股的纱为内退纱；从原丝饼外层开始由外向内进行退解、合股的纱为外退纱。

连续玄武岩纤维无捻粗纱的成带性和悬垂性是判断无捻粗纱质量好坏的主要指标。在实际生产中，合股无捻粗纱存在由于各股原丝张力不均匀和成捻的问题，导致无捻粗纱的悬垂度、成带性变差，使得无捻粗纱在纤维增强复合材料中的增强作用不能充分发挥。另外，由于合股无捻粗纱中的原丝有微捻度及张力不均匀，易使得制成的无捻粗纱布面不平整，影响纤维布的质量和力学性能。

合股无捻粗纱中的原丝成捻现象及张力不均匀普遍存在。产生原因：一是原丝在高速退解时，产生气圈，形成一个附加的张力使原丝产生捻度；二是原丝饼内外层间张力差，引起原丝张力不匀，产生卷曲。

调整连续玄武岩纤维无捻粗纱的成带性和悬垂性的方法如下。

一是通过调整浸润剂的配方，来提高连续玄武岩纤维无捻粗纱的成带性和悬垂性。

二是优化连续玄武岩纤维无捻粗纱的生产工艺及设备。吴智深等发明了一种消除原丝捻度的装置和方法，在原丝筒上施加一控制原丝牵引力的重物，该重物质量与纤维原丝的线密度成正比；从原丝筒引出来的纤维原丝呈 S 形绕过由静滑轮和动滑轮上下交替布置组成的张力器；张拉后的纤维通过导纱器沿纱筒的轴向均匀地缠绕在纱筒上，通过导纱器防止原丝晃动，使原丝保持原有的扁平型。这个装置通过控制原丝牵引力（张力）和张力器调整原丝张力，提高原丝张力均匀性；通过原丝张力器控制原丝的扁平形状及通过导纱器再次调整原丝的形状，全面消除纤维原丝的成捻现象。另一种原丝合股装置及合股方法是：装置由放丝架、合股轮、阻尼型张力控制装置（包括张力控制轮、张力轮、压紧轮）构成。各根原丝分别从原丝筒中抽出后进入相应的阻尼型张力控制装置，压紧轮辅助张力控制轮压紧纤维原丝，调整阻尼控制装置的阻尼参数，使各纤维原丝中的张力达到一致，最后进行合股[1,2]。

7.1.1.3 连续玄武岩纤维无捻粗纱的用途

连续玄武岩纤维无捻粗纱是连续玄武岩纤维产品中最常规、最基础的一种产品，也是产量最多的产品。连续玄武岩纤维无捻粗纱可织成单向布、方格布等无捻粗纱织物；是针刺毡、表面毡等无纺织物的基材；无捻粗纱短切可用作片状模塑料（SMC）、团状模塑料（BMC）、热塑性复合材料的增强材料；连续玄武岩纤维无捻粗纱与树脂复合可制成各种棒材、板材、管材、异型材等纤维复合材料。

7.1.2 连续玄武岩纤维有捻纱

多根连续玄武岩纤维原丝经过退绕、加捻和并股而成的纱线为连续玄武岩纤维有捻纱，见图 7-3。单股或多股合并经初次加捻制成单纱；两根或多根单纱并股经第二次加捻制成股纱。两根或多根股纱再次或多次并股加捻可制成缆线或绳索。

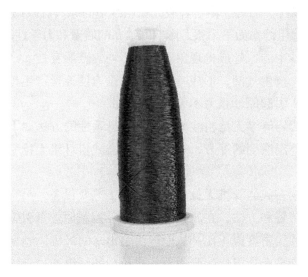

图 7-3　连续玄武岩纤维有捻纱

连续玄武岩纤维有捻纱的产品代号参考国家标准 GB/T 18371—2008《连续玻璃纤维纱》，举例如下：

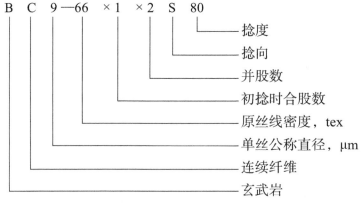

有捻纱的加捻方向分为 Z 捻和 S 捻，Z 捻指纱线的移转方向从左下角倾向右上角，又称左捻；S 捻指纱线的移转方向从右下角倾向左上角，又称右捻。

捻度是指每米加捻的捻回数。

连续玄武岩纤维有捻纱可加工成布（平纹布、缎纹布等）、管状织物、带的各种制品。纺织加工工艺要求连续玄武岩纤维有捻纱应具备必需的加工性能，包括：

① 纤维直径和线密度复合纺织加工条件，纤维直径不能过粗，纤维过粗，耐折性差，一般直径要小于 11μm。

② 纤维具有柔性和弹性。

③ 纤维的耐磨性和耐疲劳性能要好。

连续玄武岩纤维有捻纱按其用途大体上可分为织造用纱和其他工业用纱。

织造用纱是以管纱、奶瓶形筒子纱为主，织造用纱在连续玄武岩纤维纱中有最大宗的用途，应用领域为织造各种织物，如织造耐酸碱、耐高温的布和带，针刺毡用基布，电绝缘板用基布等。

其他工业用纱有电绝缘用纱、缝纫纱、帘子纱、涂层纱、浸渍纱、电绝缘用纱化学处理纱等。

7.1.3　连续玄武岩纤维短切纱

连续玄武岩纤维短切纱（图7-4）是用连续玄武岩纤维原丝或无捻粗纱短切而成的制品。短切纱的长度一般为 1.5 ~ 50mm。

图 7-4　连续玄武岩纤维短切纱

连续玄武岩纤维短切纱的产品代号在国家标准 GB/T 23265—2009《水泥混凝土和砂浆用短切玄武岩纤维》中做了明确表示，举例如下：

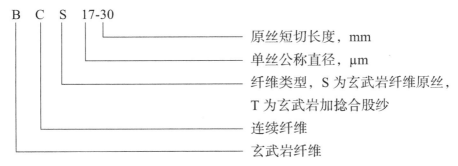

B　C　S　17-30
原丝短切长度，mm
单丝公称直径，μm
纤维类型，S 为玄武岩纤维原丝，
T 为玄武岩加捻合股纱
连续纤维
玄武岩纤维

连续玄武岩纤维短切纱要求原丝的集束性较好、硬挺度合适、短切分散性好、抗静电性能好、浸透速度快等特点。集束性、硬挺度短切性保证原丝在加工过程中的整体性，短切后能够较好地分散为单根原丝，以便成形过程中原丝能够均匀分布，提高制品的质量和力学性能，改善制品的外观。

连续玄武岩纤维短切纱的应用领域是制造 SMC、BMC、DMC 的优质材料；适合与树脂复合用作汽车、火车舰船壳体的增强材料；是增强水泥混凝土、沥青混凝土的首选材料，用于水电站大坝的防渗抗裂抗压和延长道路的使用寿命的增强材料；还可用于电热厂的冷凝塔、核电厂的蒸汽水泥管道；用于耐高温针刺毡、汽车吸声片等。

7.1.3.1 水泥砂浆混凝土用连续玄武岩纤维短切纱

在水泥混凝土和砂浆中掺加连续玄武岩纤维短切纱，可以减少水泥混凝土和砂浆的早期裂缝，提高水泥混凝土和砂浆的防渗、抗裂性和抗冲击性能、耐腐蚀性、耐久性，降低混凝土的脆度系数，而且施工性能良好，纤维与水泥混凝土或砂浆混合时容易分散、体积稳定、和易性好，因此连续玄武岩纤维短切纱对混凝土和砂浆具有良好的抗裂、增韧、增强的作用[3,4]。目前已广泛应用于我国的水利、交通、军工、建筑等重点工程中，取得了明显的社会和经济效益。

国家标准 GB/T 23265—2009《水泥混凝土和砂浆用短切玄武岩纤维》中规定：增强水泥混凝土和砂浆的连续玄武岩纤维短切纱的公称长度和单丝公称直径偏差应在公称值的 ±10% 内。连续玄武岩纤维短切纱的性能指标见表 7-2。

表7-2 连续玄武岩纤维短切纱的性能指标

试验项目	用于混凝土的连续玄武岩纤维短切纱		用于砂浆的连续玄武岩纤维短切纱
	防裂抗裂纤维（BF）	增韧增强纤维（BZ）	防裂抗裂纤维（BSF）
拉伸强度[1]/MPa ≥	1050	1250	1050
弹性模量[1]/GPa ≤	34	40	34
断裂伸长率[1]/% ≤	3.1		
耐碱性能，单丝断裂强度保留率/% ≥	75		

[1]三项试验值的变异系数不得大于15%。

7.1.3.2 沥青混凝土用连续玄武岩纤维短切纱

沥青路面以其独特的性能在高等级公路中占有绝对的优势。随着经济的发展以及现代研究技术的进步，对沥青路面材料的耐久性、抗裂性、温度稳定性等方面提出了越来越高的要求。这就需要从决定材料强度的基本参数入手，从材料本身的组成出发，来对其耐久性、抗裂性、温度稳定性等进行研究。

纤维对沥青混凝土性能的改善，是通过加强混合料整体性能、约束混合料内部缺陷、在纤维与沥青之间形成模量过渡区而实现的。纤维对沥青混凝土性能的改善，不仅对强度的基本参数产生影响，而且从微观上改善了基体的性质，弥补了低温下沥青脆性大的不足，具有其独特的改善机理。

目前应用于沥青路面中的纤维主要有木质素纤维、聚合物纤维、矿物纤维。木质素纤维的温度稳定性和化学稳定性良好，对人体和环境没有不好的影响，但其存在易吸水，并且因退化和氧化反应而分解的水和焦炭物质对沥青有污染等缺点。聚合物纤维虽然较木质素纤维在强度、抗酸碱腐蚀能力和抗氧化等方面有所增强，但其易在高温下变黄和发生卷曲。在近几年中，连续玄武岩纤维作为一种新型环保的路用矿物纤维，已逐步使用于道路材料中。连续玄武岩纤维具有良好的物理和化学性能，它不仅可以弥补有机纤维的低强度、低弹性模量、高温性能差的缺点，还可以回收再利用。从复合材料科学"加筋加强"的原理分析，它属于一种"增强"纤维，连续玄武岩纤维不但可以增加沥青混合料的拉伸强度，还可以提高高温抗车辙能力。另外，由于连续玄武岩纤维有很好的"吸附"能力，因此和沥青有较好的表面亲和力，从这个角度分析，它又是令人非常满意的"吸油"纤维，可以提高沥青含量和增加其油膜的厚度，同时改善沥青路面的抗老化氧化能力。连续玄武岩纤维表面经过处理后具有良好的分散性，与沥青可以进行均匀拌合，同时又可以充当"加筋加强"和"吸油"的角色，而且与其他纤维沥青混合料基本一致，因此施工方便。同时，连续玄武岩纤维是化学性能稳定的非金属材料，它不会与沥青产生化学反应[5-7]。此外，它不吸收水分也不害怕潮湿，有利于运输和储存，这就有助于抑制沥青膜的老化氧化，也促使附着的沥青膜和集料可以更好地黏合，降低了路面的损害程度。玄武岩纤维的工作温度范围一般是 -260 ~ 700℃，远远大于沥青工作所需要的温度范围，尽管在如此高的温度下工作，纤维自身的优异性能同样不会被破坏。

连续玄武岩纤维短切纱的基本性能指标见表 7-3。

表7-3　连续玄武岩纤维短切纱的基本性能指标

性能	指标
外观合格率/%	≥90
密度/（g/cm³）	2.60 ~ 2.80
可燃物含量/%	0.1 ~ 1.0
含水率/%	≤0.2
耐热性，断裂强度保留率/%	≥85
耐碱性，断裂强度保留率/%	≥75

注：1.耐热性的测试是检测在250℃烘箱中加热4h的断裂强度保留率。用于沥青混凝土的连续玄武岩纤维应检测耐热性。
2.用于沥青混凝土的连续玄武岩纤维应检测可燃物含量和含水率。

7.1.3.3 模塑料成形工艺用连续玄武岩纤维短切纱

连续玄武岩纤维无捻粗纱短切后，与已加入增稠剂、填料、引发剂等组分的树脂糊混合，辊压成片制成的制品为片状模塑料（SMC），或者在捏合机内合后制成不规则形状或块状的制品为团状模塑料（BMC）。这些材料适用于模压法，在模压过程中进一步加热、固化成形。

SMC 和 BMC 用连续玄武岩纤维既要考虑短切时的性能要求，即集束性、硬挺性和分散性，又要兼顾短切后纤维与树脂的溶解性和模塑过程的流动性能。如果集束性不良，纤维遇到树脂容易开纤，造成中间有白丝层，或者纤维分布不均；纤维也要有一定的硬挺性和优良的切割性，以便于切割，且切割后的短切纱流动性好。用于模塑料的连续玄武岩纤维一般选用含有中溶型浸润剂的粗纱，并经过一定的烘焙处理，使纤维纱线不过于柔软，利于切割、分散和流动，同时对树脂有适当的可溶性，易被树脂浸透，改善树脂对纤维的浸渍效果，使制品强度提高，表面纤维显露不明显，外观质量较好。

7.1.3.4 喷射成形工艺用连续纤维玄武岩纤维短切纱

喷射成形是将连续玄武岩纤维短切纱由喷枪中心喷出，与从喷枪两侧（或在喷枪内混合）喷出的含促进剂和引发剂树脂一起均匀地沉积在模具上，用辊滚压，使树脂浸透纤维，固化成制品。

根据喷射成形工艺的特点，要求连续玄武岩纤维短切纱切割性好，经切割后具有良好的集束性，不开纤，切口端面整齐；根据制品形状和大小，短切纱要有适当的硬挺度；纱线具有良好的抗静电性，避免造成纤维成团、粘连。

7.1.4 连续玄武岩纤维膨体纱

连续玄武岩纤维膨体纱是一种变形纱，连续玄武岩纤维纱线（有捻或无捻）经高速空气形成的紊流作用使其中的单丝分散开，形成体积蓬松的毛圈状纤维的膨体纱（图 7-5）。

连续玄武岩纤维膨体纱具有柔软、蓬松，有弹性，比表面积大，过滤阻力小、过滤效果大等优点。膨体纱可制成膨体纱织物，膨体纱织物比较蓬松，覆盖能力强，过滤阻力小，过滤效果好，同时耐高温和化学腐蚀；用于过滤领域，如用于制造耐高温过滤布，防火窗帘布、高级针刺毡等。用膨体纱与连续纤维混织，在抗撕裂强度、弹力和耐磨能力方面都比其他织物好，是增强橡胶和塑料制品的优选材料。

图 7-5　连续玄武岩纤维膨体纱

7.2　连续玄武岩纤维织物

连续玄武岩纤维织物是经向和纬向都是由连续玄武岩纤维织造而成。连续玄武岩纤维织物根据纱线的种类分为无捻粗纱织物和有捻纱织物。

作为增强材料，连续玄武岩纤维织物提供双向或多向的增强效果，而纱线只能提供一个方向的增强效果。一般强度要求比较高的纤维增强复合材料多采用织物作为增强材料。

7.2.1　连续玄武岩纤维无捻粗纱织物

由连续玄武岩纤维无捻粗纱的作为经纱，由其他纤维或连续玄武岩纤维无捻粗纱作为纬纱制造而成的织物为连续玄武岩纤维无捻纱织物。连续玄武岩纤维无捻纱织物分为单向布和方格布。

（1）单向布

连续玄武岩纤维单向布由经线为连续玄武岩纤维，纤维为聚酯纤维制造而成的片状纤维制品，见图 7-6。

图 7-6　连续玄武岩纤维单向布

连续玄武岩纤维单向布的特点是单向（经向）强度高。国家标准 GB/T 26745—2011《结构加固修复用玄武岩纤维复合材料》对单向布的力学性能作了规定，见表 7-4。

表 7-4　连续玄武岩纤维单向布力学性能

等级	拉伸强度/MPa	拉伸弹性模量/GPa	断裂伸长率/%
BF-US-2000	≥2000	≥80	≥2.2
BF-US-1500	≥1500	≥75	≥2.0

连续玄武岩纤维单向布用于土木、交通、水利、建筑、桥梁、核电及能源等基础设施中结构加固、修复、补强。雷达罩、发运机部件、雷达天线的增强材料。坦克装甲车车体、结构体、车轮毂、扭力杆、套管、滑水板、高山滑雪板、冲浪板等的增强材料。

（2）方格布

连续玄武岩纤维方格布由经线和纬线都是连续玄武岩纤维的无捻粗纱制造而成，经线和纬线呈 90°，见图 7-7。

方格布经纬纱的纤维平行排列呈扁状，排列密度大，极少扭转，织造屈曲小，织物结构疏松，树脂渗透性好，双向受力，强度利用率高，是一种均匀的双向增强材料。

方格布是手糊纤维增强复合材料的常规采用的增强材料，常被用于制造风力叶片、汽车、船舶等大面积纤维增强复合材料制品。

图 7-7　连续玄武岩纤维方格布

7.2.2　连续玄武岩纤维有捻纱织物

由经向和纬向都是连续玄武岩纤维有捻纱织造而成的纤维制品为连续玄武岩纤维有捻纱织物。有捻纱织物一般是由细纱（直径小于 $11\mu m$）来织成。连续玄武岩纤维有捻纱织物根据织物组织，主要有平纹布（图 7-8）、斜纹布、缎纹布（图 7-9）、罗纹布[8]。这些织物为平面织物。

图 7-8　连续玄武岩纤维平纹布

图 7-9　连续玄武岩纤维缎纹布

　　连续玄武岩纤维有捻纱织物具有高强度、耐高温、耐腐蚀等特点，可用于工业领域的高低温、腐蚀环境、海洋环境等，也可作为各种复合材料制品的增强材料。连续玄武岩纤维有捻纱织物广泛用于防火帘、灭火毯，防火毯、电焊毯、防火包等；耐磨砂轮片、刹车片、离合器片；军事装备，防火包装箱，非金属炮管等；滑雪板、冲浪板等；高尔夫球杆、钓鱼竿等娱乐用品；汽车外壳、发动机罩、火车车厢板、船壳体、风力叶片、摩托车消音器等。

　　（1）平纹布

　　平纹布是经纱和纬纱以 90°角上下交错交织而成。是连续玄武岩纤维布中最常用的织物。平纹布的基本特征是平纹组织，这种组织的经纬纱在植物中的交织点多，因此平纹布的结构紧密、平挺坚牢，表面平整、耐磨性好、透气性好。平纹布可用作避火防护服内衬、阻燃、隔热面料和防火帘等。

　　（2）斜纹布

　　斜纹布是经纱和纬纱以 ±45°角上下交错交织而成。斜纹布的交点比平纹布少，经纬纱的屈曲也较少。与平纹相比，用相同的经纬纱织造时可以达到较大的织物密度和强度而又具有较柔软、疏松的结构，因此常被用作增强材料和过滤材料的基布。

　　（3）缎纹布

　　缎纹布是相邻两根经纱或纬纱上的单独组织点均匀分布但不相连续的织物。缎纹布的经纱或纬纱长浮线覆盖于织物表面，因此织物表面光滑。与平纹和斜纹相比，用相同的经纬纱织造时，可以使织物达到更大的密度和强度，具有最疏松的结构。缎纹布具有很高的强度、很好的均透性和透气性，这对一些力学性能要求很高的复合材料尤其适合，也可以用作过滤材料。

（4）罗纹布

螺纹布是由一根纱线依次在正面和反面形成线圈纵行的织物。罗纹布具有平纹布的脱散性、卷边性、延伸性及较大的弹性。纱罗组织织物的表面有清晰而均布的纱孔，孔隙率大、密度小、结构稳定，常用作涂塑窗纱和树脂增强砂轮的增强布。

（5）套管

连续玄武岩纤维套管（图7-10）是由多根连续玄武岩纤维有捻纱相互倾斜交织编织而成的织物，它属于空心管状织物。使用时一般都需经过加工和表面处理，以克服套管剪口易散开、易滑动的问题，增加套管的耐磨性和回弹性。

连续玄武岩纤维套管具有电绝缘性好、耐高温和耐化学腐蚀性能等优点，适用于电器、电机线圈部位的绝缘管，内连接线和各种耐温接头的绝缘管，还可作为定纹管、电刷软管和耐高温复合管的基材使用。

图7-10　连续玄武岩纤维套管

（6）绳

连续玄武岩纤维绳（图7-11）由多根连续玄武岩纤维有捻纱多次并和、加捻制成。主要有圆绳、方绳、扭绳等。

连续玄武岩纤维绳具有强度高、伸长率小、耐摩擦、耐化学腐蚀、热绝缘和电绝缘性等优点。用涤纶、聚酯纤维或聚四氟乙烯、橡胶在连续玄武岩纤维绳表面编织一层保护套，解决了耐磨的问题。

图 7-11　连续玄武岩纤维绳

连续玄武岩纤维绳是高性能的热绝缘材料和密封材料。连续玄武岩纤维绳可用于各种加热装置和导热系统的热绝缘材料，比如工业生产和建筑、热电厂、核电厂和炼油行业等。连续玄武岩纤维绳用作密封材料，可确保设备的密封性并防止灰尘、水蒸气和化学药品渗透，如：传输腐蚀性介质的零部件结合处的密封材料。另外，由于其具有高耐热性和低热导率，也用作隔热材料，在通风和除烟系统中使用玄武岩绳索可提供牢固的连接和防火安全。连续玄武岩纤维绳也可用于绑扎电机线圈、深井起重保护套绳等。

（7）连续玄武岩纤维防火布

连续玄武岩纤维防火布是由连续玄武岩纤维细纱（一般单丝直径小于 11μm）织造而成的纤维布，经过耐高温、无毒害、阻燃的涂层处理后制成的产品。连续玄武岩纤维防火布具有不燃性、阻燃无烟、耐高温、无有毒气体排出、绝热性好、无熔融或滴落、强度高、无热收缩现象等优点，可用作避火防护服内衬和阻燃、隔热面料，也是制作防火帘的最佳材料。在防火材料市场它将是芳纶纤维布(Kevlar、Nomex、Teflon 等)强有力的竞争者。

连续玄武岩纤维防火布用于造船业、大型钢结构和电力维修现场的电焊、气割的防护用品、防火布围墙；纺织、化工、冶金、剧院、军工等通风防火和防护用品、消防头盔、护颈织物；避火消防服、隔火帘、防火毯、防火包等。

（8）连续玄武岩纤维过滤袋

连续玄武岩纤维过滤袋（图 7-12）是采用连续玄武纤维纱织成圆筒状布，然后再制成袋状的制品。连续玄武岩纤维过滤袋具有以下特点：断裂强度高；伸长率低，滤袋尺寸稳定；耐高温，可在 760℃温度下长期使用；耐腐蚀性能好，可在酸、碱气氛的气体中使用；织物空隙率高，表面光滑，透气性好，空载压损仅为 2Pa；收尘效率高，可达 99.5% ~ 99%，尤其是对直径 0.5mm 以下的尘粒，效果更为明显；处理烟尘量大，运行维护方便，易清灰；使用寿命长。

连续玄武岩纤维过滤袋主要用于工业除尘和烟气净化，包括：工业锅炉的气体过滤及消烟除尘、火力发电的气体除尘过滤、钢铁冶炼排出的气体净化及除尘、水泥窑排出的气体净化及除尘、石膏制造烧结炉排出气体的物料回收及除尘、农药化肥等化学工业用品制造的物料回收及除尘、铜和铅等有色金属焙烧炉及烧结炉的物料回收、铸炼及除尘等。

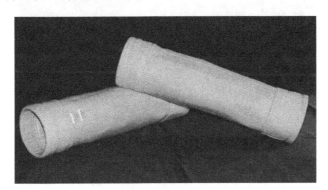

图 7-12　连续玄武岩纤维过滤袋

7.2.3　连续玄武岩纤维立体织物

连续玄武岩纤维立体织物是相对平面织物而言的，立体织物的结构为三维结构。连续玄武岩纤维立体织物主要分为五类：机织三维织物、针织三维织物、编织三维织物、非织造三维织物和其他形式的三维织物。立体织物的形状有块状、圆柱状、圆锥状、回转体、异型等。

立体织物由于层间纵向有纱线联结，以其作为增强体的复合材料具有良好的整体性和仿形性，大大提高了复合材料的层间剪切强度和抗损伤容限。立体织物主要作为承力结构材料、多功能透波材料、支架结构材料、抗烧蚀材料等，应用于高档游艇、汽车、高速列车、风力叶片、化工储罐、防弹车箱、航空主结构件、体育运动器材等。

（1）多轴向经编织物

连续玄武岩纤维多轴向织物是由针织线圈将经向、纬向和斜向的三向纱线束缚在一起形成的多层织物。多轴向经编织物具有较好的尺寸稳定性。多轴向经编织物结构较疏松，具有良好的铺设性和预成形性，适于加工复杂曲面。由于织物纤维容易形成通道，树脂渗透性好。多轴向经编织物在各个方向具有拉伸、剪切性能，纱线强度得到充分利用，各向同性性能好。

（2）中空织物

连续玄武岩纤维中空织物（图 7-13）是采用机织方式在两层织物之间织入

间距、高度不同的纤维形成一种整体成形、三明治结构的高性能结构材料。中空织物的面层与芯层整体连结，可以根据复合材料的力学与功能使用要求，合理设计夹层材料的高度、面层厚度、织物质量、纱线的线密度。

图7-13　连续玄武岩纤维中空织物

连续玄武岩纤维中空织物具有高强、抗压、阻燃、耐候、隔声、隔热、低吸湿、抗冲击和抗断裂性能优良等优点。克服了传统蜂窝、泡沫芯材等夹层复合材料的面层与芯层需二次粘接，面层与芯层易分层，抗冲击与剪切性能差的缺点。夹芯层的空间可以成为充分利用的功能层，如设置预埋件、监控探头、光纤、导线与发泡体系等。

（3）仿形织物

仿形织物是将空间曲面体按一定的方法展开成近似平面，并通过织机连续织造而成，织物套模后可实现圆柱、圆锥、非对称椭圆等复杂型面的精确仿形。

仿形织物的特点是仿形精度高，无褶皱、搭接、贴模性好，材质均匀，可保证复合材料的力学性能和电学性能，采用织物变厚度设计织造、多层叠合，可实现高精度变厚。

7.3　连续玄武岩纤维无纺织物

连续玄武岩纤维无纺织物是指用非织造方式把连续玄武岩纤维制成毡状制品。连续玄武岩纤维无纺织物包括：短切原丝毡、连续原丝毡、针刺毡和湿法毡。

7.3.1 连续玄武岩纤维短切原丝毡

连续玄武岩纤维短切毡（图7-14）是将连续玄武岩纤维原丝短切成一定长度（一般为20～50mm）的定长纤维，均匀分布在成形网带上，经过黏结剂黏结后再烘干而成的卷材。

图7-14　连续玄武岩纤维短切原丝毡

连续玄武岩纤维短切原丝毡的特点如下。

① 纤维无定向分布、分布均匀，单位面积质量均匀。

② 容易吸附树脂，覆膜性能好，适合形状复杂的制品模腔。

③ 表面比织物粗糙，层间结合性好，使制品不易分层，而且制品的强度是各向同性的。

④ 易于完全浸透树脂，制品气泡少，工艺性好，制品外观平滑。

⑤ 制品硬度高，柔韧性好，具有良好的力学性能和化学性能。

连续玄武岩纤维短切原丝毡是手糊、RTM、缠绕、模压等工艺的增强材料。短切原丝毡可以广泛用于化工、防腐管道、汽车、电水表箱、家具、建材、透明瓦、大棚、船舶、汽车零部件、卫生洁具、建筑构件等领域[8]。

7.3.2 连续玄武岩纤维连续原丝毡

连续玄武岩纤维连续原丝毡是以一定数量的连续玄武岩纤维原丝束随机分散

成不定向的圈状形态均匀分布于网带上，靠原丝间相互交搭的力学连锁作用及少量黏结剂黏合而成的毡。

连续原丝毡具有孔隙率高、易吸附树脂，浸透性好；耐树脂冲刷；拉伸强度高，抗撕裂性强；抗滑移性好，纤维不易流动等优点，被广泛应用于拉挤、模塑、缠绕等复合材料成形工艺。用连续原丝毡作为增强材料的复合材料应用于汽车船舶、化工环保、航天航空、体育用品、军工等领域。

7.3.3　连续玄武岩纤维针刺毡

连续玄武岩纤维针刺毡是将连续玄武岩纤维短切纱，经过梳理、成网、针刺以机械方法使纤维之间产生相互缠结制成的毡，见图 7-15。

图 7-15　连续玄武岩纤维针刺毡

连续玄武岩纤维针刺毡的特点如下。

① 连续玄武岩纤维单纤维无序交错穿插，形成无定向三维微孔结构，空隙尺寸小，比表面积大，空隙率高等，具有过滤、保温、隔音、减震等功能。

② 孔隙率高，气体过滤阻力小，过滤风速大，除尘效率高。

③ 具有耐弯折、耐磨、尺寸稳定等优点。

④ 耐高低温、耐化学腐蚀，化学稳定性高。

⑤ 吸湿率低，吸音率低。

连续玄武岩纤维针刺毡主要用于以下领域。

① 汽车、船舶、飞机等部位的隔音、吸音、减震、阻燃等。

② 炭黑、钢铁、有色金属、化工、焚烧等行业的高温烟气过滤、净化和粉尘回收的各种袋式除尘器。

③ 各种传热、储热装置的保温，热源（煤、电、油、气）高温设备，中央空调管道的保温，热力、化工管线保温。

④ 空调、冰箱、微波炉、洗碗机等家用电器壁板的隔热保温

⑤ 各种隔热、防火材料，特殊场所的密封、吸音、过滤以及绝缘材料。

⑥ 汽车、摩托车消声器内芯的隔音及发动机的消音。

⑦ 针刺毡还用于土工布、涂层织物基布等。

7.4 连续玄武岩纤维复合材料

连续玄武岩纤维复合材料（简称 BFRP）是连续玄武岩纤维增强树脂基体的纤维增强复合材料制品。连续玄武岩纤维复合材料具有高强度、重量轻（密度是钢材的 1/4）、耐化学腐蚀、防磁、高耐蠕变性等优点，作为结构材料被广泛应用于土建交通、能源环保、化工电力、汽车船舶、航天航空、国防军工等领域[7]。

连续玄武岩纤维复合材料制品类型分筋材、板材、型材、管材、网格等。

7.4.1 连续玄武岩纤维复合筋材

（1）连续玄武岩纤维复合筋

连续玄武岩纤维复合筋（简称 BFRP 筋）是以连续玄武岩纤维为增强材料与树脂基体及填料固化剂等复合并经拉挤生产工艺成形的一种棒状复合材料制品。具有轻质（密度是钢筋的 1/4）、高强、耐化学腐蚀及严酷环境腐蚀、电绝缘、无磁性等优点[9]。

连续玄武岩纤维复合筋按增强树脂基体的种类分为连续玄武岩纤维增强热固性树脂复合筋和连续玄武岩纤维增强热塑性树脂复合筋，见图 7-16 和图 7-17。连续玄武岩纤维增强热固性树脂复合筋在施工现场无法二次加工，箍筋/异形筋需预制。连续玄武岩纤维增强热塑性树脂复合筋加热即可弯折，极大方便现场施工。

连续玄武岩纤维复合筋按筋材表面形态分为光圆筋和带肋筋。表面光滑的制

品为连续玄武岩纤维复合材料光圆筋，表面带连续螺旋状肋的制品为连续玄武岩
纤维增强复合材料带肋筋。

图 7-16　连续玄武岩纤维增强热固性树脂复合筋

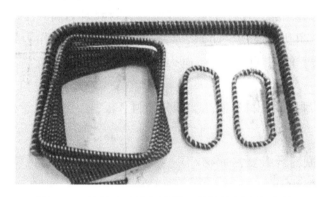

图 7-7　连续玄武岩纤维增强热塑性树脂复合筋

连续玄武岩纤维复合筋具有轻质（密度是钢筋的 1/4）、高强、耐化学腐蚀
及严酷环境腐蚀、电绝缘、无磁性等优点。国家标准《土木工程结构用玄武岩纤
维复合材料》规定了连续玄武岩纤维复合筋的力学性能，见表 7-5。连续玄武岩
纤维复合筋与钢筋、玻璃纤维复合筋的性能对比见表 7-6。

表7-5　连续玄武岩纤维增强复合材料筋力学性能

等级	拉伸强度/MPa	拉伸弹性模量/GPa	断裂伸长率/%
BF-B-1600	≥1600	≥55	≥2.7
BF-B-1200	≥1200	≥50	≥2.4
BF-B-800	≥800	≥45	≥2.0

表7-6　几种纤维复合筋的性能对比

名称		连续玄武岩纤维筋	碳纤维筋	芳纶纤维筋	玻璃纤维筋	钢筋
密度/（g/cm³）		1.9~2.1	1.5	1.4	1.9~2.1	7.85
拉伸强度/MPa		800~1600	1500~2500	1000~2000	500~750	270~435
弹性模量/GPa		50~65	120~160	40~120	41~55	200
屈服强度/MPa		600~800	—	—	—	200~420
抗压强度/MPa		450~550	—	—	—	—
海洋环境设计应力/MPa		714~833	—	—	179~313	360
热膨胀系数/×10⁻⁶℃⁻¹	纵向	9~12	-2~0	-6~2	6~10	11.7
	横向	21~22	—	—	21~23	11.7

连续玄武岩纤维复合筋的应用领域如下。

① 高耐久结构。房屋建筑、巧玲结构、构筑、路面等。

② 防磁结构。地震台、消磁码头等。

③ 海洋环境的基础设施。纤维筋具有高耐腐蚀性，可使用海水和海砂制备混凝土，结构使用寿命长；纤维筋强度高，承载力比普通钢筋混凝土高2~3倍；纤维筋质量轻，现场施工效率高；通过合理设计，造价与防锈处理钢筋混凝土结构相近。

④ 机场和高速公路路面。实现长距离连续配筋，不需要传统钢筋搭接，焊接，极大方便施工，提高施工效率；减少了混凝土路面板块收缩开裂。

⑤ 铁路轨枕板。提高轨枕板耐久性、减弱钢轨电流与轨道板钢筋网络互感。

（2）钢筋-连续纤维复合筋

钢筋-连续纤维复合筋（简称SFCB筋）是由内心钢筋和外包纵向连续纤维、树脂复合而成的制品，具有钢筋高延性和复合材料筋高强度的互补优点，见图7-18。钢筋-连续纤维复合筋具有模量高、拉伸强度高、耐腐蚀、在结构中具有

图7-18　钢筋－连续纤维复合筋

稳定可靠的"二次刚度"级优良的延性与耗能能力，震后残余位移小，易于修复等特点。主要用于桥梁、建筑等土建领域的增强混凝土抗震结构[10]。

钢筋－连续纤维复合筋的性能见表7-7。

表7-7　钢筋－连续纤维复合筋的力学性能

直径/mm	拉伸强度/MPa	弹性模量/GPa
12	590	157
13.2	586	140

（3）纤维增强复合拉索

纤维增强复合拉索（见图7-19）由多根复合材料筋通过扭绞和二次固化复合得到复合材料纤维拉索。具有重量轻、强度高、耐久性性好；可形成具有轻量化、长寿命特征的高性能建筑结构及桥梁结构体系。被广泛应用于建筑领域索结构，大跨桥梁结构。纤维增强复合拉索的性能参数见表7-8。

图7-19　连续玄武岩纤维复合拉索

表7-8　纤维增强复合拉索的性能参数

拉索种类	单筋直径/mm	密度/（g/cm³）	拉伸强度/MPa	弹性模量/GPa	疲劳强度（200万次）	蠕变断裂应力	蠕变率（1000h）/%	锚固效率/%
玄武岩纤维拉索	4~10	2.0	1400~2000	60~70	$0.55fu$	$0.54fu$	<2.5	>90
玄武岩纤维-碳纤维复合拉索	4~12	1.9~2.1	1400~2000	80~110	$0.7fu$	$0.6fu$	<2	>90
玄武岩纤维-钢丝复合拉索	4~12	1.9~2.1	1500~1700	80~110	$0.45fu$	$0.6fu$	<2.5	>90
碳纤维拉索	4~12	1.7~2.2	1800~2400	140~160	$0.75fu$	$0.7fu$	<2	>90
芳纶纤维拉索	4~12	1.3~1.4	1200~2550	40~125	$0.53fu$	$0.58fu$	>7	>90
玻璃纤维拉索	4~12	2.5~2.7	1100~1300	45~50	$0.55fu$	$0.3fu$	<5	>90

对于大跨桥梁结构而言，桥梁跨度的增加使得传统钢拉索的性能退化和寿命不足问题愈加显著，如钢拉索自重大、疲劳、蠕变和腐蚀问题、抗风稳定性降低以及施工难度和后期维护成本增加。基于FRP拉索拉伸强度高、质量轻、疲劳性能好、耐腐蚀、热膨胀系数低、无磁性等优异性能，其是替代大跨建筑和桥梁结构传统钢拉索的理想材料。将FRP材料作为受力构件，可以充分发挥FRP索拉伸强度高的性能优势，从而有利于桥梁和大跨空间结构向更大跨度、更高寿命等高性能方向发展[11,12]。

（4）纤维增强复合材料锚杆

纤维增强复合材料锚杆是用高性能树脂为基础材料，玄武岩/玻璃纤维为增强材料经拉挤工艺复合成形的一种高强度复合材料。具有轻质、高强、耐腐蚀、杆体易切割、防爆防静电、耐腐蚀、轻便易操作等优点，可取代传统钢锚杆，解决钢锚杆耐久性不足和施工困难等问题[13]。纤维增强复合材料锚杆的性能参数见表7-9。

表7-9　纤维增强复合材料锚杆的性能参数

锚杆	直径/mm	密度/（g/cm³）	极限拉伸强度/MPa	螺纹承载力/kN
BFRP锚杆	18	1.9～2.1	1200	60
	20		1100	70
	22		1100	80
GFRP锚杆	18	1.8～2.0	650	50
	20		650	60
	22		650	60

纤维增强复合材料锚杆主要有应用于矿井、巷道；道路、建筑、堤坝的锚固。

（5）连续玄武岩纤维复合电缆芯

连续玄武岩纤维复合电缆芯（图7-20）是采用高性能连续玄武岩纤维、高强

图7-20　连续玄武岩纤维复合电缆芯

钢丝或碳纤维，以及分布式光纤传感器及耐高温树脂经拉挤工艺成形的复合芯。具有质量轻、强度高、耐高温、线损低、弧垂小、智能化等优点[14]。连续玄武岩纤维复合芯的性能参数见表 7-10。

连续玄武岩纤维复合电缆芯主要应用于电力行业高压输电。

表7-10 连续玄武岩纤维复合芯（直径5～15mm）的性能参数

类型	拉伸强度/MPa		弹性模量/GPa	热膨胀系数/×10⁻⁶℃⁻¹	长期工作温度/℃	蠕变率/%
	Ⅰ级	Ⅱ级				
碳纤维与玄武岩纤维混杂	1300	1600	80～100	4～5	180	2
玄武岩纤维	1500	1800	60	6～8		2.5

（6）连续玄武岩纤维智能筋

在连续玄武岩纤维智能筋（图 7-21）的生产过程中埋入分布式传感光纤，形成受力与传感于一体的自传感智能材料。具有质轻高强、耐腐蚀、抗疲劳、抗电磁干扰、分布式传感、测量精度高等优点[15]。

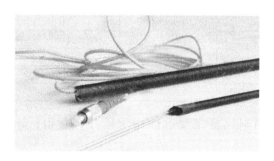

图 7-21 连续玄武岩纤维智能筋

连续玄武岩纤维智能筋主要应用于桥梁、建筑、隧道、机场跑道、水工、岩土等工程的结构健康监测。

7.4.2 连续玄武岩纤维复合网格

连续玄武岩纤维复合网格（图 7-22）是用连续玄武岩纤维按一定工艺，如拉挤、模压成形或真空辅助成形等生产的连续网格状复合材料制品，一般为正交双向形式，属于一体成形制品。具有质轻、强度高、柔性好、耐久性好、施工便利等优点。

图 7-22　连续玄武岩纤维复合网格

连续玄武岩纤维复合网格的性能参数见表 7-11。

表7-11　纤维复合材料网格的性能参数

网格	拉伸强度/MPa	弹性模量/GPa	断裂伸长率/%	耐碱性，强度保留率/%
玄武岩纤维网格	≥2000	≥90	≥2.3	≥70
碳纤维网格	≥2500	≥210	≥1.2	≥80
玻璃纤维网格	≥1500	≥75	≥2.0	≥60

注：耐碱性，1mol/L NaOH、KOH、$Mg(OH)_2$混合溶液，60℃/24h。

连续玄武岩纤维复合网格是土木工程既有结构加固和新结构增强的一种新型复合材料，可广泛用于土木工程领域普通建筑结构加固[18-20]；桥梁、隧道、水下结构加固；边坡防护、洞壁补强；大型机场、停车场、码头货场、路基堤坝等永久承载的地基补强。连续玄武岩纤维复合网格加固、增强结构的优势主要表现在以下几点[16,17]。

① 复合网格抗黏结滑移性能优异，提高结构的抗裂、耐久性能、抗疲劳性能。

② 复合网格具有强度高，双向受力的特点，可提升结构的承载力、延性，损伤可控性能。

③ 复合网格柔软，可用于隧道、桥柱等加固。

④ 复合网格，其纵向和横向筋处于同一截面，横断面厚度小于双向钢筋横截面厚度，能够有效减少保护层混凝土的厚度。

7.4.3　连续玄武岩纤维土工格栅

连续玄武岩纤维土工布以连续玄武岩纤维为原料，编织成格栅布，再经过表面处理、烘干、成形的制品，见图 7-23。

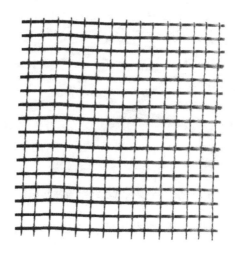

图 7-23　连续玄武岩纤维土工格栅

连续玄武岩纤维土工格栅主要用于增强路面的抗裂性及耐久性。连续玄武岩纤维土工格栅具有超高温和超低温的使用性能，防止沥青路面产生裂纹，高拉伸强度，无长期蠕变，热稳定性良好且与沥青混合料的相容性，物理化学性能稳定，能很好地抵御生物侵蚀和气候变化。连续玄武岩纤维土工格栅具有较好的柔韧性，较高的拉伸和撕裂强度，与土壤碎石结合力强。作为道路增强材料时，能有效减小路面的弯沉量，保证路面不会发生过度变形。由于性价比高，连续玄武岩纤维土工布已被广泛应用到道路工程。

7.4.4　连续玄武岩纤维复合板材

连续玄武岩纤维增强复合板材（图 7-24）是由连续玄武岩纤维无捻粗纱或

图 7-24　连续玄武岩纤维复合板材

纤维布与树脂复合成形的复合片材制品，具有高强度、高耐腐蚀性及轻质、高透波性、电绝缘性等优点，见表7-12。

表7-12　纤维复合材料板的性能

板材种类	密度/ (g/cm³)	拉伸强度 /MPa	压缩强度 /MPa	剪切强度 /MPa	拉伸弹性模量 /GPa	介电常数
玄武岩纤维板	2.1	>1000	400~700	100~150	40~55	2.8
碳纤维板	1.5	>2300	500~1000	200~300	120~180	—
玻璃纤维板	1.8	>800	250~350	100~160	20~45	—

连续玄武岩纤维复合板材应用领域广泛。连续纤维增强复合板可用于土木工程结构加固修复及新建结构，复合板用于结构加固修复可有效解决多层纤维布施工困难和工程量大的问题，补强效果好，施工便捷[18]。表7-13列出了国家标准《土木工程结构用玄武岩纤维复合材料》的力学指标。

表7-13　土木结构用玄武岩纤维增强复合材料板力学性能

等级	拉伸强度/MPa	拉伸弹性模量/GPa	断裂伸长率/%
BF-P-1300	≥1300	≥55	≥2.3
BF-P-1000	≥1000	≥45	≥2.0

连续玄武岩纤维复合板材用于增强高性能结构，如雷达天线罩、军用设施结构的基本构件，拉伸强度超过1200MPa，介电常数小，实现透波性。

7.4.5　连续玄武岩纤维复合型材

连续玄武岩纤维复合型材具有重量轻、强度高、耐酸盐、耐紫外线，能有效抵御海洋环境腐蚀，装配速度快，机动性强，可拆卸可移动等优点，见表7-14。连续玄武岩纤维型材的种类，常见的有：L型、H型、H型、圆管、方管等，见图7-25。

表7-14　纤维增强复合材料型材的力学性能

型材	纤维类型	密度/ (g/cm³)	拉伸强度 /MPa	压缩强度 /MPa	剪切强度 /MPa	拉伸弹性模量 /GPa
玄武岩纤维型材	纤维方向	2.1	800~1000	400~700	150~200	40~55
	垂直纤维方向		50~60	150~200		8~12
碳纤维型材	纤维方向	1.5	1000~2200	500~1000	200~300	120~180
	垂直纤维方向		50~60	200~300		8~12
玻璃纤维型材	纤维方向	1.8	300~700	250~350	100~160	20~45
	垂直纤维方向		30~40	100~150		8~12

图 7-25 连续玄武岩纤维复合型材

连续玄武岩纤维复合型材在应用过程中主要关键技术是连接技术，复合型材连接存在的问题是：大尺寸 FRP 管材、型材的连接在疲劳和蠕变作用下，胶层的疲劳破坏和过大蠕变变形是影响结构安全的关键因素。吴智深等用了三种连接技术：预紧力齿连接技术，钢螺栓 - 胶结合连接技术和全 FRP 套管连接技术，实现了高效连接，有效提高复合型材的抗疲劳蠕变性能 [19]。

连续玄武岩纤维复合型材的应用领域如下。

① 采用低蠕变高疲劳性能的复合型材能克服传统钢、铝合金桁架桥承载力不足以及自重过大的局限，实现大跨度桁架桥的轻量化、长寿命。

② 复合型材作为新建或修复的海洋平台的主体桁架结构，平台海底稳定索、平台上房屋建筑、安全绳索等。

③ 连续玄武岩纤维板桩作为护坡的护脚，防止边坡坡脚的冲刷与滑移等，甚至可以做码头的板桩等。

④ 连续玄武岩纤维光伏电池支架的综合造价比镀锌钢仅高 10%，比铝合金低 30%。使用寿命远大于传统材料。

⑤ FRP 型材 - 混凝土组合桥面板、FRP 膜壳用于桥梁结构。

⑥ 汽车、列车、飞机、轮船等的壳体、风力叶片、体育用品、日用品等。

⑦ 作为结构材料在电气制品、耐腐蚀制品、建筑制品、能源开发制品等获得推广，而被广泛运用于化工防腐、石油开采、有色冶炼、电工绝缘等领域。

7.4.6　连续玄武岩纤维预浸料

预浸料是用树脂（热固性树脂或热塑性树脂）在严格控制条件下浸渍连续纤维或织物，形成树脂和纤维增强体的组合物，是制造复合材料的中间材料。使用预浸料的目的是为了克服复合材料制造中的一大难题：增强材料的浸渍随着树脂黏度的增高而变难，而浸渍不良会造成干纤维和夹气等缺陷，在最终制品中留空隙，影响制品力学性能。预浸料具有多功能性、高纤维含量、成本低、选择范围广等特点，用于制作各种复合材料，其需求量随着复合材料工业应用的增加而稳定增加。

预浸料的制备方法由湿法和干法两种，湿法是先将树脂用溶剂配制成一定浓度的溶液，再使纤维、织物等被预浸物从中通过浸上树脂，而后收卷于辊筒备用。干法是先将树脂制成糊料或薄膜，再与纤维等均匀合成一体而得。

预浸料可以"B阶"状态或部分固化后储存。因树脂已经与固化剂混合好，所以预浸料贮存环境温度要低。预浸料技术的进步产生了一种无需冷藏的材料（预浸料保存时间较长），制成的产品可以在低温下固化[20]。

预浸料分为单向预浸料、单向织物预浸料和织物预浸料。单向预浸带（所有纤维平行）是最常见的预浸料形式，它们提供单向增强。机织布及其他平面织物预浸料提供二维增强。还有用纤维预成形体和编织物制成的预浸料，它们提供三维增强。

预浸料应用广泛，包括飞机主结构、内饰件，航空航天、国防、船舶、海上油井、公共交通工具、铁路器材、工业用品、内饰件、桅杆、管件、体育器械、工业用品、鱼竿、雪橇、高尔夫球杆等。

目前，市场上碳纤维预浸料、芳纶纤维预浸料和玻璃纤维预浸料的应用比较多。连续玄武岩纤维具有高的力学性能、耐化学腐蚀性、耐高低温、热绝缘和电绝缘、性价比高等优势，连续玄武岩纤维预浸料的应用可以拓宽预浸料的应用范围，克服高技术纤维预浸料价格昂贵的问题。

7.4.7　连续玄武岩纤维增强热塑性塑料（PE/PP）粒子

连续玄武岩纤维增强PE/PP粒子是以连续玄武岩纤维为增强体，与热塑性塑料（如PE、PP、PA等）复合而成的复合材料，见图7-26。连续玄武岩纤维增强PE/PP粒子是中间产品，可二次加工做成不同形状制品。

图 7-26　连续玄武岩纤维复合网格 PE 粒子

连续玄武岩纤维增强 PE/PP 粒子，能够有效弥补 PE/PP 材料的不足，提高材料综合性能。与 PE 材料相比，连续玄武岩纤维增强 PE 粒子有效克服既有 PE 材料刚度小，强度不足，长期蠕变大等问题，各项力学性能指标得到大幅提升：拉伸强度提升 20% ~ 50% 以上，弹性模量提升 1 ~ 3 倍以上，抗冲击性能提升 10% ~ 30% 以上。连续玄武岩纤维和 PE 结合，保留了两者材料绿色环保特性，可循环使用。

连续玄武岩纤维增强 PE/PP 粒子用于制作大直径市政管道，可以解决现有管道环刚度不足、口径小的瓶颈问题。在汽车轻量化中，连续玄武岩纤维增强 PE 粒子用于制作车架、电池舱等关键结构部件，可实现结构刚度提升和车体减重的目标。在军事装备、电力设施，航空航天等领域，连续玄武岩纤维增强 PE 粒子对实现结构的轻量化、无磁性、绝缘性和透波性等关键功能指标提升，具有重要作用。

7.5　连续玄武岩纤维制品的应用

7.5.1　土建交通领域

纤维增强复合材料（FRP）加固既有结构和增强新结构技术已成为提升土木工程结构使用性能、承载力、耐久性和疲劳寿命的重要手段。如 7.4 节所述，连续玄武岩纤维复合筋材、网格、板材和型材等产品具有轻质、高强、耐化学腐蚀、无磁性、绝热隔声、电绝缘等特点，在建筑、道路工程、桥梁、隧道中得到了广泛的应用。随着土木、交通工程向着轻量化、长寿命、高耐久、大跨度等方向发展，以及结构形式的复杂化和服役环境的恶劣化，对连续玄武岩纤维复合材料也不断提出新要求，未来高性能的新型连续玄武岩纤维复合材料将不断被开发出来。

连续玄武岩纤维具有不燃、绝热隔声性能和耐酸碱性、优良的力学性能、低热导率及良好的热振稳定性，由其制成的连续玄武岩纤维保温板具有不燃、质轻、强度高、热导率低、耐辐射、抗负风压能力强、吸声系数低等优点。既可用于外墙保温，也可用于内墙保温，具有防火不燃、保温隔热作用；而且与有机保温材料和岩棉比具有较强的力学性能和"握裹力"，与混凝土具有良好的相容性和黏结力，能够防止墙体开裂。连续玄武岩纤维保温板的拉伸强度是有机保温材料的几倍，是一般岩棉的几十倍乃至上百倍；与岩棉板不同，连续玄武岩纤维保温板不分层，具有纵横交错的网状结构，不会产生收缩变形和温差变形。连续玄武岩纤维保温板适用于 50 米以上的高层建筑，尤其是摩天大楼；宾馆、学校、图书馆、博物馆、音乐厅、电影院等公共建筑；别墅类等高端住宅建筑；幕墙工程的墙体保温材料和内装饰材料。

7.5.2　汽车船舶领域

连续玄武岩纤维在强度、耐高温、耐腐蚀、隔热、隔声等方面性能优越，是节能环保的新材料，将其应用于汽车上，可实现汽车的轻量化，同时提升汽车的性能。连续玄武岩纤维是高性能绿色环保可回收材料，与汽车工业的发展方向相一致。

连续玄武岩纤维复合材料具有重量轻，强度高，模量高、耐高温，耐腐蚀、尺寸稳定性等优点，可替代金属，减轻汽车的重量和生产成本。连续玄武岩纤维复合材料在汽车领域的制品多种多样，涵盖整个汽车零部件。如车身、汽车顶篷、汽车前端支架、车门、板簧、仪器表骨架、发动机外壳、车轮轮毂等。连续玄武岩纤维制成的汽车刹车片或离合片具有高温摩擦系数稳定、热衰退小和制动噪声低、抗化学侵蚀等特点，可有效解决汽车制动器容易出现"热衰退"现象，延长汽车刹车片或离合片使用寿命 2 ~ 3 倍。

汽车消声器的吸声材料要求不仅具有吸声性能，还要有突出的耐高温性。连续玄武岩纤维作为汽车消声器的填充材料具有高的工作温度和抗热循环性，吸湿率低，实现更大的降噪性能时，延长消声器的使用寿命。连续玄武岩纤维柔性编织套安装在汽车排气管上，可防止排气流经排气系统时失去高温，同时使催化转化器中的气体和微粒（例如 CO_2 和未燃烧的碳）更完全地转化，从而提高了汽车发动机效率，减少了废气对环境的破坏。

连续玄武岩纤维材料及其制品耐腐蚀、耐海水、隔声绝热，用于船舶工业，的船壳体、机舱绝热隔声和上层建筑等，减轻船体重量，降低制作成本，延长船体寿命。

7.5.3 化工领域

（1）连续玄武岩纤维天然气（CNG）瓶

压缩天然气（CNG）瓶使用涉及贮存与安全运输的问题，压缩天然气（CNG）瓶必须坚固、质量轻、耐冲击及耐温度。连续玄武岩纤维比钢材轻，与玻璃纤维相比具有较好的力学性能，比碳纤维价格便宜，加上广泛的使用温度范围及可回收性，使得连续玄武岩纤维在压缩天然气（CNG）领域极有前途。连续玄武岩纤维复合材料气瓶（BFRP 气瓶）应用于天然气和石油液化气储气瓶，用于公交汽车、出租车等车辆可以减轻重量，减少环境污染。国内用连续玄武岩纤维无捻粗纱缠绕的车用 CNG 气瓶，工作压力 ≥ 20MPa，水试验压力 ≥ 30MPa，可替代碳纤维缠绕气瓶，气瓶自身的重量仅约为碳纤维缠绕气瓶的 1/3，远低于金属气瓶[21]。

（2）连续玄武岩纤维管道

连续玄武岩纤维管道是连续玄武岩纤维与热固性树脂（如：环氧树脂等）通过缠绕成形工艺制成的复合材料制品。管道可制成弯管和直管，采用螺纹方式连接。连续玄武岩纤维管道具有优异的耐腐蚀性能，抗真菌和微生物的作用；低热导率；密度小（1.8 ~ 2.0g/cm³），是碳素钢的 1/3、铸铁管的 1/5、预应力混凝土管的 1/10；无需保温和防腐蚀措施；使用寿命能达到 60 ~ 80 年，是金属管道的 2 ~ 3 倍。连续玄武岩纤维管道可广泛应用于石油、矿山、工业输送腐蚀性液体、化工、造纸、市政供排水、水电站引水和排水等领域。

7.5.4 风力发电领域

风力叶片是风力发电机组的关键部件之一。风机叶片对材料要求很高，不仅需要具有较轻的重量，还需要具有较高的强度、抗腐蚀、耐疲劳性能。复合材料具有比强度高、比刚度高、重量轻、可设计性强、承力性能好等特点，因而在风力机叶片中获得了广泛应用，目前复合材料占整个风机叶片的比例甚至高达90%。

随着世界风力发电机组向大功率方向发展，风力机叶片的长度越来越长，尤其是对海上风电叶片材料提出更高的要求。2016 年已投入市场销售的 10MW 海上风力发电机的叶轮直径达 190m。因此，这也对风力叶片材料的强度、刚度、重量等提出了更高的要求。

我国小型风力发电机叶片采用玻璃纤维增强复合材料，较大叶片（长度 42m 以上）的结构设计采用碳纤维复合材料或碳纤维与玻璃纤维的混杂复合材料。碳纤维复合材料叶片的刚度为玻璃纤维复合叶片的 2 ~ 3 倍，极限和疲劳性能都优于玻璃纤维复合材料，但由于碳纤维复合材料的价格要远高于玻璃纤维，大大限制了它在大型风电叶片上的大范围应用。

在叶片大型化趋势下，叶片的轻量化、高强度、低成本成为未来风电叶片的发展方向。连续玄武岩纤维的力学性能高于玻璃纤维，稍低于碳纤维；价格稍高于玻璃纤维，但远低于碳纤维，是碳纤维的 1/10 ~ 1/6，相比于碳纤维和玻璃纤维，连续玄武岩纤维的性价比高；连续玄武岩纤维与碳纤维混杂制成的复合材料力学性能和疲劳性能优于玻璃纤维与碳纤维混杂制成的复合材料。因此，连续玄武岩纤维成为用于大型风力叶片的一种新型高性能材料

7.5.5 电力设施领域

输电线路的输电能力已成为电力供求的瓶颈问题，提高输电能力和土地资源利用，降低对新建输电线路的投资，减少输送电力过程中的电力损耗，提高供电线路的设防标准和提高电网的运行效率，已成为我国电网领域需要解决的问题。用高性能纤维复合芯替代传统钢芯作为输电线的芯棒，有望实现输电线路的增容，提高输电线路的安全性、耐久性和智能化。2003 年，美国的 CTC(Composite Technology Company) 公司推出了碳纤维复合材料合成芯导线 ACCC(Aluminum conductor composite core)，它的芯线是由碳纤维为中性层和玻璃纤维包覆制成的单根芯棒，外层与邻外层铝导体线股组成梯形截面。这种导线采用的梯形截面铝导体形成的导线外表面远比传统的钢芯铝绞线表面光滑，提高了导线表面粗糙系数，有利于提高导线的电晕起始电压，能够减少电晕损失。虽然碳纤维复合芯可以实现输电增容，但由于其自身结构的不足，如内外层剥落、脆性特征、价格高等问题，妨碍了其在输电线路工程中的应用。连续玄武岩纤维复合芯具有高的性价比，可替代碳纤维复合芯在输电线路中应用，满足对增容和弧垂等多方面的输电和结构性能要求。

输电线路的复合材料杆塔具有轻质、高强、良好的耐腐蚀性和耐候性、电绝缘、材料设计性强等特点，可代替传统输电杆塔的钢材及混凝土。复合材料杆塔的电器绝缘性能能改变输电线路磁场对环境的影响，提高线路安全运行水平；减

少塔头尺寸，缩短线路走廊长度。在一些腐蚀环境严重的沿海、酸雨地区，复合材料杆塔的耐腐蚀性可延长杆塔的使用寿命；在复杂的山形地区，复合材料杆塔轻质高强，施工强度降低，大大节省了人力成本。

连续玄武岩纤维本身是电绝缘，轻质高强，又耐腐蚀，还可用作复合绝缘子芯棒、电力桥架等。

连续玄武岩纤维复合材料光伏支架是光伏支架材料的新型高性能材料，连续玄武岩纤维复合材料光伏支架的强度和弹性模量高，可以满足光伏支架的强度和刚度的要求；质量轻，降低运输和安装成本；耐久性好，降低支架后期维护成本。

7.5.6 环保领域

连续玄武岩纤维是一种新型高性能绿色环保材料，在环保领域具有广阔的应用前景。

连续玄武岩纤维具有比表面积大、密度小、柔韧性和机械强度高等特性，在水中分散性较好。经表面改性的玄武岩纤维可固着、团聚大量微生物，满足水质净化生物载体的要求，近年来在污废水处理应用方面引起广泛关注。改性连续玄武岩纤维置于污水中，受水力作用分散缠绕成笼状结构，可吸附、包裹大量微生物，形成直径 10cm 以上的微生物聚集体，即"生物巢"结构。"生物巢"存在好氧层 - 兼氧层 - 厌氧层的多层结构，微生物种群丰富。"生物巢"由于不同菌群的协同作用，在有机物降解的同时实现脱氮除磷，可有效缩短污废水处理工艺，减少污泥产量，降低能耗和占地[22]。

连续玄武岩纤维光热膜在紫外线和近红外范围内均显示出广泛的吸收性，具有较好的光热性能，玄武岩纤维光热膜在太阳光照射下的水蒸发效率大大提高，组装的太阳光蒸发系统可连续有效地进行海水淡化。同时，连续玄武岩纤维光热膜在有机染料溶液（去除率 99%）、油水混合物（去除率 99%）和海水淡化（去除率 99%）中显示出较优的蒸发和分离作用，在海水淡化以及水净化领域具有广阔的前景。

通过光催化方法，利用太阳光来降解有机污染物，是解决环境污染问题的一个廉价可行的途径。现有的光降解材料 TiO_2、ZnO 等光催化材料，具有催化活性高、稳定性好、无毒等优良性能，但在污水处理和空气净化领域存在难回收、在水中易凝聚、易失活、其光解作用只在紫外区有效、对可见光的敏感度不好等缺点。在连续玄武岩纤维表面涂覆 TiO_2 纳米粉体，制成玄武岩纤维 /TiO_2 复合材料，提高了 TiO_2 光催化效率，对可见光也有很好的吸收。连续玄武岩纤维 /TiO_2

复合材料是一种具有潜在应用价值的可见光催化材料 [23]。

7.5.7　航天航空、国防军工领域

　　纤维增强复合材料以其质量轻、耐高温、耐烧蚀、耐冲击、耐腐蚀、比强度和比模量高、材料性能的可设计性、制备的灵活性和易加工性等特点，对飞机及兵器的轻量化、抗弹药、隐身、耐热和军用电子技术的发展均起到重要的作用。

　　连续玄武岩纤维复合材料，在航空、航天、火箭、导弹、战斗机、核潜艇、坦克、火炮等领域有广泛应用：飞机、直升机的机翼和机身结构部件，风扇叶片；地面雷达罩、机载雷达罩、舰载雷达罩以及车载雷达罩等；航空发动机、人造卫星等；防弹抗烧蚀、抗冲击的导弹、火箭、装甲车辆、军舰等武器装备的耐热防热部件和抗弹结构部件；反坦克导弹的风帽、壳体、尾翼座、尾翼等；多管远程火箭弹和太空导弹的结构材料和烧蚀 - 隔热材料；防火、防弹、防辐射的防护服装、防护毯、军用帐篷、军事工程防护门、防火卷帘；坦克发动机绝热防火隔离罩、火箭燃烧喉营、军用飞机进气道外壁、火炮热防护管、舰艇的绝热隔声材料及上层建筑和内装饰材料；坦克、汽车、飞机的消声器滤芯；防弹头盔、防弹背心和防穿甲弹坦克等。

7.5.8　海洋领域

　　连续玄武岩纤维及其复合材料具有耐海水侵蚀、轻质高强等特性，是用于海洋环境的优良材料。用连续玄武岩纤维复合筋代替钢筋制作人工鱼礁，投海 6 个月后，连续玄武岩纤维复合筋的整体性能比钢筋整体性能高 4 倍 [24]。连续玄武岩纤维复合材料在特定生物的礁体制作中（保育礁、框架礁等）表现出很好的易塑性和海水亲和性。连续玄武岩纤维还可用于海洋牧场的网绳、网架、网箱、海水淡化装置、工作船等。连续玄武岩纤维作为新型高性能纤维材料，未来在海洋工程中发挥更好的应用。

7.5.9　橡胶领域

　　连续玄武岩纤维增强橡胶基复合材料具有较好的热衰退性能、较低的磨损率和良好的摩擦稳定性，连续玄武岩纤维浸胶帘线与橡胶具有良好的黏合，可作为橡胶的骨架材料，用于轮胎工业和输送带工业。

连续玄武岩纤维因其高性能性、绿色性、先进性和可持续性，在民用和军工领域的应用前景广阔。

参考文献

[1] 吴智深，陈兴芬，稻垣广人，吴智仁 . 一种消除纤维原丝捻度的方法及装置 [P]. ZL201410089711.0.

[2] 汪昕，吴智深，朱中国，徐鹏程，刘建勋 . 一种提升纤维增强复合材料力学性能的纤维纱合股装置及方法 [P]. ZL2013107452607.

[3] Dias D P, Thaumaturgo C . Fracture toughness of geopolymeric concretes reinforced with basalt fibers[J]. Cement & Concrete Composites, 2005, 27(1):49-54.

[4] 胡显奇，陈兴芬，吴玉树，等 . 玄武岩纤维在铁路轨枕中的应用研究 [J].2008, 10(增刊): 48-53.

[5] 陈斌，陈兴芬 . 玄武岩纤维在沥青路面的应用研究 [J]. 交通建设与管理 . 2009.11.82-85.

[6] 韦佑坡，张争奇，司伟，等 . 玄武岩纤维在沥青混合料中的作用机理 [J]. 长安大学学报 (自然科学版)，2012，32(02):39-44.

[7] 郝孟辉，郝培文，杨黔，等 . 玄武岩短切纤维改性沥青混合料路用性能分析 [J]. 广西大学学报 (自然科学版)，2011，36(01):101-106.

[8] 张耀明，李巨白 . 姜肇中 . 玻璃纤维与矿物棉全书 [M]. 北京：化学工业出版社，2001.

[9] 吴智深，汪昕，史健喆 . 玄武岩纤维复合材料性能提升及其新型结构 [J]. 工程力学，2020, 37(05):10-23.

[10] 吴智深 . 玄武岩纤维及其复合材料作为建材的创新应用 [J]. 江苏建材，2018, 163(04):20-27.

[11] Yang Yaqiang, Wang Xin, WuZhishen. Damping behavior of hybrid fiber-reinforced polymer cable with self-damping for long-span bridges, Journal of Bridge Engineering[J]. 2017, 22(7): 05017005.

[12] 宋进辉 . 大吨位 FRP 拉索整体锚固体系优化设计及性能评价 [D]. 南京：东南大学，2017.

[13] 冯君，王洋，吴红刚，等 . 玄武岩纤维复合材料土层锚杆抗拔性能现场试验研究 [J]. 岩土力学，2019, 40(7): 2563-2573.

[14] 吴智深，汪昕，胡显奇 . 制造架空输电铝绞线用智能复合芯 [P]. ZL200910101346.x.

[15] Tang Y, Wu Z, Yang C, et al. A new type of smart basalt fiber-reinforced polymer bars as both reinforcements and sensors for civil engineering application[J]. Smart Materials and Structures, 2010, 19(11): 115001.

[16] 吴智深，汪昕，吴刚 . FRP 增强工程结构体系 [M]. 北京：科学出版社，2017.

[17] Ali Mohammed Nageh, Wang Xin, Wu Zhishen, et al. Basalt fiber reinforced polymer grids as an external reinforcement for reinforced concrete structures[J]. Journal of Reinforced Plastics and Composites, 2015, 34 (19):1-13.

[18] Liu C , Wang X , Shi J , et al. Experimental study on the flexural behavior of RC beams strengthened with prestressed BFRP laminates[J]. Engineering Structures, 2021, 233(4):111801.

[19] 杨意志 . BFRP 模壳 - 混凝土组合桥面板优化设计及其长期性能研究 [D]. 南京：东南大学，2018.

[20] 丕扬译，王者有校 . 预浸料——高性能复合材料用原材料 . 玻璃钢，2003，2：27-28

[21] 郝延平，刘扬涛 . 6.8L 玄武岩纤维全缠绕复合材料气瓶的研制及试验研究 [J]. 低温与特气，2016, 34（3）: 47-49.

[22] 张晓颖 . 玄武岩纤维载体表面改性及其污水处理效果研究 [D]，镇江：江苏大学，2020.

[23] 汪靖凯，杭美艳，李可庆，杨文焕，张培育 . 玄武岩纤维 /TiO$_2$ 复合材料的制备及表征 [J]. 材料科学与工艺，2017，25（2）: 79-84.

[24] 席杨，马壮，张明燡 . 玄武岩纤维筋的人工鱼礁效果评价 // 第二届现代化海洋牧场国际学术研讨会，2018.